WUHU XIANDAI
CHENGSHI YU JIANZHU

芜湖现代
城市与建筑

葛立三　葛立诚◆著

安徽师范大学出版社
ANHUI NORMAL UNIVERSITY PRESS
·芜湖·

图书在版编目(CIP)数据

芜湖现代城市与建筑/葛立三，葛立诚著.—芜湖：安徽师范大学出版社，2021.12
ISBN 978-7-5676-5143-2

Ⅰ.①芜… Ⅱ.①葛… ②葛… Ⅲ.①建筑史－研究－芜湖－现代 Ⅳ.①TU-092.954.3

中国版本图书馆CIP数据核字（2021）第267425号

芜湖现代城市与建筑　　　葛立三　　葛立诚◎著
WUHU XIANDAI CHENGSHI YU JIANZHU

总 策 划：张奇才

责任编辑：祝凤霞

责任校对：李　玲

装帧设计：丁奕奕　　汤彬彬

责任印制：桑国磊

出版发行：安徽师范大学出版社

　　　　芜湖市北京东路1号安徽师范大学赭山校区　邮政编码：241002

网　　址：http://www.ahnupress.com/

发 行 部：0553-3883578　5910327　5910310（传真）

印　　刷：苏州市古得堡数码印刷有限公司

版　　次：2021年12月第1版

印　　次：2021年12月第1次印刷

规　　格：880 mm×1230 mm　　1/16

印　　张：20

字　　数：540千字

书　　号：ISBN 978-7-5676-5143-2

定　　价：320.00元

葛立三，1939年生，安徽滁州人。1962年毕业于南京工学院（今东南大学）建筑系。高级建筑师，国家一级注册建筑师，注册城市规划师。1999年退休于芜湖市规划设计研究院（2009年改制，现名为"中铁城市规划设计研究院"），退休后被返聘为该院顾问总工程师，直到2016年12月底。2013—2016年被安徽师范大学聘任为兼职教授。公开发表学术论文十余篇，1993年与他人合著《中国近代城市与建筑》，2019年出版专著《芜湖近代城市与建筑》，2020年合著《芜湖古代城市与建筑》（第一作者）。

葛立诚，1945 年生，安徽滁州人。1966 年毕业于安徽大学物理系。毕业后在辽宁抚顺化工企业从事仪表自动化、计算机管理和过程控制方面的技术工作，1992 年晋升为教授、研究员级高级工程师，2002 年以后从事 DCS 计算机集散管理系统的应用研究。曾任抚顺炭黑厂厂长。主持研制的国内炭黑行业第一套计算机过程控制系统，通过化工部科技司鉴定，被国家科学技术委员会评为"国家科技成果"。在国内有关刊物上发表论文数十篇。2019 年协助胞兄葛立三出版专著《芜湖近代城市与建筑》，2020 年合著《芜湖古代城市与建筑》。

序　言（一）

欣闻葛立三老同学又有新作，并嘱我作序，很感高兴，只是因我对芜湖所知甚少，所以有点勉为其难。但既已应允，就尽力为之。我知道立三兄此前曾写过《芜湖近代城市与建筑》《芜湖古代城市与建筑》两部专门研究芜湖这座美丽江城的专著，现在又写成《芜湖现代城市与建筑》。显然我这位南京工学院（今东南大学）建筑系1957级老同学是想用这三本著作，完整地记录芜湖城市与建筑发展的历史。这是一个很好的创意，而且立三兄花了很大的心血付诸实施，得以成果，甚感钦佩。

立三兄将建筑活动与城市建设合在一起著述，是在写芜湖现代城市与建筑发展史，这是个创新。虽然增加了难度，但这种研究方法有其一定合理性，我觉得很好，值得其他城市尤其是中小城市借鉴。

芜湖这座城市虽然不大，但很有特色。既是古城，近代已有明显发展，现代又发展得生机勃勃，在国内也是个比较典型的城市。立三兄关于芜湖的三部著作，尤其是新近著就的这部《芜湖现代城市与建筑》写得很有新意，国内其他城市专门论述现代城市与建筑发展的专著还不多见，今见书稿感觉新鲜和难得，不仅具有史料价值，也具有较高的学术价值。

我对书稿较欣赏的是其框架结构。全书以"中国现代城市与建筑发展概述"开篇，分析了芜湖现代城市与建筑发展的大背景，使读者先有了总的概念。第二、三两章先写城市，前章写现代芜湖城市发展史，后章写现代芜湖城市总体规划，分别成章，有略有详。第四章写现代芜湖建筑发展史，概述了各个发展阶段的建筑活动。第五章讲述现代芜湖城市与建筑文化遗产的保护与利用，回顾其历程。而第六章把现代芜湖的优秀规划设计、园林景观、建筑创作归结为"三个十"，详细介绍了三十个优秀成果，既把城市与建筑有机联系在一起，又突出了现代芜湖城市与建筑的亮点。最后以简要的"研

究结语"收篇。这种从城市到建筑、从宏观到微观的梳理，层层推进，一气呵成，十分便于阅读。

本人一直在城市规划设计研究单位工作，对城市总体规划尤为关注。《芜湖现代城市与建筑》一书读后，感到作者将"现代芜湖的城市总体规划"列为专章表述，很是必要，对城市规划与城市建设的关系有了更深入的了解。看来，芜湖的各轮城市总体规划与全国城市总体规划编制的进程是基本同步的，并不落后，编制水平也在不断提高，尤其是最新一轮的《芜湖市国土空间总体规划（2020—2035）》，作出了积极的探索。芜湖在长江经济带中已是具有一定竞争力的城市，将芜湖打造为"安徽省域副中心城市和长三角具有影响力的现代化大城市"，我们充满信心。

总之，《芜湖现代城市与建筑》这部著作结构严谨、史料翔实、内容丰富，尤其是图文并茂，可读性强，不仅对业内人士，而且对广大普通读者了解芜湖现代城市与建筑的发展来说都是一本值得一读的好书。

教授级高级城市规划师

柯焕章

二〇二一年六月二十二日写于北京

序 言（二）

欣读立三兄寄来的《芜湖现代城市与建筑》书稿，并知此前已完成《芜湖近代城市与建筑》与《芜湖古代城市与建筑》，知道是有意作为完整的一套书来写，立意宏大。这在我国同类城市中是不多见的，尤其是将芜湖之近代与现代以1949年为分界的时间节点分别书写，巧妙地避开了我国建筑史界近代史与现代史分合之争，表明了作者的建筑史观。作者作为现代芜湖这段历史的见证人与参与者，以其专业资深学者的身份，忠实记录了芜湖现代七十年的城市与建筑发展史，弥足珍贵。

近代的芜湖是一座受到列强侵略被迫"开放"的城市，在当时中国城市之林能被西方"选中"，足见其重要价值与地位。近代芜湖的城市与建筑已被历史定格，留下了一张芜湖近代城市的历史名片与一些优秀的建筑遗产。现代的芜湖在全国城市体系中又被选中作为主动开放的城市，在新的时代背景下才有了真正的、巨大的发展，已进入崭新的发展阶段，将会留下更高水平的城市与建筑的文化遗产。

《芜湖现代城市与建筑》一书结构缜密，资料翔实，分析严谨，富有科学的理性。其城市建设与规划部分虽浩大繁杂却也梳理得简明扼要，其建筑发展部分虽类型众多却也介绍得提纲挈领。此书将城市与建筑并行研究，并不多见，体现了作者深厚的专业功底和严谨的治学精神，也成为本书的一大特色。书中编选了大量图片资料，实属不易，一些图片还十分难得，可见作者是下了功夫的，给读者了解现代的芜湖提供了直观的生动的资料。

谈到芜湖的建筑，作者称芜湖近代建筑、芜湖古代建筑，唯独不称芜湖现代建筑而称现代芜湖建筑，避免了一些误解，颇具匠心。书中提到的这些建筑好像隐喻地向我们传递出一种芜湖建筑的理性与平和、泰然而安定、进取而智慧，也表达出芜湖城市的开拓创新精神及文脉的传承。通过此书所介

绍的建筑实例与城市设计实例，我们也可看到芜湖没有像中国很多城市那样追求形式以及出现同质化、扁平化现象，而在努力体现和追求城市和建筑的准确定位以及传统特色魅力的发散！"牡丹妖艳污颜色，梧桐无语自成荫。"这仿佛是对芜湖城市精神、格调和意境的写照！

作者专门写了"现代芜湖城市与建筑文化遗产的保护与利用"一章，介绍了芜湖市在这方面的具体做法。看来，芜湖市对城市和建筑文化遗产的保护与利用是重视的，也是取得了一定成绩的，作出的思考、获取的经验对其他城市是有借鉴意义的。

此书把芜湖规划设计、园林景观和建筑创作各十个"精粹"专列为一章，写法有点打破常规。这是对重点项目的介绍，如放在发展史中描述恐难以展开，作者的意图可以理解，只是担心读者对选项不一定完全赞同。不过也不要紧，抛砖引玉引起大家讨论也是可以的。

我与本书作者曾同窗五载，共同受教于一门先师；也曾并肩十年，为国家大三线出过力；现在又各居江城，同饮一江之水。今为立三兄大作写序，倍感亲切。立三兄有植于内心的乡土情节，甘为芜湖奉献大半生，可钦可敬。为人杰地灵的江城芜湖点赞！为《芜湖现代城市与建筑》这部书点赞！

教授级高级建筑师

刘德川

二〇二一年秋日写于武汉·喻园

目　录

第一章　中国现代城市与建筑发展概述

一、中国现代城市发展概述

（一）现代城市的概念

按照《辞海》（第七版）的解释，"现代"："即帝国主义或垄断资本主义和无产阶级革命的时代。历史学上通常指资本主义存在和无产阶级进行社会主义革命的时代。在西方学界，近代即包括现代，而中国史学界一般以 1917 年俄国十月革命作为世界现代历史的开端，至 1945 年第二次世界大战结束。一般认为，中国现代历史始于 1919 年五四运动（进入新民主主义革命时期）。""社会"："以一定的物质生产活动为基础而相互联系的人类生活共同体。……社会的发展是一个有规律的自然历史过程。生产力和生产关系、经济基础和上层建筑之间的矛盾，推动着社会从低级向高级发展，表现为社会形态的依次更替。社会发展是统一性和多样性的辩证统一，曲折性和前进性的辩证统一。"

"现代城市"，即指现代社会的城市，是脱离了封建社会发展阶段的城市。《中国大百科全书：建筑·园林·城市规划》中的"城市规划"部分将 1949 年中华人民共和国成立后的城市作为现代城市，笔者认同此观点。随着社会从传统社会向现代社会的转变，城市也就从古代城市向现代城市转化。我国高校城市规划专业指导委员会规划推荐教材《中国城市建设史》，也是将 1949 年以来的城市作为现代城市来阐述的。同样作为我国高校教学用书的《外国城市建设史》，将国外先进国家的近代城市称为"近代资本主义社会的城市"，而将 1900 年以后的欧美城市列为现代城市。此时的西方城市学者在近代时期已为城市的发展进行过长期的探索，其中著名的有"空想社会主义城市"（16 世纪前期英国摩尔提出，后期有 19 世纪初欧文和傅立叶等的试验），

"田园城市"（19世纪末英国霍华德提出），"工业城市"（19世纪末法国戛涅提出），"带形城市"（19世纪末西班牙马塔提出）等理论。

现代城市与城市工业化、城市现代化有密切关系。城市的工业化、现代化都有一个长期的发展过程，都可分为早期、中期和后期三个阶段。在古代城市的后期就已经开始了这个进程，到现在仍在发展之中。相比之下，现代城市与城市化的关系更为紧密。

《中国大百科全书：建筑·园林·城市规划》"城市规划"部分对"城市化"的解释是："农村人口转变为城市人口的过程，又称城镇化。其实质是农民从农业劳动转为从事工业、商业及其他非农业劳动。""城市化意味着城市在国家政治、社会、经济、文化生活中的地位和作用的提高，是人类历史发展的普遍现象。""城市化同生产力发展和工业化同步进行，是世界各国历史发展的总的趋势。"由此可见，城市化是物质文明和精神文明相结合的发展过程，是一种深刻、复杂的社会现象，通常以"城市化率"衡量其水平和程度，即城市人口数占总人口数的比重。

城市化的发展历程可分为两个阶段：产业革命前的城市化和产业革命后的城市化。产业革命前长达几千年的历史中城市人口总体上增长缓慢，到1800年世界城市人口约5000万人，仅占总人口的5.1%。城市人口的迅速增加是在产业革命之后，1900年世界城市人口约2.2亿人，占总人口的13.3%；1950年世界城市人口约7.24亿人，占总人口的29.0%；到1990年世界城市人口达22.34亿人，占总人口的42.6%[1]。可见世界城市人口比重增长很快。其中，工业革命发源地英国，工业化和城市化处于领先地位，到20世纪初，英国城市人口占总人口的比重已经从19世纪中叶的50%增至75%。在资本主义发展较早的美国，城市人口占总人口的比重从1890年的35.1%增至20世纪20年代的50.0%[2]。我国到1949年城市人口为5765万人，只占全国总人口的10.6%，城市化水平较低。中华人民共和国成立初期城市人口增长缓慢，到1957年城市人口比重也只有15.4%[3]。

对于"当代社会"的概念，有学者认为"当代一般指20世纪末到目前。但现代和当代，这是两个随时间而运行的时代概念。如果再过20年，'当代'大概是始于21世纪20年代了"[4]。笔者认为，现代和当代这是两个相对、相承的时代概念，难以绝对划分，随着时代的发展，其分界线会适时调整。由于我国现代城市发展的历史并不长，从中华人民共和国成立时算起至今仅70年，完全可以以"现代城市"一言而概之。20年后，或可将2020—2040年称为"当代"。再过20年，2040—2060年成为"当代"，2020—2040年反而并入了"现代"，也未可知。

本书的写作，以1949年中华人民共和国成立为上限，这是难有疑义的。而以2019年底为下限，可能会有意见分歧，笔者在这里首先要简单说明一下。我们知道，2019年末爆发的新冠肺炎疫情是一次重大国际卫生公共事件，其带来的影响之大，难以估计，对世界上所有城市的发展，都会有深刻的影响。从国内来看，2020年更是具有里程碑意义的一年，这一年是我国全面建成小康社会、脱贫攻坚决胜之年，也是实现第一个百年奋斗目标、开启第二个百年奋斗目标之年。2020年是"两个一百年"奋斗目标的历史交汇点，此后中国的城市发展和建筑活动都将进

① 周一星：《城市地理学》，北京：商务印书馆1995年版，第78页。
② 沈玉麟：《外国城市建设史》，北京：中国建筑工业出版社1989年版，第123页。
③ 董鉴泓：《中国城市建设史》，北京：中国建筑工业出版社2004年版，第396页。
④ 沈福煦：《城市论》，北京：中国建筑工业出版社2009年版，第223页。

入一个新的时期。芜湖同样如此。写芜湖的现代城市与建筑，不写到2019年，留下5—10年，自然稳妥，也可降低难度。但笔者思考再三，还是决定做一次大胆的尝试，将芜湖现代城市与建筑写全七十年，这样既可较完整地反映芜湖现代城市与建筑发展的历史，也可收录更多的资料为其他研究者带来些许方便。

（二）中国现代城市的发展分期

《中国大百科全书：建筑·园林·城市规划》"城市规划"部分"中国现代城市规划"条目，就中国现代的城市规划工作，划分了三个时期：1949—1957年、1958—1976年、1977—1985年。同此思路，董鉴泓主编的《中国城市建设史》将半个世纪以来的中国现代城市规划与建设发展历程，划分为四个阶段：城市建设的恢复与城市规划的起步（1949—1952），"苏联模式"城市规划的引入与发展（1953—1957），城市规划的动荡与中断（1958—1978），城市规划及其建设的迅速发展（1978—1999）[1]。二者是以1976年"文革"结束或1978年改革开放开始为前期与后期的划分界限的。

郑国编著的《城市发展与规划》根据中国现代政治、经济、社会发展历程，将1949年以后的中国城市发展与规划分为三个阶段：国民经济恢复和"一五"有计划建设时期（1949—1957），城市发展动荡与城市规划中断时期（1958—1978），改革开放以来城市与城市规划健康发展时期（1978年以后）[2]。该书抓住了中国现代城市发展与国家政治经济发展的关系和中国现代城市规划发展变化的特点与趋势这两个重点问题，笔者认为是可取的。

这里就中国现代城市七十年发展的分期，概括为以下四个发展阶段：

（1）初步发展阶段（1949—1957）。1952年以前为国民经济恢复时期，城市建设开始恢复与发展，城市规划工作也开始起步；1953—1957年为"一五"时期，发展了一批工业城市，全国150多个城市编制了城市总体规划。

（2）曲折发展阶段（1958—1977）。由于历史原因，这一阶段从"快速规划"，到否定城市规划，再到城市规划基本停顿，城市发展受到很大的影响。

（3）加速发展阶段（1978—1998）。改革开放以后，城市建设和规划进入崭新阶段，城镇化进程大大加快，城市开发区得到发展，旧城改造成为热点，历史文化名城保护受到重视，城市群蓬勃兴起，城市规划全面展开。

（4）稳步发展阶段（1999—2019）。改革开放深入推进，城市建设大规模、高水平展开，城市规划开始探索新思路、新方法，城市管理逐步走向法制化，"可持续发展城市""创新城市""智慧城市""海绵城市""绿色城市""美丽城市"……各种先进的城市理念层出不穷。

（三）中国现代的城市化进程

纵观现代中国城市化七十年来的进程，前期发展缓慢，后期发展加快，现按现代城市的四个发展阶段分别叙述如下：

（1）1949—1957年：新中国成立后最初的八年，中国城市处于初步发展阶段，城市化发展开始起步。中国古代，始终没有形成独立完备的城市管理机制，直到清朝末年，仍是只有省、府、县的地方行政建制，而没有市级行政建制[3]。进入近代，1908年清政府推行地方自治，各地相继成立城市自治会，直到民国时期的

---

① 董鉴泓：《中国城市建设史》，北京：中国建筑工业出版社2004年版，第399—412页。
② 郑国：《城市发展与规划》，北京：中国人民大学出版社2009年版，第150页。
③ 邓庆坦：《中国近、现代建筑历史整合研究论纲》，北京：中国建筑工业出版社2008年版，第41页。

1928年才有了23个设市的城市，至1948年设市城市增加到66座。其中，安徽的安庆和蚌埠在列，芜湖曾申报设市但无果。解放以后城市多有设置。1949年4月24日芜湖解放，同年5月10日正式成立芜湖市人民政府。此阶段全国城市数量由1949年的136座增至1957年的176座，平均每年增加5座。城市化水平由10.64%上升至15.39%，平均每年增长0.53个百分点。

（2）1958—1977年：这二十年我国城市处于曲折发展阶段。城市化有过短暂的四年快速发展，但很快进入停滞状态。1965—1977年，城市化水平一直维持在17%左右。城市数量增长也极慢，到1974年只增加至188座。很多城市在这一时期受到很大破坏。

（3）1978—1998年：这二十一年因改革开放我国经济、社会发生深刻变化，逐渐实现由计划经济体制向社会主义市场经济体制的平稳过渡，城市进入加速发展阶段，城市化进程加快。1978—1984年，以农村经济体制改革和知青返城为主要动力推动了城镇化，恢复高考也使得一批农村学生进入城市。城市化率从1978年的17.92%提高到1984年的23.01%，年均提高0.85个百分点。城镇建制标准的降低，使城市数量迅速上升，在1978—1988年的十年中，新设城市241座，新设建制镇5764个。随着各项城市政策的调整，城市数量到1998年已达668座。城市数量的增加使城市人口及其比重上升，到1998年城市化水平达到30.4%，但仍低于1993年的世界平均水平（47%），也低于发展中国家此时的平均水平（37%）[1]。

（4）1999—2019年：这二十一年随着改革开放的深入发展，城市建设进入稳步发展阶段。加上城市规模有所扩大，城市化水平从1999年的30.89%猛增至2018年的59.58%，年均提高1.43个百分点。城市数量到2018年增至672座。

（四）中国现代城市多轮总体规划的编制

城市总体规划是指导城市合理发展和管理城市的重要依据，历来受到重视。大体上说，我国改革开放前三十年是社会主义计划经济体制，后四十年是社会主义市场经济体制，有着不同的背景和特征。分别概述如下：

1.中国改革开放前三十年的城市总体规划

1）新中国成立初"一五"期间的城市总体规划

北京市城市总体规划是我国最早编制的城市总体规划。1949年1月31日，北平和平解放。9月27日定都北平，改北平为北京。先于1949年5月成立了都市规划委员会，着手研究城市规划。委员会达成很多共识，但在行政中心区位置的选择上产生了严重分歧，最终采纳了以苏联专家为代表的将行政中心设于旧城内的方案。1953年11月北京制定了上报中央的第一个总体规划方案[2]。1954年10月完成总体规划修正稿，后又经过多次修订，1957年春拟定《北京城市建设总体规划初步方案》[3]。此规划有经验、有教训，影响也很大。

1953—1957年，我国开始了国民经济的第一个五年计划。"一五"期间共安排大中型工业建设项目825项，这些工业项目36%布局在原来工业基础较好的城市，64%建立在中西部工业基础较差的城市。其中，156项国家重点工业建设项目集中在兰州、成都、西安、洛阳、株洲、包头、太原、沈阳、哈尔滨、抚顺、长春、富拉尔基（现为齐齐哈尔市的一个区）等十几个大中城市。为了安排好这些大型工业项目，在当时国家

① 邹德慈：《城市规划导论》，北京：中国建筑工业出版社2002年版，第18页。
② 汪德华：《中国城市规划史纲》，南京：东南大学出版社2005年版，第196页。
③ 郑国：《城市发展与规划》，北京：中国人民大学出版社2009年版，第156页。

建筑工程部的统一领导下，我国开展了城市规划工作。"一五"期间，全国共有150个城市编制了初步规划或总体规划，实施情况较好，取得了良好的建设效果，奠定了中国现代城市规划与建设事业的开创性基础。这批规划受到苏联规划专家影响较大，存在严格的计划经济体制的特征。

1956年国家建委颁布施行的《城市规划编制暂行办法》，是中国城市规划史上最早的技术性法规，规定了城市规划应按初步规划、总体规划、详细规划三个阶段进行。它施行了24年，是这一时期我国编制城市规划唯一的指导性法规，对我国城市发展发挥了重要作用。

2）20世纪60—70年代城市规划的削弱与停顿

1960—1962年，我国国民经济处于困难时期，"三年不搞城市规划"，导致规划机构撤并，规划人员下放，城市规划大为削弱。1966年开始，许多城市的规划机构被撤销，致使城市规划基本停顿。这一时期全国只有两座城市制定了较系统的总体规划，一是1974年基本完成的《攀枝花钢铁基地总体规划》，一是1976年编制的《新唐山总体规划》。

2. 中国改革开放后四十年来的城市总体规划

1）20世纪80年代的第一轮城市总体规划

改革开放以后，我国城市规划进入大普及、大提高的新阶段。1978年3月，国务院召开了第三次全国城市工作会议，要求各地认真抓好城市规划工作。同年8月，国家建委在兰州召开城市规划工作座谈会，宣布全国恢复城市规划工作，要求立即开展城市总体规划编制。1980年10月，国家建委召开了新中国成立以来第一次全国城市规划工作会议，做出了全面恢复城市规划工作的有关部署，审议通过了《城市规划编制审批暂行办法》和《城市规划定额指标暂行规定》。这次会议对"六五""七五"期间城市总体规划和详细规划恢复编制和实施发挥了重要作用。1984年，国务院颁布了《城市规划条例》，为现代中

国提供了第一个城市规划基本法规。

截至1988年年底，全国353个设市城市和1980个县城总体规划，全部编制、审批完毕。至此，改革开放后的第一轮城市总体规划编制工作全部顺利完成。此轮总体规划大部分实施良好，我国又一次进入了有规划并能基本按规划进行建设的新阶段。

2）20世纪90年代的第二轮城市总体规划

1989年12月26日，第七届全国人民代表大会常务委员会第十二次会议通过了《中华人民共和国城市规划法》，1990年4月1日开始实施，成为我国第一部现代城市规划法。至此，我国的城市规划工作进入法制轨道，改革开放前的"城市规划是国民经济计划的继续和具体化"开始向适应社会主义经济体制转型，城市规划的观念、内容、方法、手段都发生了深刻的变化。该法为城市规划水平的全面提升提供了指南。

鉴于20世纪80年代那一轮城市总体规划确定的城市发展目标大多已提前实现，为适应社会主义市场经济发展新形势，解决出现的新问题，各地进行了新一轮的城市总体规划修订。1994年年底，北京、长沙、南京三座城市率先完成修订。当时，一些城市规划对城市发展目标定得过高，发展规模预测过大，城市人口规模计算偏大，都及时得到了调整。到20世纪90年代末，全国第二轮城市总体规划编制工作基本结束。

3）进入21世纪后的第三、第四轮城市总体规划

进入21世纪后，借鉴了国外区域规划、结构规划、概念规划的经验，城市发展战略规划在我国广泛展开，省域城镇体系规划也得到加强。2006年4月1日，《城市规划编制办法》正式施行，对城市规划有了新的阐释，并提出编制城市规划应以科学发展观为指导，促进城市全面协调可持续发展。2007年10月28日，第十届全国人民代表大会常务委员会第三十次会议通过了《中

华人民共和国城乡规划法》，标志着打破建立在城乡二元结构上的规划管理制度，进入城乡一体化规划的时代。为适应新时代的深化改革、扩大开放，我国各城市又完成了第三轮城市总体规划的编制，不少城市还进行了第四轮城市总体规划的编制。

二、现代中国建筑发展概述

（一）现代建筑的概念

"现代建筑"，即指现代社会的建筑，或称现代城市的建筑。本书论及的"中国现代建筑"即"现代中国建筑"，也就是1949年中华人民共和国成立以后的现代建筑。

《中国大百科全书：建筑·园林·城市规划》"中国建筑史"部分，"中国近代建筑"条目解释为"中国近代建筑所指时间范围是从1840年鸦片战争开始，到1949年中华人民共和国建立为止。中国在这个时期的建筑处于承上启下、中西交汇、新旧接替的过渡时期，这是中国建筑发展史上一个急剧变化的阶段"。"中国现代建筑"条目解释为"从1949年中华人民共和国建立以后直至目前这段时间的建筑活动"，明确将"1949年中华人民共和国建立"作为中国现代建筑和中国近代建筑的界限。因为此前的中国社会是半殖民地半封建的社会，之后的中国社会是社会主义社会（初级阶段）。

我国高校建筑学专业推荐教材《中国建筑史》，共分"中国古代建筑""近代中国建筑""现代中国建筑"三个部分，其中"现代中国建筑"部分也是从1949年中华人民共和国成立开始的。为避免引起歧义，这里未称"中国现代建筑"而称"现代中国建筑"，是别具匠心的。"现代中国建筑"不会引起"中国现代主义建筑"的

误解。

关于"近代中国建筑"与"现代中国建筑"是分别研究还是整合研究，早在1980年代邹德侬就有过进行整合研究的"假设"。1998年邓庆坦在攻读博士学位时对此进行了研究，他得出的结论是：中国近、现代建筑史可以整合在一起，起始期是1900年代。此后他又做了大量的补充和修改，于2008年出版了专著《中国近、现代建筑历史整合研究论纲》。作为普通高等教育"十一五"国家级规划教材，邹德侬、戴路、张向炜著《中国现代建筑史》2010年出版。"这里所呈现的中国现代建筑史，其远端大约在1950年代之初（1950年代之前作为背景建筑史），近端至20世纪末"[1]，还是做了分别研究。

鉴于本书是将现代的芜湖城市与建筑放在一起同时研究的，书中所指芜湖现代建筑即现代时期的芜湖建筑，而不包括近代时期的芜湖现代主义建筑。芜湖"现代建筑"的概念与《中国大百科全书：建筑·园林·城市规划》"中国建筑史"所述"现代建筑"概念相同，而不同于《中国大百科全书：建筑·园林·城市规划》"外国建筑史"所述"现代建筑"的概念。这是要特别说明的。

（二）外国现代建筑的发展

《中国大百科全书：建筑·园林·城市规划》"外国建筑史"部分，"现代建筑"条目解释为："现代建筑一词有广义和狭义之分。广义的现代建筑包括20世纪出现的各色各样风格的建筑流派的作品；狭义的现代建筑常常专指在20世纪20年代形成的现代主义建筑。……在本卷中用'现代建筑'表示广义的，而用'现代主义建筑'或'现代派建筑'表示狭义的。在20年代初期，现代建筑常被称为新建筑。"

外国近现代建筑史告诉我们，19世纪西方

---

① 邹德侬，戴路，张向炜：《中国现代建筑史》，北京：中国建筑工业出版社2010年版，第3页。

建筑界占主导地位的建筑潮流是复古主义建筑和折衷主义建筑。从19世纪末到1914年第一次世界大战爆发，倡导改革的人增多，形成"新建筑运动"。到两次世界大战之间的20世纪20—30年代新建筑运动走向高潮，形成现代建筑派。他们主张：①重视建筑的使用功能；②积极采用新材料、新结构；③把建筑的经济性提高到重要的高度；④强调建筑形式与功能一致，创造现代建筑新风格；⑤认为建筑空间比建筑平面或立面更重要；⑥废弃表面外加的建筑装饰，认为建筑美的基础在于建筑处理的合理性和逻辑性[①]。他们中的杰出代表人物和作品是：1926年德国建筑师格罗皮乌斯设计的包豪斯校舍，1928年法国建筑师勒·柯布西耶设计的萨伏伊别墅，1929年德国建筑师密斯·范·德·罗设计的巴塞罗那国际博览会德国馆，1936年美国建筑师赖特设计的流水别墅。

二次世界大战以后，现代建筑出现了多样化的发展趋势。如在美国出现"典雅主义"（又称新古典主义），流行于欧洲的"粗野主义"，以及"高科技倾向""地域性倾向"等。到20世纪中叶，现代主义建筑在世界建筑潮流中已占主导地位。到60年代，有人认为现代主义已经过时，在美国和西欧出现反对或修正现代主义建筑的思潮。1966年美国建筑师文丘里出版《建筑的复杂性与矛盾性》一书，批判了现代主义建筑，影响很大。

20世纪60年代以后，出现种种建筑思潮，外国建筑史上称之为"现代主义之后的建筑思潮"，而20世纪20年代形成的现代主义建筑则被称为"正统现代主义建筑"。现代主义之后的建设思潮（或称流派）主要有：①后现代主义。主张建筑采用装饰，具有象征性或隐喻性，与现有环境融合，尤其关注城市历史文脉对建筑设计的

影响。②新理性主义。强调作品的抽象性和纯粹性，尝试将传统建筑与现代建筑相结合，以揭示建筑与城市历史的依存关系，力图在新的要求与条件下，把与建筑有关形式上、技术上、社会上和经济上的所有问题统一起来。代表作品有80年代初格雷夫斯设计的美国波特兰市政大楼（1982年落成），1978年约翰逊设计的纽约曼哈顿区的美国电话电报公司总部大楼（1983年落成）。③新地域主义。为了抵御国际式建筑的无尽蔓延，使建筑重新获得场所感和归属感，与当地的自然条件、文化特点相适应，尤其是第三世界国家多数是在二战后才建立起来的，在现代性与地域性结合方面做了不少探索。④解构主义。为了试图突破形式，借助计算机的支持，挑战长期以来形成的形式与功能的逻辑关系，以及符号与意义传达的必然性。代表作品为美国建筑师盖里1993年设计的西班牙毕尔巴鄂古根海姆博物馆。⑤新现代。相信现代建筑仍有生命力，力图在现代建筑的基础上不断修正、充实和扩展。代表作品有20世纪80年代初贝聿铭设计的巴黎大卢浮宫的扩建，1997年美国建筑师迈耶设计的盖蒂中心建筑群。"新现代"并不是对现代建筑的简单复制或延续，而是有新的内涵，更加关注建筑形式的自主性。⑥高技派。其主要特征是：看似复杂的外形包含着内部空间的高度完整性和灵活性，建筑部件的高度工业化，热衷于结构、设备与管道的外露。电脑时代带来的全新技术会给高技派建筑带来更多的可能。⑦极简主义。20世纪末，在习惯了现代主义的流动空间，后现代主义的隐喻和解构主义的分裂特征后，建筑界开始关注一种新的潮流——向"简约"回归，以简洁的形式客观理性地反映事物的本质。了解外国近现代建筑史对认识中国现代建筑不无裨益。

① 罗小未：《外国近现代建筑史》，北京：中国建筑工业出版社2004年版，第63—88页。

（三）现代中国建筑的发展分期

自中华人民共和国成立以来，以1978年开始改革开放为界，现代中国建筑的发展分期可划分为前期和后期两大时期。前、后期又可各分为两个发展阶段。

1）建筑初兴、探索前行阶段（1949—1957）

中华人民共和国成立初期，百废待兴，建筑活动只能重视基本功能，注重经济适用，多采用简约的建筑形式。当时苏联建筑理论两个最响亮的口号"社会主义内容，民族形式"和"社会主义现实主义的创作方法"，对中国建筑界影响很大。1955年"以梁思成为代表的少数建筑师在'民族形式'的掩盖下而走向了复古主义道路"遭到过批判。早在国民经济建设初期就开始提出建筑设计方针的雏形，1955年正式确立了十四字建筑设计方针："适用、经济，在可能条件下注意美观。"此后该方针深入我国建筑创作的各个时期。1954年6月《建筑学报》创刊，成为中国建筑界最具影响力的建筑期刊。

这一阶段的代表作品有：源于现代建筑自发延续的北京儿童医院（1952—1954），上海同济大学文远楼（1953—1954），北京王府井百货大楼（1951—1954），北京和平宾馆（1953）；属于民族形式的重庆人民大礼堂（1951—1954），北京"四部一会"办公楼（1952—1955），南京华东航空学院教学楼（1953），济南山东剧院（1954）；受外来文化影响的北京苏联展览馆（1952—1954），上海中苏友好大厦（1955），北京广播大厦（1957），哈尔滨工人文化宫（1956），还有一些具有地域性的建筑如厦门集美学村（20世纪50年代中期），呼和浩特内蒙古博物馆（1957）；等等。

2）总体停滞、局部推进阶段（1958—1977）

1958年开始建设的北京"国庆十大建筑"，成为新中国成立十周年的建筑纪念碑。从1958年10月开工，仅用了一年的时间，到1959年9月，十大建筑全部建成，新结构的运用、民族形式的探索，对以后国内的建筑活动深有影响。十大建筑是：人民大会堂、中国历史博物馆和中国革命博物馆、中国人民革命军事博物馆、北京火车站、北京工人体育场、全国农业展览馆、钓鱼台国宾馆、民族饭店、华侨大厦，总建筑面积达67.3万平方米。

1959年5月18日至6月4日，建筑工程部与中国建筑学会在上海召开了住宅标准及建筑艺术座谈会，成为总结十年建筑创作经验的盛会。其中最具影响的是建工部部长刘秀峰的总结报告《创造中国的社会主义的建筑新风格》，引起国内外的广泛关注，既活跃了建筑思想，也引发了有关建筑理论的深入讨论。由于"新风格"概念过于宽泛，有它的局限性，这场讨论对此后的实践并未起到很好的指导作用。

1966年，建设基本停顿，全国的设计单位基本瘫痪。许多教学、科研和设计单位把知识分子送进"五七干校"，进行"接受工农兵再教育"的劳动改造。建工部所属员工，原有38.2万人，下放了29.5万人[1]。很多设计单位被遣散下放。1966年，高等学校停止招生，建筑学专业几乎被撤销。直到1977年恢复高等院校统一考试招生制度，大约有15年的时间没有高等院校毕业的专业人才。"文革"期间，有些特定的领域和建筑类型得天独厚，展览、体育、文化教育、医疗、办公、外事、援外等领域有过一些建筑活动。如：成都的四川毛泽东思想胜利万岁展览馆（1969），广州的广州宾馆（1965—1968，主楼27层），郑州的"二七"纪念塔（1971），北京的北京饭店东楼（1974），广州的白云宾馆（1973—1975，33层），南京五台山体育馆（1975），上海体育馆（1975），长沙火车站

---

① 罗小未：《外国近现代建筑史》，北京：中国建筑工业出版社2004年版，第336—413页。

（1977）等。

始于1956年的援外工程，是我国以无偿赠送或低息贷款的形式，向友好国家提供的援助。由于少有限制，在国内行不通的现代派建筑在国外却多有发挥。如蒙古国的乔巴山国际宾馆（1960），古巴的吉隆滩纪念碑（1963），几内亚人民宫（1967），毛里塔尼亚青年之家（1970），斯里兰卡国际会议大厦（1966—1973），苏丹友谊厅（1976），阿拉伯也门共和国革命综合医院（1975），扎伊尔人民宫（1979），塞拉利昂史蒂文斯体育场（1979），等等。

1976年9月9日，毛泽东逝世。10月6日，"四人帮"覆灭。不久，中共中央决定在天安门的广场中轴线上建立毛主席纪念堂，1977年建成。这是"文革"后期建筑设计思想的最后总结。

3）市场开放、创作繁荣阶段（1978—1998）

改革开放以后，现代建筑进入了一个创作繁荣的多元化时期。1979年中共中央提出"调整、改革、整顿、提高"的新"八字方针"，成为改革开放新政策的先兆。自此，中国经济开始了从计划经济向市场经济转型，同时初步形成了建筑设计市场。1980年中共中央批准深圳为经济特区，紧接着珠海、汕头、厦门也设置经济特区。1990年中共中央又批准开发和开放上海浦东新区。很多优秀的建筑作品开始涌现。

1980年《世界建筑》杂志创刊，大量境外建筑作品和建筑理论被介绍到国内，开拓了建筑界的视野，展示了世界建筑的状况和动向。1988年中国建筑工业出版社出版建筑师丛书，其中《建筑空间论》《现代建筑语言》《后现代建筑语言》等，均为当代建筑理论研究的重要著作。后陆续出版的《建筑理论译丛》《国外著名建筑师丛书》，介绍了当时最著名的西方当代建筑理论和国外著名建筑师。1986年国家计划委员会、建设部颁发《工程设计招标投标暂行办法》《中

外合作设计工程项目暂行规定》，促进了国内设计市场的竞争和中外设计机构的合作。

1990年5月，国家颁布《城镇国有土地使用权出让和转让暂行条例》，为土地使用权有偿出让提供了具体依据，为以后的波及全国的房地产开发奠定了基础。20世纪90年代初，全国各地大规模兴建经济技术开发区，中国的城市化进程由沿海向内地全面展开，并促进了新一轮经济高速增长。建筑行业在进一步规范化的同时，私营事务所也开始兴起。1991年11月23日，国务院发布《关于全面推进城镇住房制度改革的意见》，促进了住房制度改革的进一步深化。1992年春天，邓小平的南方谈话，使我国对外开放及市场化改革的步伐进一步加快，中国的房地产进入了快速扩张期。1993年1月，建设部颁布了《私营设计事务所试点办法》，私营专业设计事务所从此开始活跃于专业设计领域。同年，中国开始试行注册建筑师考试制度。1995年1月18日，建设部和人事部联合颁布了《一级注册建筑师考试大纲》。1996年7月1日，建设部公布了《中华人民共和国注册建筑师条例实施细则》。同年，首次发布一级注册建筑师考试成绩，573人获取资格，加上特许和考核批准的有4712人，共5285人。至此，国际上通行的建筑师注册执业制度在中国也已建立。

这一发展阶段国内代表性建筑作品有：北京香山饭店（1979—1982），南京金陵饭店（1980—1983，36层），曲阜阙里宾舍（1985），武汉黄鹤楼（重建，1978—1985），深圳国贸大厦（1981—1985，50层），乌鲁木齐新疆人大常委办公楼（1985），南京侵华日军南京大屠杀遇难同胞纪念馆（1985），南京夫子庙古建筑群（1986），北京图书馆新馆（1987），北京菊儿胡同新四合院（1988—1990），淮安周恩来纪念馆（1989—1990），上海东方明珠电视塔（1988—1995），威海甲午海战馆（1994—1996），上海博

物馆（1995），等等。特别要提起的建筑大事件是1990年为举办第十一届亚运会而建成的北京国家奥林匹克体育中心。为此，在北京中轴线与北四环东侧开辟了199万平方米的亚运村，以系统论的思想进行了规划设计，追求建筑环境的连续性和整体性，亚运会后这里成为一处经营完善的体育公园。另外，境内外合作完成的一些重要建筑设计也取得重要成果，如上海新世纪商厦（1995），上海大剧院（1997），深圳地王大厦（1996，68层），天津今晚报大厦（1997，38层）。

　　4）市场放开、多元发展阶段（1999—2019）

　　世纪之交的中国建筑活动适逢几个大事件，一是1999年6月23日—26日国际建筑师协会第20届世界建筑师大会在北京召开，围绕大会主题"21世纪的建筑学"，广泛交流思想，通过了《北京宪章》；二是2001年年底，中国正式成为世界贸易组织成员，中国经济开始融入世界；三是2001年7月13日，国际奥林匹克委员会宣布北京申办2008年奥运会成功，为筹办奥运会，北京开始了相关的工程建设；四是2002年11月5日，上海申办2010年世界博览会成功，为筹办世博会，上海开始了相关的工程建设。北京奥运建筑与上海世博建筑成为21世纪初的两大建筑亮点。

　　这一阶段海外建筑师纷纷进入中国建筑设计市场，涉及的建筑类型已扩大到商业建筑、医院建筑、体育建筑、交通建筑等各个方面，也带来了先进的设计观念和方法，"新、奇、怪"是其显著特点。影响较大的大型项目有国家大剧院（1998年方案竞赛，法国建筑师安德鲁设计方案中选，2007年建成，主体建筑面积11.9万平方米），北京奥运会国家体育场"鸟巢"（2003年瑞士建筑师赫尔佐格和德梅隆主创设计方案中选，2008年建成，总建筑面积25.8万平方米），中央电视台新楼（2002年荷兰设计师库哈斯设计方案中选，2012年建成，总建筑面积60万平方米）。人们对这些项目评价不一，有赞扬，有质疑。以下大型项目得到较大关注：上海金茂大厦（美国SOM的方案中选，上海建筑设计院合作设计，1999年建成，建筑面积28.9万平方米，88层，高421米），上海环球金融中心（美国KPF、日本清水、森大设计事务所与华东建筑设计院合作设计，1998年开工，2008年建成，101层，高492米），北京大兴国际机场航站区（北京市建筑设计院在英国建筑师扎哈·哈迪德等的概念方案基础上优化设计，2015年动工，2019年6月建成，9月25日正式通航，总建筑面积143万平方米）。国内建筑师设计的项目也有佳作，如宁波博物馆（2008）、北京奥运会国家体育中心"水立方"（2008）、南京火车站南站（2011）、上海世博会中国馆（2010）等。

　　正如吴良镛在国际建筑师协会第20届世界建筑师大会主旨报告中所说：环境意识的觉醒，在规划和设计中走可持续发展之路；地区意识的觉醒，可以吸收融合国际性文化，以创造新的地域文化或民族文化；方法论的领悟，使得人们认识到建筑的发展需要分析与综合相结合，倡导广义的、综合的和整体的思维，使得传统的建筑学走向广义的建筑学。这就是21世纪建筑的发展方向。

第二章 现代芜湖的城市发展

1949年至2019年，是现代芜湖历经沧桑巨变、取得迅猛发展的七十年。

现代芜湖城市的发展可以分为以下四个阶段：初步发展阶段（1949—1957），曲折发展阶段（1958—1977），加速发展阶段（1978—1998），稳步发展阶段（1999—2019）。这与我国现代城市发展分期是一致的，是同步发展的。

一、现代芜湖城市初步发展阶段（1949—1957）

（一）1949年的芜湖城市

1949年4月，中国人民解放军继辽沈、平津、淮海三大战役之后，发动渡江战役。20日

21时，解放军在今芜湖市三山区夏家湖首先突破江防，抢滩登岸成功，占领了繁昌、铜陵、澛港等地。24日凌晨4时，解放军从老浮桥（今弋江桥）进入芜湖市区，芜湖宣告解放，由此进入新的发展时期。27日，芜湖市军事管制委员会成立。5月10日，芜湖市人民政府成立。5月12日，中国共产党芜湖市委员会成立。8月，芜湖市设立环城、长街、新芜、河南、郊区五个区。

芜湖市1949年全市市区范围11.8平方千米[①]，建成区面积7平方千米，年初人口172780人[②]，年末人口19.09万人[③]。城市建成区范围：东抵赭山东麓—袁泽桥一线，南至芜青公路，北至弋矶山—赭山北麓一线，西至长江东岸（图2-1-1）。另从1950年印制的老地图《芜湖市全图》文字说明可知：据1950年4月份统计，住户

① 徐学林：《安徽城市》（内部资料），安徽"社联通讯"丛书，1984年，第54页。
② 芜湖市地方志编纂委员会：《芜湖市志（上册）》，北京：社会科学文献出版社1993年版，第183页。
③ 芜湖市人民政府：《芜湖五十年》，1999年，第311页。

170860人、公共户9685人、水上户4087人、流动人口40537人，总计225169人。市区面积约为14平方千米（图2-1-2）。图中尚注有：市区东西长约3500公尺，南北长约4000公尺。图中数字与政府统计数字有所不同，仅供参考。另查

《芜湖五十年》统计资料部分知1949年末芜湖县人口数为28.04万人，略多于芜湖市区人口。

从1949年芜湖的经济结构看，这时的芜湖是一个以个体工商业为主体的小商品经济较为发达的消费性城市，绝大多数是个体手工业和小资

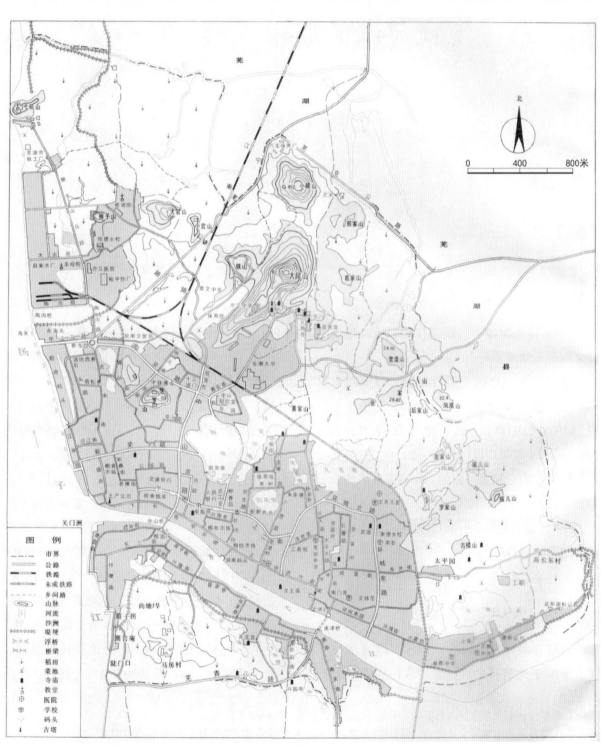

图2-1-1　1949年芜湖城区图(芜湖市规划设计研究院提供)

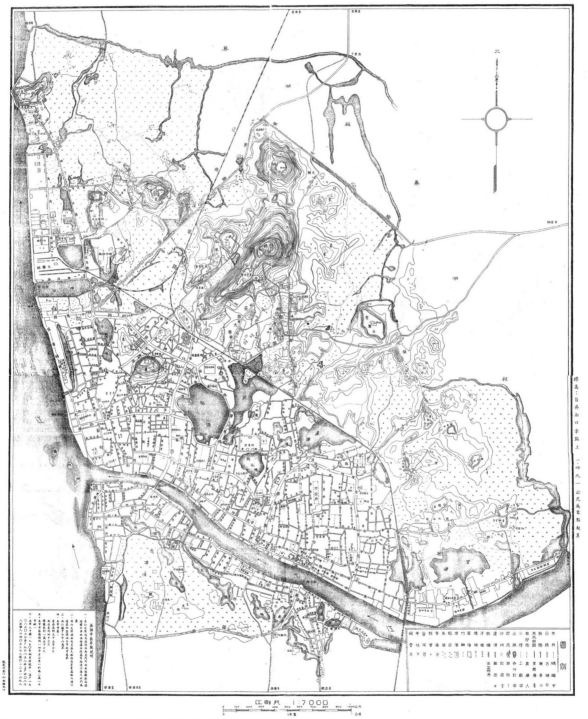

图 2-1-2　1950 年芜湖市全图（原芜湖市房管局档案室提供）

本工商业。个体手工业有 2173 户，占私营工业总户数 77%，且基本上是家庭式作坊。全市私营商业 84 个行业共 5461 户，固定摊贩 2404 户。此时，芜湖的经济结构还处于前工业化阶段①。

从 1950 年芜湖的社会结构看，全市统计人口 174191 人，其中工人占 13.7%，商人占 6.8%，店员占 4.57%，自由职业者占 1.4%，独立劳动者占 1.9%，机关职员占 1.98%，军警占 0.78%，学生占 9.48%，城市贫民占 4.11%，无业人员约占 4.6%，农民占 1.3%，渔民占 0.39%，船工占 1.65%，家庭妇女（男）及老人占 23.63%，儿童占 20.1%，其他占 1.96%。这种社会结构是不合理的，既不利于社会的稳定也难以实行大规模的社会动员，需进行强有力的整合②。

（二）城市发展概况

1. 地方经济恢复时期（1949—1952）

这四年，从军管到市委、市政府的成立，再到镇压反革命、土地改革、抗美援朝和"三反""五反"运动，维护了新生的人民政权，促进了经济的恢复和初步发展。

芜湖工商业的发展在近代处于安徽省内领先地位，但到 1949 年年初均已凋敝。工业只剩裕中纱厂、益新面粉厂、明远电厂和一些小工厂、小作坊。商业繁盛的十里长街已风光不再，城市中心中山路、新芜路一带也已破败不堪。1949 年 7 月，在 5 家公营工厂（铁工厂、榨油厂、火柴厂、碾米厂、自来水公司）和 4 家公私合营工厂（染织厂、江南火柴梗片厂、新新棉花轧花厂、面粉厂）的基础上统一组成了皖南企业公司。同年 5 月，组建国营芜湖市贸易公司，8 月扩大为皖南贸易公司。在公有制经济带动下，合作制经济也有发展，到 1950 年底全市合作社已有 26 个，社员人数已占全市人口的 7.5%，私营工商业也得到扶持和调整，市场日渐繁荣，私营商业营业额显著上升，芜湖又成为皖南地区的商贸中心及周边农副土特产的重要集散地。

2. 社会主义过渡时期（1953—1957）

从 1953 年开始的这五年，芜湖进入有计划的社会主义建设和社会主义改造时期，也是我国实施第一个五年计划的时期。通过五年的努力，芜湖顺利实现了对农业、手工业和资本主义工商业的改造。到 1956 年 6 月，全郊区已并为 15 个社会主义性质的高级形式的合作社，全市手工业已组织起来 71 个生产合作社，私营工商业、交通运输业也实现全面公私合营或合作化。自此，芜湖市初步建立起了经济体系和工业体系。在实行社会主义改造的同时，芜湖也迎来了社会主义建设的高潮，顺利完成了"一五"计划。到 1957 年，全市工农业总产值达到 20406 万元，比五年前增长 2.75 倍；财政收入增长 1.3 倍，基本建设投资增长 8.45 倍，城市年末总人口增至 26.45 万人③。

经过经济恢复和社会主义改造，芜湖的经济结构发生巨大变化，到 1956 年年底逐步建立了 53 家分布于各个行业的工业企业（其中国营企业 12 家），初步奠定了芜湖工业发展的基础。私营商业全部为国营和公私合营所取代，几千户小摊贩也逐步纳入了合作化经济的轨道。至此，分散的多种经济形式并存的小商品经济结构，为单一的以国有经济为主，以合作制经济为辅的社会主义经济结构所取代。社会结构也有巨大改变。

① 芜湖市政协学习和文史资料委员会，芜湖市地方志编纂委员会办公室：《芜湖通史（现代部分）》，合肥：黄山书社 2011 年版，第 639 页。

② 芜湖市政协学习和文史资料委员会，芜湖市地方志编纂委员会办公室：《芜湖通史（现代部分）》，合肥：黄山书社 2011 年版，第 640—641 页。

③ 芜湖市政协学习和文史资料委员会，芜湖市地方志编纂委员会办公室：《芜湖通史（现代部分）》，合肥：黄山书社 2011 年版，第 629 页。

95%以上的社会成员进入社会主义各种形式的经济组织之中，成为社会主义的劳动者。社会成员中不同的身份逐步为工人、农民这两大阶级所吸纳，社会结构实现了有序化、简洁化，为社会的稳定和发展打下了坚实的基础①。

（三）城市建设概况

1.管理机构及设计、施工队伍

1949年6月，芜湖市人民政府建设科成立，接管和主司城市建设事项。1950年7月1日，芜湖市建筑公司筹备处成立。1951年5月2日，芜湖市第一建筑工程公司成立。1953年5月，建设科改为建筑工程局，设基本建设、规划设计等五个股室和赭山陶塘管理处。1954年10月，建筑工程局改为建设局。1956年5月，建设局改为城市建设局。

1954年3月，芜湖市第一建筑工程公司设计室成立，成为芜湖第一家专业设计单位（后发展为芜湖市建筑设计院）。此前，芜湖较大型工程项目由建设单位所隶属的部门组织设计，小型工程由施工单位的技术人员设计，难以适应建设发展需要。1955年9月，芜湖市建设局测量队成立，成为安徽省第一个城市测绘专业机构（后发展为芜湖市勘察测绘设计院）。1956年，经过社会主义改造，集中芜湖原有的47家私营营造厂和木瓦建筑生产合作社，成立芜湖市修建公司（后发展为芜湖市第三建筑工程公司）。同年，芜湖市水电安装公司成立。

2.道路、桥梁

1949年，芜湖市区共有城市主要道路18条，长约30千米，大多为碎石路。另有街坊巷道约200条，长79.5千米，为条石和碎石路面②。1950—1957年拓建环城路、镜湖路、吉和街，辟建劳动路、康复路、中山南路、江岸路、沿河路、砻坊路等为碎石路面，改建中山路、北京路为水泥混凝土路面。

芜湖素有"半城山半城水"之称，因地形原因，路网为不规则的自由式。只有新市口出现五条道路会于一处的放射式，这是近代芜湖受到西方城市规划设计手法影响所致。以新市口为城市的重要节点，西侧北京西路直通江边码头，北侧狮子山路通火车站和弋矶山可往城北地区，南侧吉和街通青弋江口，东偏南侧北京路经中山路向南过中山桥通往青弋江以南城区、向东通往古城区，东北侧宁芜公路通往南京，可谓四通八达。

20世纪中叶以前的芜湖主要在青弋江以北的地区发展，青弋江成为芜湖跨河发展的一道"门槛"。最早只有"老浮桥"沟通青弋江南北，十分不便。老浮桥位于芜湖古城长虹门（南门）之外，过桥即达河南（青弋江以南，俗称"河南"）的"南关"，这是明清徽商通过南陵县境内从旱路来往于徽州与芜湖的必经之地。老浮桥始建于南宋初年以前，1169年之前张孝祥曾组织大修。到明代正德九年（1515），又经官府重修，并易名为"通津桥"。民国八年《芜湖县志》记载："通津桥旧名便民桥，在长虹门外。联舟为梁，横亘长河，以通往来，盖境中要路也。"因浮桥安全无保障，常"溺马杀人"，被人视为"老虎桥"。1956年11月，芜湖市人民政府决定在此重新建桥，1957年10月10日动工，至1959年4月18日建成通车，更名为弋江桥。桥长83.6米，是芜湖市建设的第二座钢筋混凝土桥梁。

1958年以前沟通青弋江南北的另一座桥是位于江口不远处的中山桥。中山桥原是木桥，1947年修建，后被洪水冲毁，1951年开始建钢筋混凝土结构桥，1953年建成通车，是芜湖市

---

① 芜湖市政协学习和文史资料委员会,芜湖市地方志编纂委员会办公室:《芜湖通史(现代部分)》,合肥:黄山书社2011年版,第639—641页。

② 芜湖市城市建设委员会:《芜湖市城市建设志》,香港:永泰出版社1993年版,第145页。

建设的第一座钢筋混凝土大桥。桥长55.8米，宽9米。其高程为：河床0.5米，梁底11.76米，桥面12.71米。此桥连接了中山路和中山南路，成为沟通芜湖城市南北的主要通道。

3.其他市政工程

1）防洪、排水

芜湖市襟江带河，长江干线由南至北经过市区，青弋江自东向西横贯市区，市区内湖塘众多，地势低洼，每当雨季，排水不畅，易积涝成患。1949年以前，芜湖市区没有堤防。据史志记载和历年水位记录，自1426年至1949年500多年间芜湖遭受水患达53次（较大的有14次），平均十年就有一次水灾。

1949—1957年期间，芜湖遭受过两次洪水之灾。第一次是1949年6月到8月，芜湖段长江水位达11.66米，芜湖受洪水之灾，圩堤溃尽，市区淹没三分之一。倒塌房屋117430间，受灾居民达10624户，合计4.28万人口。交通阻塞，停工停业，损失严重。芜湖县境内先后决大小圩口37个，淹没农田22.492万亩（占全县农田一半）。芜屯路至清水大桥段被淹。汽车停驶[1]。第二次是1954年5月至8月，芜湖遭受罕见的特大洪水。芜湖段长江水位高达12.87米，市区水深2米多，持续2个月之久。市区受灾面积达9平方千米，占全市总面积64%。受灾人口17.4万人，其中市区12万余人。冲毁房屋32610间，其中市区6260间[2]。

1955年3月，芜湖市区沿江沿河防洪工程建设委员会成立，开展了防洪工程建设。国家投资建造了江岸钢筋混凝土防水墙，全长2200米。梯形基础上墙高5米，墙顶标高14.46米，设有码头闸门16处，排涝泵站3座。同时修建了青弋江北岸防洪土堤，全长12850米，设通道闸13处，排涝泵站6座。这些基础工程抵御了多次大洪水，确保了市区人民的安全。

芜湖老城区排水主要依地势自然流入江河湖塘，至1949年，城区排水沟仅有29.5千米，全为砖沟、条石盖沟和明沟。20世纪50年代，始安装中山路、新市口排水管道。1955—1957年新安装管道12.3千米，初步形成城区排水管网系统。

2）供水、供电

1938年以前，工业与居民用水全部采用井水、湖塘水和江河水。抗日战争期间，日军在裕中纱厂内建了一套日产约50吨的制水系统。1942年，日商在太古码头（今一水厂内）建造了一套日产2800吨的制水系统，1945年基本建成。1949年，用水户仅578户，人口不足2万人。1952年，水厂兴建了范罗山水库。1956年，扩大了自来水供应范围，供水人口达13万人。1956年以后，日供水5000吨以上，仍不能满足市区生产和生活用水的需要。

芜湖是安徽省最早使用电力的城市。1908年，芜湖明远电灯公司2台120千瓦发电机正式投产，开始向用户供电，对大马路（今中山路）及长街一带供电照明。到1928年，芜湖电力工业发电装机总容量达2410千瓦，居安徽省之首。到1949年，售电量296.5万千瓦时，其中工业用电占37.5%，生活用电占62.4%，交通用电占0.1%。1952年，引入南京电力，结束了芜湖市区一直由单一电厂供电的历史。1955年，开始由市区向郊区辐射供电。到1957年，售电量达1925.7万千瓦时，其中工业用电占79%，农村用电占1.5%，交通用电占1.1%，生活用电占17.4%[3]。

---

① 芜湖市城市建设委员会：《芜湖市城市建设志》，香港：永泰出版社1993年版，第493页。
② 芜湖市城市建设委员会：《芜湖市城市建设志》，香港：永泰出版社1993年版，第250、496页。
③ 《芜湖供电志》，1989年，第132页。

3）公共交通

1949年以前，城区交通主要靠人力车、轿子。1949年，尚存花轿行5家，每家有轿子5—6乘。市民出行，大多步行。人力车作为市区客运起过一定作用。1950年尚有人力车1150多辆，人力车工人1500余人，此后逐年减少，1966年基本消失。

新中国成立后，为改善市区公交状况，方便群众生活，1953年成立了"芜湖市区公共汽车小组"。10月1日，芜湖市发出安徽省第一班市区公共汽车。当时仅有5部营运车辆，21名驾售人员，试行营运线路1条，长7.5千米。1958年4月16日，在原市区公共汽车小组基础上，组建了芜湖市公共汽车公司，拥有车辆11辆，营运线路2条，线路长度24千米。芜湖市内公共交通良好起步。

4）公园建设

镜湖公园，位于市中心，由大、小镜湖组成。大镜湖俗称"陶塘"，小镜湖原为"汪家田"。宋代张孝祥"捐出百亩，汇而成湖，环种杨柳芙蕖"，成为芜湖一大风景名胜。"镜湖细柳"为芜湖八景之一。近代，李鸿章家族在镜湖周围建了大花园，包括景春花园、柳春园、烟雨墩、西花园等。1945年曾重修镜湖，加宽环湖路，片石驳岸，栽植柳树。1947年春，成立"陶塘公园管理处"。1949年，芜湖市政府成立"陶塘区生产事业管理处"，后改为"赭山陶塘管理处"。同年10月，重铺环湖路碎石路，青砖路沿改为水泥预制块路沿。1952年辟建"陶塘公园"。1957年改名"镜湖公园"，在疏浚大镜湖的同时开辟了"三八公园"。

赭山公园，位于市中心，与其南侧的镜湖公园相隔不远，由大、小赭山组成，土石殷红，故名。宋代以后，赭麓寺庙庵堂林立，"赭塔晴岚"

也成为芜湖八景之一。1933年开办为"芜湖公园"。1945年11月，恢复了公园管理处。新中国成立后，经过多年规划和绿化等建设，1958年建成完善的赭山公园。

二、现代芜湖城市曲折发展阶段（1958—1977）

（一）城市发展概况

1. 发展波动时期（1958—1965）

芜湖社会主义改造完成以后，进入社会主义建设时期。可是，前一阶段芜湖社会经济严重受挫。直到1962年中共中央召开"七千人大会"后，继续贯彻"调整、巩固、充实、提高"的"八字方针"，芜湖市经济才开始得到恢复和发展。到1965年，芜湖轻工业比重上升了70.5%，日用工业品货源增多。商业开放了集市贸易，恢复了多种所有制形式，市场趋于繁荣。先后建设了冶炼厂、纸板厂等大中型骨干企业，兴建了裕溪口港、发电厂等一批交通、运输、供电、邮电等基础设施。这些成绩为芜湖继续确立城市的区域中心地位奠定了基础。这一时期芜湖的城市人口有所增加，由约26万人增至约33万人；城市范围有所扩大，建成区面积由7平方千米扩展为22平方千米。

2. 发展受挫时期（1966—1977）

1966—1976年，芜湖的社会经济发展遭受到严重的挫折和损失。1967年、1968年，芜湖经济连续两年持续下滑。1974年，芜湖经济遭受重创，当年工农业总产值比上年下降10.3%[①]。1975年全面整顿后，芜湖经济开始好转。

"文革"期间，一些重点项目得到了建设。例如：1972年6月16日国家建委在芜湖筹建白

---

① 芜湖市政协学习和文史资料委员会，芜湖市地方志编纂委员会办公室：《芜湖通史（现代部分）》，合肥：黄山书社2011年版，第742页。

马山水泥厂（1981年12月第一条生产线建成投产）；1966年5月化工厂建成投产；1969年10月芜湖市无线电元件厂建成投产（1972年改为无线电一厂）；1970年4月安徽省重点工程芜湖钢铁厂2号高炉动工，6月28日建成投产；1971年3月筹建芜湖铜网厂，1976年6月建成投产。芜湖经济发展虽有曲折，但总体上还是有一定的发展，1976年全市工农业总产值24.1亿元（90年不变价），比1965年增长1.3倍①。

1958—1977年这20年，芜湖一直受到极"左"路线的干扰，城市发展屡屡受挫，由于党中央的及时纠正以及广大干部和人民群众对错误路线的抵制，在极其困难的情况下，坚持生产和工作，使经济得以维持并有所发展。

（二）城市建设概况

1.工业建设推动城市发展

1958年，中国进入第二个五年计划的发展时期。1958年5月，中共八大二次会议通过了"鼓足干劲，力争上游，多快好省地建设社会主义"的总路线，国民经济严重受挫，但客观上也促进了芜湖工业的发展，使芜湖从一个商业性的消费城市变为一个以工业为主导的生产城市。1949—1953年，芜湖仅有54家较大的工厂，而在1958年这一年就新建、扩建了200多家骨干企业②，初步奠定了以后芜湖工业大发展的基础。

1958年，芜湖工业生产总值超过了农业产值，城市人口从上半年的18万人，增长到年底的34万人。人口规模的猛增，使一个小城市变为中型城市③。工厂的大量建设，工业区的成片出现，拉开了城市的骨架，为芜湖后来的城市发展也打下了基础。

这一时期芜湖新建成的工业企业主要有④：1958年4月，芜湖钢铁厂筹建，列为全国10个中小型钢铁联合企业基本建设重点之一；7月，芜湖东方纸版厂建成投产，芜湖市灯芯绒厂开工投产，芜湖市天锦丝绸厂动工兴建；8月，芜湖冶炼厂正式建厂，芜湖市公私合营张恒春药厂成立；12月，公私合营第一铁工厂扩建为地方国营红旗机床厂（后发展为重型机床厂）。1959年，芜湖钢铁厂发展很快，3月轧钢车间动工（1971年4月建成投产），5月炼钢车间动工（1972年7月建成投产），11月高炉开工兴建（1969年8月建成投产），这一年还先后建成投产了芜湖市跃进橡胶厂、芜湖市联盟化工厂（1985年9月转产改为芜湖染料厂）等工厂。

1962年开始继续贯彻"调整、巩固、充实、提高"的"八字方针"，把优先发展重工业调整为按农、轻、重顺序发展经济。芜湖工业仍有发展，建成项目主要有⑤：1963年11月，建成芜湖市印铁制罐厂；1966年，建成芜湖市陶瓷厂、芜湖市化工厂；1967年，建成芜湖市船用机械厂；1969年，建成芜湖市无线电元件厂（1972年改为无线电一厂）、肥皂厂年产3000吨洗衣粉合成车间；1970年，建成芜湖钢铁厂2号高炉、芜湖造船厂拆解第一艘万吨轮（1972年建立芜湖市拆船厂）；1971年，筹建芜湖铜网厂（1976年建成）；1972年，国家建委筹建芜湖白马山水泥厂（1978年5月主体工程动工）；1976年，芜湖水泥船厂建成中国第一艘日供水2万吨的水厂

① 芜湖市人民政府：《芜湖五十年》，1999年，第3页。
② 芜湖市政协学习和文史资料委员会，芜湖市地方志编纂委员会办公室：《芜湖通史（现代部分）》，合肥：黄山书社2011年版，第654—655页。
③ 芜湖市政协学习和文史资料委员会，芜湖市地方志编纂委员会办公室：《芜湖通史（现代部分）》，合肥：黄山书社2011年版，第654—655页。
④ 芜湖市地方志编纂委员会：《芜湖市志（上册）》，北京：社会科学出版社1993年版，第76—78页。
⑤ 芜湖市地方志编纂委员会：《芜湖市志（上册）》，北京：社会科学出版社1993年版，第80—87页。

船；等等。

2.市政交通促进城市发展

1）道路、广场

1958—1977年这20年，芜湖的道路建设主要有三个特点：一是提高了不少道路的路面等级，由碎石路面、混凝土路面改为沥青路面，如新芜路、北京西路、吉和街、江岸路、中山南路、环城路、龚坊路、棠梅路等；二是新辟或拓建道路，包括长江路、褐山路、芜钢路、康复路、团结路、芜宁路、芜屯路等，不少是因工业发展的迫切需要；三是建成首批道路广场。

长江路：从劳动路至四褐山这一条线沿线区域发展为工业区，新建了南北向城市道路，时称"工业干道"。1958年先修南段，自劳动路至广福村，长3817米；1959年修建北段，自广福村至四褐山，长6197米，12月底建成通车，全长10014米。当时路宽11米，其中车行道宽6米。1966年自劳动路至解放西路长2363米路段，拓宽为13.4米的沥青路面。1981年将工业干道命名为长江路。1985年年底，又将长江路南段（自劳动路至广福路，长4100米）拓宽为40米，发展成为当时芜湖最长、最宽，也最直的城市主干道。长江路的建设对芜湖城市的北向发展发挥了非常重要的作用。

新市口广场：位于五条道路的交会处，由20世纪30年代修芜宁路时辟建的小型广场发展而成。1971年拓建，广场直径达96米，面积7235平方米，中心岛直径30米，车行道宽28米，人行道宽2—6.8米。中心岛中花团锦簇，曾是芜湖一处标志性景观。

2）过江轮渡

1959年4月18日弋江桥建成通车后，加上1953年重建的中山桥，这一时期青弋江南北城区的联系问题已基本解决。原青弋江铁路桥，1973年修建皖赣铁路时得到大修。市区内建修的有长江路一号桥、胜利桥等桥。

渡船作为连接城区的水上交通工具，曾起到重要作用。青弋江芜湖段渡口仍有宝塔根、徽州码头、石桥港、大砻坊、"芜湖渡"等5处，长江芜湖段尚有裕溪口至四褐山、曹姑洲，八号码头至二坝两处主要渡口。火车轮渡始于1958年，8月5日成立芜湖长江火车轮渡段，8月10日开工，10月1日举行通车典礼，11月正式通航。此为简易轮渡，北岸为二坝镇，接淮南线。南岸位于弋矶山地段，接宁芜线等。1985年建成第二火车轮渡。1958年10月31日，芜湖裕溪口至四褐山长江汽车轮渡也正式通航，时称"四裕轮渡"。1975年11月25日，芜湖长江汽车轮渡由四褐山至裕溪口迁址到弋矶山至二坝，并于12月1日正式通航。原四裕轮渡停运。在长江大桥建成之前，汽车轮渡是连接长江南北的重要途径，曾被称为"浮动大桥"。火车、汽车轮渡建设为芜湖以后的跨江发展吹响了前奏。

早在国家制定"一五"计划时规划建造"武汉、芜湖、南京"三座长江大桥，1958年12月10日，成立了芜湖长江大桥建桥委员会，1959年建桥人员与器材陆续进场，但因国家进入困难时期，大桥建设项目被迫下马。如当时无此挫折，芜湖长江大桥早日建成，城市发展进程会极大加快。

芜铜铁路1971年3月全线建成通车，淮南铁路新的终点站芜湖北站（位于二坝）1977年6月建成，对芜湖的城市发展也起到重要作用。

（三）从建置沿革看城市发展

1949年5月10日，芜湖市人民政府成立，由南京市代管，与皖南、皖北行署平级，作为起点这个规格定的是较高的。5月12日，芜湖县人民政府成立，驻芜湖市。此时，市、县分置。7月3日，中共中央华东局决定，皖南人民行政公署由屯溪移驻芜湖市。8月6日，芜湖市改为皖南人民行政公署直辖市，兼芜当专区（1949年5

月13日至1950年5月25日）驻地。1949年10月1日，中华人民共和国成立，芜湖市仍属皖南人民行政公署[1]。当时芜湖市范围：芜湖县以北，扁担河以西，直抵江边的八个乡。1950年撤销芜当专区后，芜湖县直属皖南人民行政公署。1952年1月30日，宣城专区和巢湖专区合并，成立芜湖专区，驻芜湖市。2月4日，芜湖县改属芜湖专区。8月25日，安徽省人民政府正式成立，同时撤销皖南行署和皖北行署，芜湖市直属安徽省。这一时期，芜湖市在安徽省内地位较高，一直属于省辖市级别。

1958—1965年芜湖市建置的变化。1958年2月27日和县裕溪口镇划入芜湖市。6月21日，芜湖市改属芜湖专区。11月27日，芜湖市和芜湖专区合署办公，以芜湖专区名义，直属安徽省。1959年3月22日，芜湖县并入芜湖市。1960年1月14日，芜湖专、市分开，芜湖市属省、专双重领导。芜湖县保留县名义，属芜湖市郊区。5月，将裕溪口镇改为裕溪口区。1961年4月13日又升为省辖市，同时芜湖专区分为芜湖、徽州两个专区，芜湖专员公署仍驻芜湖市[2]。1962年12月5日，芜湖市又改属省、专双重领导。1963年8月，芜湖县迁驻鲁港镇。1965年5月25日，芜湖市改为由芜湖专区代管。7月14日，经国务院批准，芜湖市改为芜湖专区辖市。这一时期芜湖市经历过两次由省辖市降为专区辖市的变化。

1966—1977年芜湖市建置的变化。1971年3月1日，芜湖县治由芜湖市区迁至湾沚镇。3月29日，芜湖专区改地区，芜湖市仍由芜湖地区代管。1973年2月25日，芜湖市升为省辖市，仍为地区驻地[3]。这一时期芜湖市忙于政治运动，建置少有变化。城市级别由地辖市升回到省

辖市。截至1973年年底，全市面积为134平方千米（其中长江水面16平方千米），全市总人口为37.44万人。芜湖县驻地迁至原宣城县重镇湾沚镇，且将湾沚镇同时并入芜湖县。这对芜湖市和芜湖县的城市发展都十分有利。

从1949—1977年这29年芜湖市建置沿革可以看出，这时的芜湖市仅是一个带有郊区的芜湖市，还不是一个有着完整城镇体系的城乡一体化的芜湖市。

三、现代芜湖城市加速发展阶段（1978—1998）

（一）1978年的芜湖城市

1976年10月6日，党中央采取果断措施，一举粉碎了"四人帮"，从危难中挽救了党，挽救了国家，挽救了中国的社会主义事业，为实现党的历史伟大转折创造了前提，共和国的历史翻开了新的一页。

1978年，全国开展了真理标准问题大讨论。这场讨论极大地促进了人们的思想解放，为历史转折准备了思想条件。芜湖市首先继续开展揭批"四人帮"罪行的斗争，下半年，全市开展了"实践是检验真理的唯一标准"大讨论，推动了干部群众的思想解放运动。同时平反"文革"中的冤假错案，恢复老干部工作，对"文革"遗留下来的问题也进行了清理，落实了政策，还大力恢复文化、教育、科技和经济秩序，使各项工作走上正确的轨道。

1978年11月10日至12月15日召开了为期36天的中央工作会议。12月13日，邓小平在闭幕会上作了题为《解放思想，实事求是，团结一

① 郭万清：《安徽地区城镇历史变迁研究（下卷）》，合肥：安徽人民出版社2014年版，第410页。
② 芜湖市地方志编纂委员会：《芜湖市志（上册）》，北京：社会科学文献出版社1993年版，第80页。
③ 徐学林：《安徽城市》（内部资料），安徽"社联通讯"丛书，1984年，第47页。

致向前看》的讲话。他指出："一个党，一个国家，一个民族，如果一切以本本出发，思想僵化，迷信盛行，那它就不能前进，它的生机就停止了，就要亡党亡国。"他还提出了改革经济体制的任务，振聋发聩地指出："再不实行改革，我们的现代化事业和社会主义事业就会被葬送。"1978年12月18日至22日，党的十一届三中全会召开，会议在思想、政治、经济和组织方面作出一系列重大决策。全会提出"一个中心和两个基本点"（以经济建设为中心，坚持四项基本原则和坚持改革开放），概括了党的社会主义初期阶段的基本路线，同时确定了发展国民经济新的指导思想和"调整、改革、整顿、提高"的新的"八字方针"（原来的"巩固""充实"换成了"改革""整顿"）。党的十一届三中全会实现了新中国成立以来党和国家历史上具有深远意义的伟大转折，它标志着党和国家从此进入以改革开放和社会主义建设为主要任务的新时期，现代芜湖城市也从此进入一个崭新的发展阶段。

（二）从区划调整看城市发展

1980—1990年，芜湖市的行政区划有过几次较大的调整，对芜湖的城市发展有过不小的影响。

1980年2月23日，经国务院批准，安徽省将芜湖地区行署迁驻宣城县城关镇，并改名为宣城地区行政公署，所辖芜湖县改属芜湖市。芜湖县的地域原来就与芜湖市紧紧相连，分置31年后终于成为芜湖市的属县，这对市、县的共同发展是十分有利的。8月，芜湖市辖有一县（芜湖县）和六区（镜湖区、新芜区、马塘区、四褐山区、裕溪口区、郊区）。市域范围有所扩大。

1983年6月7日，安徽省人民政府决定芜湖市增辖原宣城行署的繁昌、南陵、青阳三县及九华山管理处，当涂县的大桥公社划入芜湖市郊区（图2-3-1）。1985年，芜湖市设镜湖、新芜、马塘、四褐山、裕溪口和郊区6个区（19个街道办

事处、7个乡），辖芜湖县、繁昌县、南陵县、青阳县4县和九华山管理处。市域范围大大增大。

1988年8月17日，国务院批准安徽省调整区划，芜湖市的青阳县（含九华山风景区）划归池州地区。此后，芜湖市辖3县的建置延续了23年直到2011年才有变化。如果当年的青阳县及九华山风景区不划出芜湖，今天的芜湖市将是另一种格局。当然，历史没有如果。

（三）城市发展概况

1. 改革开放起步时期（1978—1989）

这一时期芜湖市按照中央要求，首先在思想领域拨乱反正。从1978年4月起平反冤假错案，摘掉了1957年反右斗争中错划为右派分子的528人的右派分子帽子，摘掉了1959年反击右倾机会主义运动中错定的429人的"右倾机会主义分子，严重右倾思想和右倾思想"的帽子。1979年初又摘掉了新中国成立初划定的1300人的"四类分子"（指地主分子、富农分子、反革命分子和坏分子）帽了。1980年年初，对1956年社会主义改造中视为资产阶级工商业者中的绝大多数改正为劳动者身份，并对他们落实了有关政策，同时还落实了原工商业者的政策。"文革"中正常的宗教活动被迫停止，宗教教职人员受到不公正待遇，这一时期也逐步落实政策，恢复宗教组织，平反冤假错案，归还挤占的寺院教堂房产，并拨款修复了广济寺、基督教堂等宗教建筑。1979年，下迁农村十年的中等学校回迁芜湖，教师也一同回城。被撤销下迁农村的市属卫生机构陆续回城并恢复重建，近百名医护人员也回到原来单位工作。到1981年，"文革"及其前后陆续动员上山下乡的25679名知识青年，被招工回城。从1985年起，约5000下放居民陆续回城。以上有关政策的调整和落实，纠正了右倾思潮，有效提高了社会各阶层人员的积极性，促进了社会的安定团结。

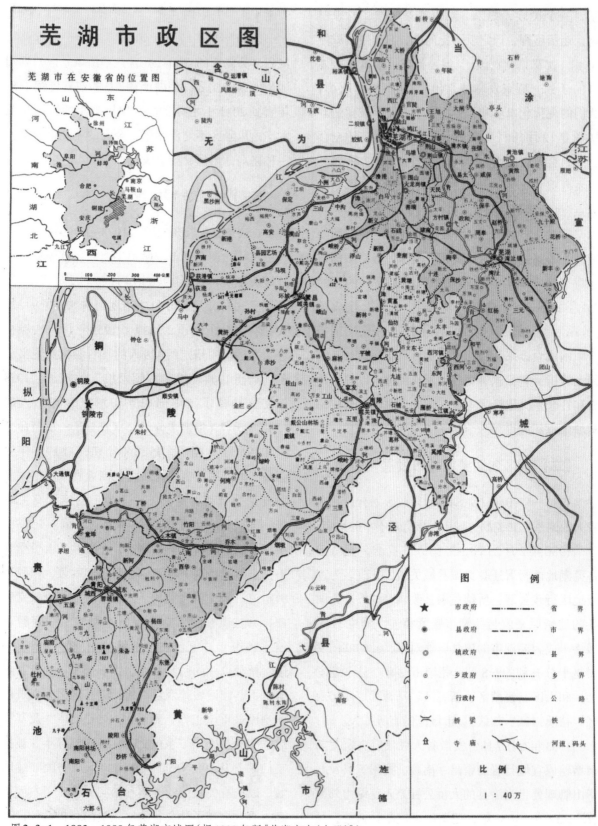

图 2-3-1　1983—1988年芜湖市域图（据1993年版《芜湖市志（上册）》）

这一时期，芜湖市辖县以后，农村工作更显重要。在推进农村经济体制改革中，实行家庭联产承包责任制，实施农村流通体制的改革，大力发展乡镇企业，到1988年全市乡镇企业已发展到63322个，同时加强农田基本建设和农业科技推广，提高了土地产出率，增加了农民收入。芜湖农村同全国各地一样，自1958年建立人民公社以后，实行的是"政社合一"，"三级所有，队为基础"的管理体制。到1984年市属所有人民公社制度彻底解体，全部改为乡（镇），"生产大队"也一律改为行政村。

1984年10月10日，中共中央印发《关于经济体制改革的决定》，提出建立有计划的商品经济体制，芜湖市启动了城市经济体制的改革。从1986年开始，按照所有制和经营权分离的原则，首先进行生产经营管理制度改革，全面推行经济责任制。通过不断强化企业管理，一批企业达到省级先进水平。1989年芜湖造纸网厂等13家企业被批准为安徽省先进企业。同时，芜湖市启动了商业流通体制的改革，到1988年年底，全市已有13家大中型商业企业与市财政局签订了三年承包合同（占大中型企业总数的75%）。通过一系列改革，芜湖市逐步建立起以国营商业为主导，多种经济形式，多种经营方式，多种流通渠道，少环节，开放式的流通体系。此外，芜湖市在发展城市集体经济，解决劳动就业问题，实行"利改税"，横向经济联合等方面也取得了一定成就。

2. 改革开放推进时期（1990—1998）

芜湖市对外开放是在党的十一届三中全会把对外开放作为一项基本政策以后。1978年经国务院批准，芜湖市被列为对外开放城市之一，揭开了芜湖对外开放的序幕。1980年2月，国务院批准芜湖港为国家一类口岸，从此打开了芜湖通往世界的大门，芜湖成为安徽出口发运基地。1980年4月1日正式开办外贸运输业务，翻开芜

湖港外贸出口新的一页。1982年，芜湖被列为全国16个明星城市之一。1984年2月，经国务院批准，芜湖成为全国118个乙类对外开放城市之一。1985年，芜湖对外开放进一步升级，被国务院批准为全国甲类对外开放城市。1990年7月，中共安徽省委、省政府确定芜湖为"开发皖江，呼应浦东"的战略重点和突破口。1991年10月，全国人大常委会批准芜湖港对外国籍船舶开放。1992年，芜湖被国务院批准为沿江开放城市和外贸自主权城市。不久，国务院批准设立国家级芜湖经济技术开发区。这一系列进程，标志着芜湖进入"走向全国，走向世界"的新的对外开放发展时期。

为了推动对外开放，除了加强软环境方面的建设，芜湖市在硬环境建设方面也做了大量工作。如1986年投资近亿元兴建了朱家桥外贸码头，可以同时停泊两艘万吨海轮，年吞吐量可达152万吨；1987年投资1亿元建成了铁道部重点工程小杨村编组站，可日编组2000辆；1990年新建了火车站和日发送1万人次的汽车站；还拓宽了芜湖市区通往黄山、南京和合肥等方向的对外道路；紧接着陆续建成了6.8千米的二环路、1.6万门程控电话、3000线长途程控和宁汉光缆芜湖工程、无线电话、安徽南北微波通信，以及日产10万立方米的水煤气工程。

由于在税收、土地使用、经营管理、外汇管理以及审批环节等方面，对"三资"（中外合资、中外合作、外商独资）企业的种种优惠政策，"三资"企业得到初步发展。1984年11月，"三资"企业联谊人造水晶有限公司首先入驻芜湖。此后，美国、德国、日本、泰国、马来西亚等国家和地区的客商纷至沓来。到1992年5月，芜湖市引进"三资"企业37家。其中，台商王永庆投资生产的PVC塑料管材、德国可耐福石膏板建材，成为当时芜湖新型建材的支柱产业。此外，利用外国政府贷款也成果显著。如利用挪威

政府贷款，1996年建成的杨家门自来水厂一期工程，日供水15万立方米，成为芜湖市最大的自来水厂。

（四）城市建设概况

1.城市建设管理与规划勘察设计

关于城市建设管理。1949年芜湖市人民政府下设有建设科（建设科先后改为建设工程局、建设局，1956年改为芜湖市城市建设局），1975年12月成立基本建设委员会（下设有城建管理科），1979年9月8日曾成立"芜湖市城市规划领导小组"（下设办公室）①，1983年11月成立芜湖市城乡建设环境保护局，1984年10月改为芜湖市城乡建设环境保护委员会（简称"市建委"，下设有城建管理科），1991年成立芜湖市规划管理处（隶属市建委），1992年成立芜湖市规划局（2002年更名为芜湖市城市规划局）。地市建设管理机构日趋完善，特别是1999年成立了芜湖市规划委员会，由市长担任主任委员，计委、建委、规划、交通、环保、国土、房管部门及各县、区政府负责人为成员。规划委员会下设规划设计专家组、建筑设计专家组、市政设计专家组以及园林与雕塑设计专家组，定期对全市重大规划项目进行集体审理，在一定程度上体现了规划决策的合理性和民主性。

关于勘察设计单位。芜湖市的勘察设计单位在这一阶段发展较快。至1999年，全市（含3县、驻芜单位）共有勘察设计单位38家。三家较大的市属设计单位是：①芜湖市规划设计研究院。1984年5月成立，设计资质为规划编制甲级，建筑设计及市政设计乙级。②芜湖市建筑设计研究院。1984年12月，原芜湖市建筑设计室改名为芜湖市建筑设计研究院，设计资质为建筑设计甲级，工程勘察乙级。③芜湖市勘察测绘设计研究院。前身为芜湖市测量队，1989年发展

为芜湖市勘测管理处，1993年10月更名为芜湖市勘察设计院，1993年更为现名，设计资质为测绘甲级，工程勘察乙级（2002年获甲级）。

关于城市总体规划。1983年完成第一轮《芜湖市城市总体规划（1983—2000）》，于1983年5月经安徽省人民政府批准实施。1993年完成第二轮《芜湖市城市总体规划（1993—2010）》，于1994年10月经芜湖市人大常委会审议通过，1996年3月经安徽省人民政府正式批准。之后，编制了镜湖、赭山、城北、裕溪口、城南等五个分区规划。

2.市政建设与公用事业

1）道路与桥梁

这一阶段芜湖市区道路进入全面改造，改扩建道路近20条，主要有康复路、弋江路、褐山路、芜石路、芜钢路、狮子山路、华盛街、新安路、镜湖路、赤铸山路、解放路、九华山路、利民路等，其中利民路全长1880米，经过1984—1985年和1999年两次改造，宽40米，沥青路面，成为青弋江以南东西向的一条主要城市道路。新建道路近10条，路幅大多在40米以上，主要有延安路（今银湖路）、芜南路、港湾三路、二环路、神山大道、中和路、鞍山南路（东段）等。其中延安路南段长2357米，1987年6月开工，1988年9月竣工；北段至解放路口，长863米，1987年8月1日开工，12月31日竣工；路宽40米，快车道为300号混凝土路面，慢车道为沥青路面。随着向北的延伸发展，此路成为城中地区的一条南北向的城市主干道。

这一阶段道路立交桥在芜湖市多有建设，主要有：①长江南路立交桥（1987年2月—1997年7月）。位于芜湖市铁路轮渡处，为铁跨公立交桥。引道全长630米，机动车道宽12米，非机动车道宽4.5米，人行道宽3.25米。②赭山东路立交桥（1987年10月—1990年6月）。位于宁芜线

---

① 芜湖市城市建设委员会：《芜湖市城市建设志》，香港：永泰出版社1993年版，第506页。

与道路斜交处，为铁跨公框架桥。主桥 26 米，地道桥全长 651 米，人行桥长 31 米，引道长 651 米。桥身最高处 6.7 米。③天门山路立交桥（1988 年 12 月—1989 年 10 月）。位于天门山东路与宁芜铁路的化鱼山站北端道岔平交桥，为三孔铁跨公地道桥。中孔净高 5 米，边孔净高 3.5 米。主体框架分作 1 座三线桥、3 座双线桥、4 座单线桥，共 8 座。主桥与铁路线路斜交，引道分快车道（长 672 米）、慢车道（长 606.75 米）和人行道三部分。④马饮公铁立交桥（1997 年 4 月—1998 年 4 月）。位于马塘区鲁港镇十里村境内，全长 564 米，宽 21 米，为 28 孔跨径 20 米的简支空心板桥梁，铁路净空 6.8 米。

1982—1998 年接连新建了跨越青弋江的三座大桥：①中江桥（1982 年 11 月—1984 年 5 月）。由九华中路跨青弋江至南岸九华南路口，是芜湖市在青弋江流经城区江段建造的第三座钢筋混凝土桥梁。全长 330.6 米，桥面净宽 24 米，桥两端设有旋转式桥梯。南北两岸均有长约百米的引桥，尚有 338.5 米的北岸引道和长 275.9 米的南岸引道。此桥连接芜湖南北交通主干道，交通流量很大。②袁泽桥（1989 年 12 月—1991 年 11 月）。北起二环路，南接利民路，由芜湖市规划设计研究院设计。大桥主孔设计为钢筋混凝土钢拱钢梁体系，不设风撑的下沉式系杆拱桥。全长 518.7 米，其中主桥长为 175 米，桥面宽 26.1 米，主跨 75 米。③中山桥（1997 年 4 月—1998 年 10 月）。在原桥位置改建，为系杆拱式钢筋混凝土桥，由芜湖市规划设计研究院设计。全长 306 米，主跨径 60 米，梁底标高为 14.42 米（符合五级航道标准）。主桥面宽 23.1 米，引桥面宽 20.5 米。

市内建的其他桥梁有位于银湖路中段跨越保兴埠的红梅桥（1987 年 7 月—1988 年 1 月）和位于芜湖市中级人民法院门口的天门山西路桥（1987 年 7 月—1988 年 9 月）。

2）公园与广场

此时的市级公园赭山公园和镜湖公园已全面建成，区级公园汀棠公园和四褐山公园已基本建成。①赭山公园。面积 35.33 万平方米，周长 4 5 千米，大赭山海拔 84.8 米。1986 年以来每年均有不同程度的修建改造，儿童乐园建于 1982 年，健身广场占地 3000 平方米，动物园 1985 年以后有较大提升，大赭山顶 1989 年建了舒天阁。2000 年被评为国家 AA 级公园。②镜湖公园。水面 15.33 万平方米，湖滨绿地 3.6 万平方米。1993—1998 年又有改造与提升，增设了游船码头，镜湖东路、南岸沿岸进行了景点改造。③汀棠公园。位于九华中路，宽 580 米，长 1300 米，面积 75.33 万平方米，其中水域面积约 33.33 万平方米。1982 年开始兴建，1984 年 10 月 1 日建成并正式开园。公园内有玩鞭亭、沿湖长廊、海棠园、茶花园等 13 处景点，尚有两个湖中小岛。2002 年被评为国家 AA 级公园。④四褐山公园。位于市西北四褐山，面积 53.33 万平方米，海拔 132 米。"褐山揽胜"是"芜湖新十景"之一。这里有"江南第一烽火台"等历史景点，1986 年以后有投资建设。

这一阶段兴建了两个广场：①两站广场。芜湖市火车站、汽车站两个建筑之间形成的交通绿化广场，总平面呈矩形，面积 43180 平方米。1992 年 9 月开工，1993 年 4 月建成，成为城市的门户广场，有 4500 平方米的地下商场。②迎客松广场。位于城南，西起九华南路，东至芜石路。东西长 420 米，南北宽 40 米，总平面呈长条形。1997 年 3 月开工，7 月竣工。

3）其他交通、市政建设

长江轮渡：芜湖火车轮渡经过 25 年的建设于 1985 年 8 月 2 日建成通航，位于简易轮渡上游，由渡轮、栈桥码头、靠船墩架以及两岸站场、线路组成。建成后大大减轻了津浦线、沪宁线和南京长江大桥的运输压力，发挥了华东路网南北第二通道的作用。此外，弋矶山到二坝的汽车轮渡、芜湖港9号码头至二坝至蛟矶的客运轮渡仍在运行（图2-3-2）。小机帆船客渡还有曹姑洲渡口、东梁山渡口等。这些都是权宜之计，真正解决问题还是要在芜湖建设长江大桥。1992年7月国务院批准芜湖长江大桥立项，1995年5月批准可行性研究报告，1996年8月批准开工报告。1997年3月21日，铁道部、安徽省人民政府共同批准成立芜湖长江大桥有限责任公司。3月22日，芜湖长江大桥举行了隆重的开工典礼，芜湖长江大桥建设排上日程。

供水、供气：1982年7月，兴建三水厂（水上水厂），日供水量达3万立方米；1991年11月至1993年2月，利民路水厂一期工程建成，日供水量10万立方米；1993年12月至1996年9月，杨家门水厂一期工程建成，日供水量5万立方米，实现了从取水、净化到送水的全过程自动化。杨家门水厂总规模为日供水量30万立方米。芜湖市煤气第一期工程1982年3月动工，1984年1月开始向市区首批管道煤气用户供气，二期工程1987年11月开工。至1993年，芜湖市供气总量达到1926万立方米，管道煤气用户增加到2.5万户。三期工程1993年11月开工，1998年7月建成投产，缓解了气源紧张的状况，且改善了用气质量。

公共交通：1986年，芜湖公交营运线路为11条，公交车196辆。至1999年，公交运营线路增加到34条，在册车辆达到489辆，公交优先理念已逐步建立。

城区防洪：1992年4月，安徽省人民政府批准《芜湖市城市防洪规划》，1992—1995年实施了一期工程。城北片对中江塔至弋矶山南2.86千米钢筋混凝土防洪墙，弋矶山以北17.1千米土堤进行了加固；兴建了中江塔至弋江桥段2.17千米

多功能防洪墙；对弋江桥至铁桥670米钢筋混凝土防洪墙进行了加固。城南片对原杨毛埂头至三米厂江堤1.1千米钢筋混凝土防洪墙进行了加固，1998年将澛港至杨毛埂5.5千米土堤改建为土堤加钢筋混凝土防浪墙；将青弋江河堤三米厂至弋江船厂2.8千米土坝改建为钢筋混凝土防洪墙，1998年将弋江船厂至松园路口2.5千米土堤改建为钢筋混凝土防洪墙。

3. 房地产开发

1990年起，国家把房地产作为拉动经济增长的支柱产业优先发展，房地产业迅速崛起，1992年以后放开了房地产市场。芜湖市1993年提出"改造旧城、建设新区"，开始了"长街改造"，先后建成了百龙商城、莲塘小区等项目。1995年"打通一环路"，80多个开发企业参与了94处地块的开发。1996—1997年，园丁小区、沿河小区、湖滨小区、三园小区、迎春组团等国家安居工程先后竣工。1997年开始经济适用房建设，至1999年共完成34个建设项目，竣工面积达23万平方米。

4. 创建芜湖经济技术开发区

1990年7月，芜湖自办经济小区，以城北0.5平方千米为起步区，初期规划面积为4平方千米。1993年4月4日，国务院批准设立芜湖经济技术开发区。1996年开始，芜湖经济技术开发区进行了行政管理体制改革的准备及改革方案的拟定，1997年安徽省委同意实施此项改革试点方案，芜湖经济技术开发区得以顺利发展。

从《1994年芜湖市区图》（图2-3-3）中可以看出，此时的芜湖市中心地区，北至解放路（今名天门山路），东至二环路（今名弋江路），南至利民路，西抵长江边，这一范围内的城市道路系统已基本完善，城市建设已基本完成。城市今后向北、向南、向东发展已势在必行。

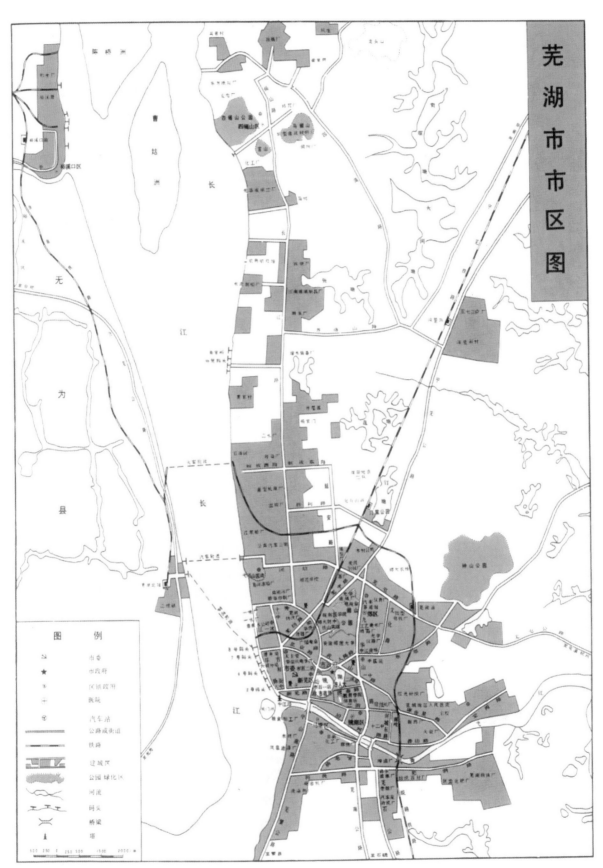

图2-3-2　1985年芜湖市区图（据1993年版《芜湖市志（上册）》）

图 2-3-3　1994 年芜湖市区图(据 1994 年版《中国城市地图集》)

四、现代芜湖城市快速发展阶段（1999—2019）

（一）1999年的芜湖城市

1999年，新中国成立五十周年。五十年间，芜湖人民在党的正确领导下，艰苦创业，奋发图强，使古老的江城焕发出勃勃生机，社会经济各项事业取得迅速发展，城市面貌发生巨大变化，一个多功能、外向型的现代化城市雏形已初步展现在皖江之滨。

到1998年，芜湖全市总面积已有3317平方千米，其中市区面积为230平方千米。1998年末，芜湖全市总人口为215.1万人，其中非农人口67.94万人，城市化率为31.58%；芜湖市区人口为62.81万人，其中非农人口49.58万人，城市化率为78.94%。芜湖市已从以城、郊立市，发展为设有鸠江、镜湖、新芜、马塘四区，并辖芜

湖、繁昌、南陵三县的城市。1998年全市完成地区生产总值181.1亿元，较1978年增长7.3倍；工农业生产总值334.8亿元，增长11.2倍；社会消费品零售总额61.97亿元，增长20.5倍[1]。

到1999年，芜湖市尽管在前一年遇到了特大洪涝灾害，但仍保持了国民经济持续健康发展的势头，结构调整取得积极发展，经济运行质量有所提高，改革开放向前推进，在国有企业产权制度改革的同时，集体企业的改制工作有序展开，民营企业也得到发展壮大。1999年，全市完成国内生产总值194亿元，较上年增长11%；完成财政收入24.62亿元，按同比口径增长12.8%；城镇居民人均可支配收入5650元，增长46%[2]。城市建成区面积由33.6平方千米扩大到37平方千米。城市形态成为沿江发展的典型带状城市（图2-4-1），此时的芜湖市域东西两端最长距离约72千米，南北两端最长距离约100千米（图2-4-2）。

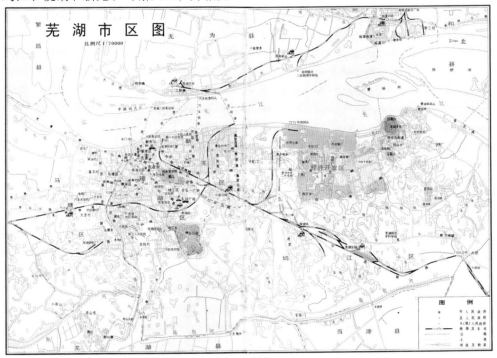

图2-4-1 1998年芜湖市区图（据《芜湖年鉴（1998）》）

① 芜湖市人民政府：《芜湖五十年》，1999年，第3页。
② 芜湖市地方志办公室：《芜湖年鉴（2000）》，北京：中国致公出版社2000年版，第7页。

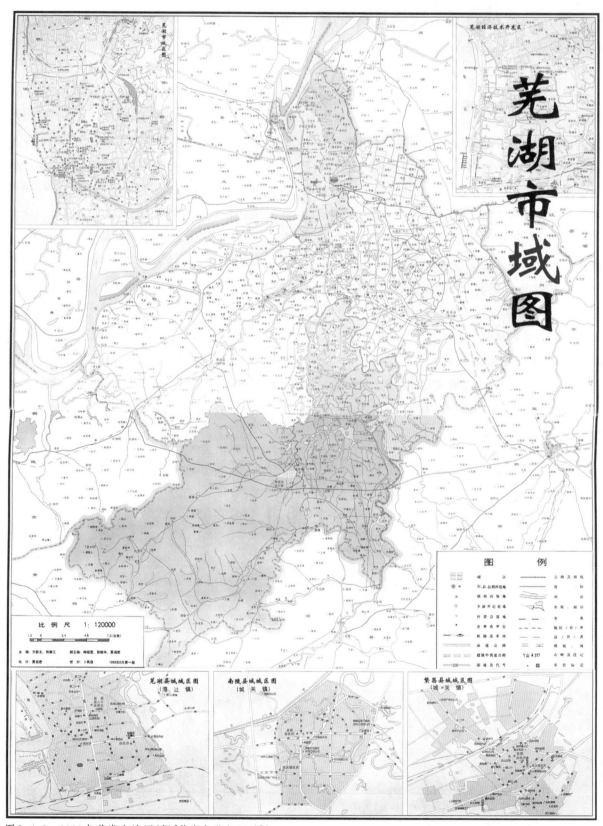

图 2-4-2　2000 年芜湖市域图(据《芜湖年鉴(2000)》)

（二）城市发展概况

1.改革开放加快发展时期（1999—2010）

这一时期是"九五"规划的后两年和"十五""十一五"规划实施的时期，芜湖的改革开放继续深入，城市发展速度加快，城市建设加大步伐，建设活动更加活跃。

1）评定"芜湖新十景"

评定"芜湖新十景"是现代芜湖的文化盛事。七百年前，元代延祐二年至四年（1315—1317），芜湖县尹欧阳玄曾主持议定"芜湖八景"：赭塔晴岚、荆山寒壁、玩鞭春色、吴波秋月、雄观江声、神山时雨、蛟矶烟浪、白马洞天。清乾隆《芜湖县志》将八景绘图编入，民国八年《芜湖县志》仍载有古八景，只是将"神山时雨"换成"镜湖细柳"。时至20世纪90年代末评定"芜湖新十景"时，古八景多已不存。1996年4月，芜湖市文化部门约请旅游局、住建委共商评选芜湖新十景。1997年4月，加上芜湖市规划局、环保局、文联、地方志办公室、芜湖日报社、广电局共9个部门组成"芜湖市十景评选及系列活动领导小组"，由一位副市长任组长，下设办公室，并成立了由9名专家组成的评审组。经过现场踏勘调研，查阅历史资料，提出备选名单，并一一定名。最终确定以下芜湖新十景：赭塔晴岚、镜湖细柳、赤铸青峰、玩鞭春色、双流夕照、天门烟浪、褐山揽胜、西山灵石、马仁云壁、陶辛水韵。前七景均在芜湖市区，后三景分别在南陵县、繁昌县、芜湖县，最后由何更生、张少林、姜晓胜、葛立三4人撰写了各景释文。至1999年7月最终评定结果公布，前后历时两年之久。芜湖新十景虽均为原有景点，却有了新的内涵。芜湖新十景的评定不仅是芜湖文化事业的重要事件，促进了芜湖旅游业的发展，也对芜湖的社会经济发展产生了一定的作用。2000年3月，发行了一套芜湖新十景的邮资明信片，自此"新十景"成为芜湖的一张重要名片（图2-4-3）。笔者同意孙栋华专家的见解："原来拟定的'双流夕照'景名，不知在什么环节变成了'双江塔影'，与'赭塔晴岚'重复一个'塔'字，显得词语贫乏，令人遗憾。"[①]

图2-4-3　芜湖新十景

2）芜湖长江大桥建成

1992年7月国务院批准芜湖长江大桥立项，1995年5月批准可行性研究报告，1996年8月批准开工报告，1997年3月22日举行隆重的开工典礼，经过3年的艰苦奋战，于2000年9月30日顺利建成通车。芜湖长江大桥是全国第一座公路、铁路两用斜拉桥，是我国20世纪在长江上建设的最后一座公铁两用大桥。芜湖长江大桥的兴建，不仅实现了芜湖人民的朝思暮想，也实现了孙中山先生在他所著《建国方略》中提出的要在芜湖兴建长江大桥的构想。芜湖长江大桥的建成是现代芜湖里程碑事件，对长江三角洲地区以及安徽省和芜湖市的经济发展产生了重要作用，改变了皖江南北一江分隔的局面，为芜湖城市的跨江发展创造了条件，把芜湖建成长江流域宁汉之间最大的区域中心城市也因此成为可能。

---

① 孙栋华：《追忆评定"芜湖新十景"》，《芜湖日报》2019年6月10日。

3）2006年的行政区划调整

2006年的行政区划调整扩大了芜湖市区的发展空间。2006年2月9日，芜湖市域内进行了一次较大的行政区划调整，将芜湖县所辖清水、火龙岗两镇，繁昌县所辖三山、峨桥二镇划归芜湖市，将湾里镇的莲塘、广福社区划入新的镜湖区，将原区属大桥镇整体划入芜湖经济技术开发区。自此芜湖市除仍辖芜湖、繁昌、南陵3县外，尚辖镜湖、鸠江、弋江、三山4区。镜湖区辖吉和路、北京路、弋矶山、汀棠、天门山、镜湖、东门、北门、赭山、赭麓、荆山11个街道办事处，鸠江区辖官陡、湾里、清水、四褐山、裕溪口5个街道办事处，弋江区辖中山南路、利民路、弋江桥、马塘、鲁港5个街道办事处和南瑞等3个社区及火龙岗镇，三山区辖三山、保定、龙湖3个街道办事处和峨桥镇。这样芜湖市区面积由2001年的230平方千米扩大到720平方千米，建成区面积由原来的68平方千米扩大到95平方千米，市区人口由2001年的65.88万人增至89.54万人（图2-4-4、图2-4-5）。

芜湖市区面积的扩大为城市"北扩南拓东进"提供了发展空间（图2-4-6、图2-4-7），也引起了对第二轮芜湖市城市总体规划的相应调整，芜湖市第三轮城市总体规划开始组织编制。

4）城北地区"北扩"有成效

芜湖市经济技术开发区发展壮大。1990年7月，芜湖在城北自办经济小区，初期规划4平方千米，先开发0.5平方千米起步区。1992年9月，安徽省建设厅通过了《芜湖经济技术开发区规划（1992—2000）》，规划面积为10平方千米。1993年4月，国务院批准设立芜湖经济技术开发区。至1996年年底，开发区面积扩至6平方千米，基本实现了道路、通讯、供电、供水、供热、供气、排水和场地平整"七通一平"。1998年开发区内9条道路陆续开工建设并建成使用，2001年龙山路、港湾东路和凤鸣湖大桥先后竣工。芜湖经济技术开发区新一轮总体规划2001年编制完成，规划总面积达到55.78平方千米，新增建设用地20平方千米。到2002年开发区开发面积达16平方千米，建成房屋面积200余万平方米，建成投产工业企业175家，其中"三资"企业90家[1]。2002年6月，国务院批准在开发区内设立芜湖出口加工区，这是中西部地区中等城市第一个出口加工区，规划面积3平方千米，起步区1.1平方千米。至2002年年底，加工区基础设施建设接近完工。到2010年，芜湖经济技术开发区实现地区生产总值320.8亿元，同比增长20%。至2010年年底，开发区共有各类企业1197家，其中工业企业514家，建成投产规模以上工业企业240家，其中"三资"企业93家，包括18家世界500强企业、37家国内上市公司和一批知名跨国公司[2]。

芜湖长江大桥综合经济开发区（简称大桥开发区）开始建设。2001年安徽省人民政府批准设立芜湖长江大桥综合经济开发区，规划面积9.71平方千米。2002年7月，芜湖市委、市政府进一步明确了大桥开发区"以形成生态环境为主要目标，以旅游休闲、商务商贸为主要功能，以'国内领先、国际一流'为标准，营造现代化、园林化、生态型的优美城市形象"。2008年4月18日，华强旅游城"方特欢乐世界"主题公园开园营业。2009年12月区划调整后，原繁昌县新港镇的高安、义合、矶山、草山、裕民、白象等地划归大桥开发区开发建设。规划调整后的大桥新区总面积约43.7平方千米，人口3.2万人，重点发展化工、物流等产业（后来有产业调整）。

① 芜湖市地方志编纂委员会：《芜湖市志（1986~2002）》，北京：方志出版社2009年版，第159页。
② 芜湖市地方志办公室：《芜湖年鉴（2011）》，合肥：黄山书社2011年版，第68页。

芜湖市区图

图 2-4-4　2004年芜湖市区图(据《芜湖年鉴(2004)》)

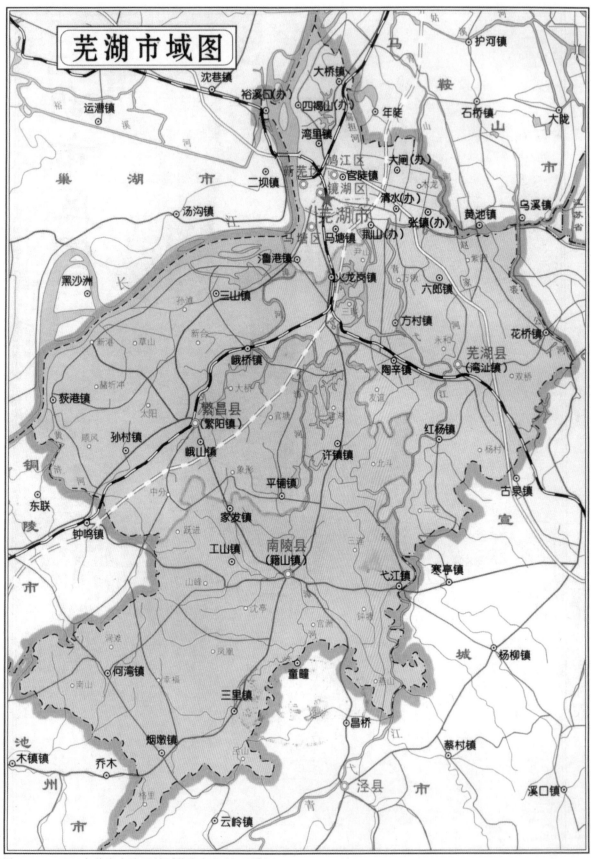

图 2-4-5　2005年芜湖市域图（据《芜湖年鉴（2005）》）

图2-4-6　2007年芜湖市市区全图(据《芜湖年鉴(2007)》)

图2-4-7　2007年芜湖市市域图(据《芜湖年鉴(2007)》)

5）城南地区"南拓"有进展

芜湖高新技术产业开发区升级。2001年2月6日，芜湖市人民政府确定设立芜湖高新技术产业开发区（简称"高新区"），规划面积10平方千米，区内规划有光电子工业园、新材料工业园、综合加工园及汽车零部件工业园等。截至2005年年底，已投产企业53家，实现工业总产值16亿元。编制有《芜湖高新技术开发区总体规划（2005—2020）》，到2007年已建成面积6平方千米。2006年4月，高新区被安徽省人民政府批准为省级开发区，并进入国家发改委公布的第五批达到审核标准的省级开发区名单。2010年9月26日，国务院批准芜湖高新区升格国家级开发区。高新区实现了历史性跨越，规划控制区面积扩大到32平方千米。2010年园区实现地区生产总值100多亿元，工业企业销售收入308.8亿元。拥有各类企业300多家，其中，高新技术企业59家，拥有各类研发机构27个[1]。芜湖高新区现已成为安徽省高新技术产业的重要基地，皖江高新技术产业带的龙头，是我国中部地区投资环境好、市场化程度高、创新要素活跃的区域之一。

芜湖高教园区创建。按规划在城南地区九华南路以西、大工山路以南、峨山路以北、长江南路以东兴建的芜湖高教园区，用地4.52平方千米，可容纳6万至8万学生在此学习和生活。2002年高教园区规划通过专家评审，园区主要道路开工建设，安徽师范大学、芜湖职业技术学院、安徽商贸职业技术学院、芜湖信息职业技术学院、皖南医学院等6所高校先后入园，建设前期工作积极推进。2002年10月19日，1477名来自安徽、广东两省的大学生入住安徽中医药高等专科学校（专教层次的普通高校）新校区，标志着城南高教园区第一所高校正式投入办学，为高教园区建设发挥了示范和带头作用。安徽师范大

学新校区用地约1.6平方千米，2002年10月29日至11月1日总体规划设计及单体方案设计评标会议选定中标方案，2004年1月29日新校区一期工程正式投入使用。芜湖职业技术学院新校区用地约0.4平方千米，10月21日，芜湖市计委批准新校区总建筑面积21.12万平方米，建设总投资18117万元。到2004年，高教园区建设取得突破性进展，园区已初具规模，已有2万学生入驻。

6）城东地区"东进"有开端

2005年开始编制《芜湖市城东政务新区中心区详细规划》，规划用地面积10平方千米。2006年2月9日，芜湖县清水镇（除荆山）划入鸠江区，芜湖市城东地区增加了城市发展空间，为芜湖市新的政务新区建设提供了条件。为此对《芜湖市城东政务新区详细规划》进行了招标，6家规划设计单位参加了竞标。12月25日至27日，评标专家审查后确定了规划设计的中标方案。2007年7月，通过了城东新区中心地块的控制性规划及政务文化中心建筑设计方案。12月29日，芜湖市政务文化中心正式开工建设，核心区用地6.6平方千米。其后，核心区建设项目陆续顺利推进。2008年编制的《芜湖市城东新区概念规划》，对城东新区的规划目标、空间利用、城市设计等作了深入研究和策划。到2010年，芜湖市政务文化中心建成交付使用，其南侧的中央公园也基本建成。核心区启动带动了此后的城东新区建设。

7）厚积薄发，硕果累累

2010年芜湖市深入落实科学发展观，顺利完成"十一五"规划各项目标，社会经济持续快速健康发展。"十一五"期间，固定资产投资年均增长40.7%；地区生产总值年均增长16.3%，是改革开放以来增幅最高时期。汽车及零部件、材料、电子电器三大支柱产业不断壮大，高端装

---

① 芜湖市地方志办公室：《芜湖年鉴（2011）》，合肥：黄山书社2011年版，第71—72页。

备、光电光伏、新材料、智能家电四个战略性新兴产业加快培育，金融、现代物流、文化创意、服务外包、旅游五个现代化服务业竞相发展，产业结构不断优化，核心竞争力明显提升。2010年全市实现地区生产总值1314亿元，比上年增长18.2%，人均地区生产总值突破7000美元。全社会固定资产投资为1120亿元，增长35.5%以上。市区建成区面积增加40平方千米，城镇化率达65.2%，五年间上升10.9个百分点。

2.改革开放稳步发展时期（2011—2019）

时值"十二五""十三五"规划实施时期，党的十八大、十九大召开以后，深入学习贯彻十八大、十九大精神，紧密团结在以习近平同志为核心的党中央周围，坚定不移沿着中国特色社会主义道路前进，践行新发展理念，坚持稳中求进，芜湖的社会经济保持了较快发展势头。

1）区划调整助力跨江发展

2011年是"十二五"规划的开局之年，也是行政区划实现历史性重大调整之年。8月22日，经国务院批复同意，安徽省撤销地级巢湖市及部分区划调整，其中无为县划归芜湖市管辖，和县沈巷镇划归芜湖市鸠江区管辖，行政区划调整后芜湖市原辖4区3县调整为4区4县，即镜湖区、弋江区、鸠江区、三山区与无为县、芜湖县、繁昌县、南陵县。有乡镇44个，街道办事处30个、村委会698个，社区居委会298个。无为县是个大县，面积为2433平方千米，人口142.9万人，相当于芜湖县、繁昌县、南陵县三县之和（面积合计2490平方千米，人口合计118.3万人）。无为县、沈巷镇的划归，使芜湖市

域扩大到5988平方千米，人口增加到384万人，为建设创新、优美、和谐、幸福新芜湖，打造长江流域具有重要影响的现代化大城市创造了千载难逢的历史机遇。区划调整后，芜湖市域面积增加了80.5%（图2-4-8），人口增加了60.7%。

这一时期芜湖市还有过三次区划调整。2010年10月18日，原芜湖县方村镇划归镜湖区管辖，改设为街道办事处，面积63平方千米，人口3.9万人。至此，镜湖区辖镜湖、东门、北门、赭山、赭麓、吉和路、北京路、弋矶山、天门山、汀棠、荆山、方村12个街道办事处，面积121平方千米，人口47.4万人。2013年3月28日，经安徽省人民政府批准，将无为县的二坝镇、汤沟镇划归鸠江区。2014年11月，又将无为县的白茆镇划归鸠江区（图2-4-9）。至此，鸠江区规模扩大，辖3个镇和7个街道办事处，面积达697平方千米（增加48.3%），人口48.2万人（增加33.3%）。鸠江区成为芜湖市的跨江属区，且江北规模已大于江南部分。芜湖市区的面积和人口规模也相应增大（图2-4-10）。

2019年12月经国务院批准，民政部批复，撤销无为县，设立县级无为市。至2019年年底，芜湖市辖镜湖、弋江、鸠江、三山4个区，芜湖县、繁昌县、南陵县三个县，代管无为1个县级市。有27个街道，44个镇，下设299个社区居委会、630个村委会。全市总面积6026平方千米，人口389.8万人（图2-4-11）。其中，市区面积1491平方千米，建成区面积182.91平方千米，市区人口151.5万人。

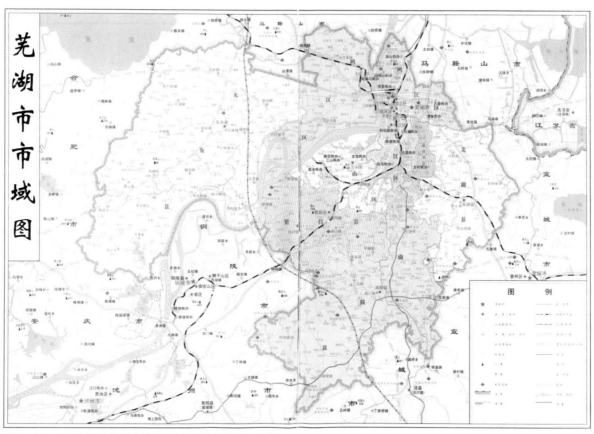

图2-4-8 2014年芜湖市市域图(据《芜湖年鉴(2014)》)

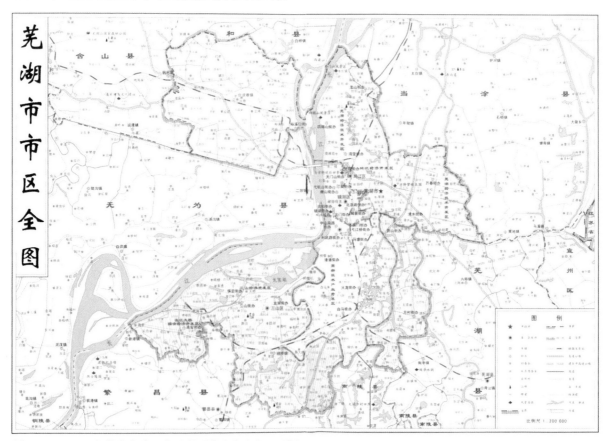

图2-4-9 2011年芜湖市市区全图(据《芜湖年鉴(2012)》)

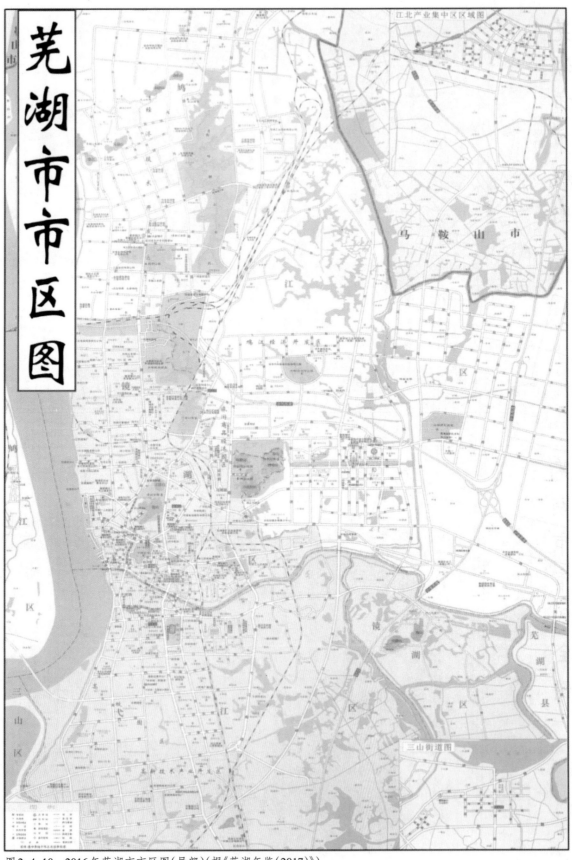

图2-4-10　2016年芜湖市市区图（局部）（据《芜湖年鉴（2017）》）

图 2-4-11　2019年芜湖市市域图（改绘自《芜湖年鉴（2020）》）

2）城东新区初具规模

城东新区建设始终以规划领先，2011年编制了城东新区80平方千米控制性详细规划和42平方千米总体规划，为下一步跨扁担河发展还编制了扁担河两岸景观休闲带和配套公共建筑的方案设计。2012年又完成6.6平方千米政务文化中心区和扁担河以东地区控制性详细规划，以及42平方千米的总体规划和80平方千米概念性详细规划，还完成了扁担河两岸景观规划。芜湖市博物馆与规划展示馆工程占地2.6万平方米，总建筑面积4.5平方米，2011年8月开工，2013年建成。紧接着，搬迁到城东新区的芜湖市第一人民医院、芜湖市第一中学相继建成。住宅小区项目也加紧推进，伟星城、柏庄观邸、东方红郡、三潭音悦、大观花园、熙龙湾、恒大华府、东城豪庭、城市之光、万科城10多个项目陆续建设。绿色生态环境建设在城东新区积极推进，2013年城东新区被批准为省级"绿色生态城区示范"，随后金融服务区被通过为绿色建筑二星级，万达广场的商业购物中心被通过绿色建筑一星级。南翔万商商贸物流城项目通过安徽省建筑业新技术应用示范项目立项。

2011年11月27日，由中国雕塑学会、中国美术学院和芜湖市人民政府联合举办的首届"刘开渠奖"国际雕塑大展开幕，66件中外作品参展，芜湖雕塑公园同时开园。截至2019年年底，已举行八届国际雕塑大展，成为颇具影响力的芜湖文化名片。2016年，芜湖市被授予"中国雕塑之城"称号。

2010年12月8日芜湖方特第二座主题公园"梦幻王国"，2015年5月30日第三座主题公园"水上乐园"，2015年8月16日第四座主题公园"东方神话"，在扁担河以东先后开园，成为芜湖旅游业的著名品牌，也是国际一流的主题公园。

3）三山区快速发展

三山区成立于2006年2月，位于芜湖市主城区西南部。西北濒长江，与无为县隔江相望；东邻弋江区和南陵县，以漳河为界；西南与繁昌县接壤。面积276.1平方千米，人口16.1万人，是芜湖市辖区中人口最少、面积较大、极具发展潜力的新兴城区。2008年，全区实现地区生产总值16.3亿元，完成全社会固定资产投资61.3亿元，2011年分别上升到146.5亿元和369.2亿元，可见发展之快。设区后首先编制了三山区分区规划、三山区发展战略规划、中心城区控制性规划、开发区"三区合一"控制性规划、龙窝湖发展总体规划、莲花湖区域概念规划等一系列规划。2011年，建成了日处理能力3万吨的污水处理厂。2012年，响水涧抽水蓄能电站4台机组全部建成并网发电，装机容量达1000兆瓦。2015年，日供水能力30万吨的三山自来水厂投入运行。龙湖路、奎湖路、浮山路、长江南路、峨溪路等主干道先后通车。2009年，三山绿色食品经济开发区和临江工业区整体合并为"安徽芜湖三山经济开发区"。2012年12月安徽省人民政府同意设立"芜湖承接产业转移集中示范区"，规划面积14.7平方千米，挂靠三山经济开发区。2017年12月30日，芜湖长江公路二桥建成通车，连同南岸和北岸接线，全长55.5千米，起于无为县石涧，终于繁昌县峨山，连接了南、北两条沿江高速公路，在三山设立了出入口，完善了三山新区的对外交通。

4）江北产业集中区加快建设

2010年1月，国务院正式批准实施《皖江城市带承接产业转移示范区规划》。这是国内首个以承接产业转移为主题的区域规划，也是安徽省历史上首个进入国家层面的战略规划。安徽省江北产业集中区起步区位于芜湖市鸠江区沈巷镇，规划重点发展装备制造等临港产业，积极发展电子信息、新能源、新材料、节能环保等战略性新兴产业和现代服务业。2012年2月，安徽省委省政府为加快集中区建设，对集中区管理体制进行调整，由"省市共建、以省为主"，调整为"省市共建、以市为主，由芜湖市代管"。首先编制了起步区规划，产业规划和给水、排水、供电、燃气、道路、消防、环卫等专项规划，同时加快基础设施建设，开展招商引资活动，推进招商项目建设。20平方千米起步区已初具规模。2016年，江北产业集中区总体规划获安徽省人民政府批准，集中区建设现正按规划积极推进。江北产业集中区的建设加上二坝、汤沟、白茆三镇沿江地区的发展，为芜湖市的跨江发展打下了良好的基础。

5）第四轮芜湖市城市总体规划的编制与调整

2011年，经国务院同意，安徽省内进行了一次行政区划调整，芜湖市域面积有较大扩大。在新形势下，芜湖编制了新一轮的《芜湖市总体规划（2012—2030）》。2013年3月，经安徽省人民政府批准实施。市域面积扩大到5988平方千米，其中中心城区面积1290平方千米。规划市域人口2020年为484万人，2030年为530万人。规划2030年中心城区人口为280万人，城市建设用地控制在280平方千米以内。规划2030年市域和中心城区城镇化水平分别为78.3%与82%，着力构建"多中心、组团式、拥江发展"的空间发展格局，市域形成"一主城（中心城区），四副城（无城、湾沚、繁阳、籍山），若干新市镇和中心镇"的城镇空间体系。中心城形成江南城区、龙湖新城和江北新城三大城区，跨江联动、拥江发展，实现两岸共同繁荣。中心城区的轨道交通，根据规划，2016—2020年建设1号线，加强江南城区与龙湖新城之间的交通联系；2021—2030年建设2号线和3号线，加强江南城区与江北新城、龙湖新城之间的交通联系。2017年，随着社会经济的快速发展，有12项调整，主要是市域面积扩大至6026平方千米，中心城

区面积扩大至1418平方千米；中心城区三个城区的城市人口规模和城市建设用地规模有调整；280平方千米建设用地构成比例有调整。通过《芜湖市空间规划（2016—2030）》，2018年城市总体规划又作了相应调整，主要内容有：对市域长江岸线的利用；中心城区用地布局的优化；减少居住用地、公共管理与公共服务设施用地、公用设施用地的建设用地面积和比例，增加商业服务业设施用地、工业用地、物流仓储用地、道路与交通设施用地、绿化与广场用地的建设用地面积和比例。

6）经济发展稳步持续，城市建设扎实推进

前一时期（1999—2010）芜湖市全市地区生产总值增长较快，由1999年的194亿元增至2010年的1314亿元，增长率由11%增加到18.2%。2011年由于无为县的划入，全市地区生产总值增至1658亿元，到2017年已增至3066亿元。由于基数的增大，加上其他因素，年增长率由16%变为8.9%。芜湖始终以质量效益为导向，始终以科技创新为引领，综合实力进一步提升。产业结构进一步优化，近五年的三次产业比重由6.3∶65.9∶27.8变化为4.2∶56∶39.8，效果明显。汽车及零部件、材料、电子电器、电线电缆四大支柱产业对规模工业增长贡献率保持在65%，战略性新兴产业产值占规模工业的比重由17%上升到25.9%[1]。机器人、新能源汽车、现代农业机械获批安徽省战略性新兴产业集聚发展基地。机器人产业在国内率先形成全产业链集聚发展态势。服务业集聚区建设在全省领先，网络零售额跃居全省首位，快递业务量稳居中部非省会城市第一。芜湖市始终以改革开放为路径，发展活力进一步释放。经济技术开发区综合发展水平进入全国20强，综合保税区跨入全国海关特殊监管区域50强。芜湖港成为安徽省首个亿吨大港。芜湖在全省经济总量第二的地位全面巩固，在长

---

① 芜湖市党史和地方志办公室：《芜湖年鉴（2018）》，合肥：黄山书社2018年版，第9页。

三角城市群、中部省份副中心城市和沿江城市中的战略地位明显提升。

前一时期（1999—2010）芜湖市全社会固定资产投资增长快，由1999年的70亿元猛增至2010年的1120亿元，增长率由16%增加到35.5%。2011—2018年，固定资产投资增长率虽有减少，但2017年全社会固定资产仍达3342亿元。从房地产业发展来看，1999年全市完成房地产开发投资约5.2亿元，2011年已达307亿元（占全年GDP的18.53%，占固定资产投资的23.62%），2017年高达457亿元。商品房销售面积2011年为334万平方米，2017年达804万平方米。从建筑业来看，2011年的全市建筑业总产值为238亿元，到2017年已达621亿元。综上可知，芜湖市的城市建设在这一时期在扎实推进。芜湖市始终以功能品质为核心，城市环境进一步改善，城市影响力进一步扩大，已成功创建全国文明城市、国家园林城市、电子商务示范城市、信息消费示范城市、国土资源节约集约模范市、信息惠民试点城市、智慧城市试点城市、文化消费试点城市，已被列入国家长三角城市群发展规划大城市。

（三）城市建设概况

1. 内外交通更加便捷

这一时期主城区的道路网基本上已形成完整的系统，其路网骨架为"四纵九横"。"四纵"是南北走向的4条城市主要干道——长江路、九华路、弋江路和中江大道；"九横"是东西走向的9条城市主要干道——泰山路、港湾路、齐落山路、天门山路、赤铸山路、北京路、黄山路、利民路和峨山路（图2-4-10）。公共交通服务能力持续提升。据统计，2016年芜湖市公交客运量达1.65亿人次，公交出行分担率达22%。在册公交车辆1379辆（至2018年已增至2066辆），线路72条，营运线路总长度1815千米。2017年市区出租车有3700辆，为乘客出行提供了方便。芜湖市公共自行车租赁系统2012年开始运行，投放自行车1.2万辆，进一步拓展了公交的服务和发展空间。至2016年年底，全市公共自行车使用量达1900万次，累计办卡8.3万张。2016年，芜湖市编制《芜湖市轻轨交通近期建设规划（2016—2020）》，5月6日召开专家评估会。2016年3月6日，国家发改委批复《芜湖市轨道交通一期建设规划（2016—2020）》，规划至2020年建成1号线（30.4千米）和2号线一期工程（16.5千米）。2016年12月24日，芜湖轨道交通1号线和2号线一期工程开工建设。至2019年11月底，整体建设进度已经超过50%，36座车站中已有12座完成主体结构，6座正在装修①。位于城东地区的梦溪路站至万春湖路站这一段是芜湖轨道的先导试验段，2019年11月30日来自全国各地区的300多位专家学者及各方面代表试乘了芜湖轻轨2号线中1.91千米长的这一段，往返途中列车时速曾高达60千米。这标志着芜湖交通史上市内快速交通已有实质性进展。

青弋江两岸的市内交通主要依靠桥梁。这一时期为了满足芜申运河的通航净空要求先后重建了4座跨青弋江的桥梁：花津桥（2010年8月重建，2012年10月建成），弋江桥（2013年移址金马门附近重建，2015年10月21日建成）、中山桥（2016年11月重建，2018年10月建成）和中江桥（2016年10月18日重建，2019年8月30日建成）。加上2008年1月6日建成的临江桥和2010年11月16日重新建成的袁泽桥，芜湖市主城区至此已有6座桥梁连通青弋江两岸，使长期影响青弋江南北城区共同发展的"门槛"不再存在。其实，长江是影响芜湖两岸共同发展的更大"门槛"，但跨江交通已不只是解决城市内部交通的问题，更重要的是涉及城市对外交通的问题。

---

① 芮娟：《轨道交通首个车站梦溪路站基本建成》，《大江晚报》2019年12月2日。

芜湖的跨江通道主要依靠大型桥梁。除了2000年9月建成通车的芜湖长江大桥，2017年12月30日芜湖长江公路二桥也通车运营。为建设国家高速公路网徐州至福州高速公路的跨江通道，2011年正式获得国家发改委批复同意开工建设，经过6年多的施工，2017年12月16日芜湖长江公路二桥通过交工验收。项目起点位于芜湖市无为县石涧，接北沿江高速公路，终于繁昌县峨山，与沪渝（南沿江）高速公路相连。项目总投资90.39亿元，全线采用高速公路标准建设，设计时速100千米。路线全长约55.5千米，主引桥长13.928千米，其中跨江主桥长1622米，主跨806米，索塔高262米，是一座采用双分肢柱式塔分离式钢箱梁全漂浮体系的斜拉桥，也是安徽省建设规模最大的长江公路大桥。南岸和北岸公路接线各长约21千米，南北跨江时间缩短至30分钟。2014年，商合杭铁路长江公铁大桥、芜湖城南隧道、泰山路（长江）大桥、龙窝湖隧道4座过江通道纳入国家《长江经济带综合立体交通走廊规划（2014—2020年）》。其中，商合杭铁路长江公铁大桥项目2014年12月28日开工建设，2020年6月28日铁路桥正式通车，9月29日公路桥正式通车。2017年，城南过江隧道也开工建设。

芜湖对外高速公路，目前拥有G50沿江高速（沪渝），G5011合芜宣高速，G4211宁芜高速，S11巢黄高速，S32铜南宣高速，S28芜溧高速，S22无潜高速（北沿江高速）等七条高速，通车里程284千米。2019年以来，全力推进芜合、芜马、芜宣三条高速"四改八"扩容升级，芜黄高速建设；谋划合芜宣杭二通道，泰山路长江大桥建设，缓解安徽至江浙通力的不足；规划南沿江高速二通道，提升皖江城市向江苏方向的通行能力；推进芜太一级公路建设，进一步便利芜湖与上海的联系。预计到2022年，芜湖市境内将建

成461千米"两环九射"高速公路网，有力促进长三角城际快速通行①。

芜湖铁路运输原有淮南、宁芜、芜铜、皖赣等干线。到2015年6月28日，合福高铁开通运营，芜湖正式迈入高铁时代。同年12月6日，宁安高铁开通运营，芜湖到南京只需39分钟，到上海只需2小时52分钟。

芜湖长江航运条件优越，江面宽阔，岸线顺直，水深流缓，芜湖港是长江溯江而上的最后一个深水良港。芜湖至上海洋山码头"点对点直航班轮"，合肥、安庆、池州、铜陵至芜湖港"港航巴士"均已开通。芜湖港2017年集装箱吞吐量首破70万标箱，同比上升16.7%，连续四年以每年10万标箱增量跨越式增长，正打造成为长江下游一处集装箱转运中心。朱家桥外贸码头1991年成为对外国籍船舶开放的码头，至2014年已完成二期工程，正发挥越来越大的作用。芜湖长江观光旅游船码头2013年7月4日通过竣工验收，投入运营。2019年8月，芜申运河安徽段改造工程完成，实现千吨级船舶常年通航，安徽与长三角地区更近距离的第二条"黄金水道"贯通。长三角地区各主要城市间实现水路无缝衔接，大宗货物运输畅通高效。

关于机场建设。2002年10月31日，芜湖联合航空公司在飞行了10年以后，因航空政策原因停航，芜湖航空港暂时关闭，自此芜湖另建专用的民用机场，一直在策划酝酿之中。2012年启动芜湖宣城机场项目。2016年2月，国家发改委、民航局将芜湖宣城机场纳入华东机场群的重要组成部分。3月，芜湖宣城机场被列入国家发改委、交通部《交通基础设施重大工程建设三年行动计划》。8月25日，国家发改委批复立项。9月19日，国家发改委批复《关于安徽芜湖宣城民用机场项目可行性研究报告》，同意新建安徽芜湖宣城民用机场，项目总投资13.99亿元。10

---

① 王世宁：《大江奔流勇争先》，《芜湖日报》2019年10月14日。

月26日，国务院、中央军委联合批复同意新建芜湖宣城民用机场。芜湖宣城民用机场是芜湖和宣城两市合建项目，选址芜湖县湾沚镇小庄。机场近期规划建设一条长2800米、宽45米的跑道，6个廊桥机位，11个站坪机位，1个除冰机位。飞行区等级4C（远期为4E），年旅客吞吐量121.2万人次。按满足近期吞吐量1万吨，远期7万吨的目标设计。航站楼面积2.5万平方米。2018年3月5日中国民航华东地区管理局批复同意《芜湖宣城机场总体规划》，10月，芜宣机场全面开工建设，12月航站区工程开工。2019年11月21日定名为"芜湖宣州机场"。2020年12月10日校飞成功。2021年1月12日试飞成功，2月4日通过行业验收，4月26日候机楼启用，4月30日正式通航。近期开通北京、广州、深圳等航线。远期扩建，开通至港澳台等地区航线以及韩国、日本等国际航线，芜湖对外战略通道将进一步打通。

2. 公用事业不断完善

从芜湖市统计局发布的《2018年芜湖市国民经济和社会发展统计公报》可知：芜湖市2018年全年居民用电量达25.14亿千瓦时；全年市区城市日供水综合能力90万吨；天然气供气总量3.67亿立方米，液化气家庭用量2.4万吨，城市气化率100%。据《芜湖年鉴（2018年）》资料，在污水处理方面，芜湖启动了朱家桥、城南、滨江、天门山4个污水处理厂提标改造工程。滨江、城东污水处理厂投入运营（2019年建成大龙湾污水处理厂）。供水方面完成了市区及芜湖县备用水源工程，取水点位于漳河主航道东岸，地处光明村，鲁港大桥上游4千米处，设计取水规模17.8万立方米，管径DN1400，长度达11千米。关于地下综合管廊工程，建设了长江路东侧地下综合管廊，北起天门山路北侧，南至中山北路北侧，长3.1千米，宽3.3米，高4.7

米，入廊管线包括110千伏和10千伏电力管线及通信管线，为芜湖的地下综合管廊建设起了个好头。

3. 文物保护与古城保护卓有成效

1961—2019年，国务院先后公布八批全国重点文物保护单位，芜湖共有13项被列为全国重点文物保护单位：牯牛山城址（西周—春秋）、皖南土墩墓群（西周早期—春秋初期）、大工山—凤凰山古铜矿遗址（西周—宋）、繁昌窑遗址（五代—北宋）、人字洞遗址（旧石器时代早期）、英驻芜领事署旧址（清）、芜湖天主堂（清）、圣雅各中学旧址（清—近代）、黄金塔（北宋）、广济寺塔（北宋）、戴安澜故居（1904）、芜湖老海关旧址（1919）、芜湖内思高级工业职业学校旧址（1934）。尚有中山塔等省级文物保护单位25处，萃文中学旧址等市（县）级文物保护单位142处。由于芜湖市文物建筑得到了有效的保护，2019年广济寺塔、戴安澜故居、芜湖老海关、芜湖内思高级工业职业学校4项文物建筑同时由省级提升为全国重点文物保护单位。

芜湖市的非物质文化遗产保护工作在稳步推进。自2010年至2018年，已有芜湖铁画锻造技艺、灯舞（无为鱼灯）2项入选国家级非物质文化遗产名录，张孝祥与镜湖的故事、广济寺庙会等23项入选省级非物质文化遗产名录，49项入选市级非物质文化遗产名录。

关于芜湖古城保护。2000年启动芜湖古城保护恢复工程。2002年1月，芜湖市规划局和镜湖区政府组织对芜湖古城规划设计方案评审，来自建设部、清华大学、东南大学等的省内外专家参加了评审。11月又对芜湖古城保护更新规划方案进行了评审，进一步充实了古城保护内容①。2003年1月的《芜湖市政府工作报告》又提出要"加速推进……芜湖古城等项目的规划建

---

① 芜湖市地方志办公室：《芜湖年鉴（2003）》，合肥：安徽人民出版社2003年版，第107页。

设和城东老城区的改造",但均未取得实质性进展。2005年,芜湖市文化委员会委托芜湖市规划设计研究院编制了《芜湖市历史文化遗存保护规划(2005—2020)》,关于城市环境风貌保护,市区划出4个保护区:天门山风景区、神山风景区、赭山—镜湖风景区、长江—青弋江滨江风貌带。市辖三县划4个保护区:陶辛圩田风貌保护区、马仁山—乌霞风貌保护区、五华山风貌保护区、牯牛山—千峰山风貌保护区。划定了芜湖古城保护范围,明确了4片历史街区和1片历史风貌保护区。2007年,芜湖古城改造更新项目列入要实施的23项民生工程之一,成立了芜湖市古城项目建设领导小组,4月召开了由国内知名专家、教授参加的芜湖古城项目建设策划研究会,6月召开了由市内专家、学者参加的芜湖古城项目建设座谈会。2011—2012年制定了《芜湖古城规划导则》,2013—2014年组织了《芜湖古城整治保护规划》设计竞赛,东南大学规划设计研究院提交的竞赛方案获得一等奖。2015年,委托东南大学规划设计研究院牵头编制完成了《芜湖古城历史建筑保护技术要求及参考图集》,为今后芜湖古城中保留建筑及新建传统建筑的工程设计和施工提供了很好的技术指导和参照。2016年,芜湖市文物局、安徽省城乡规划设计研究院联合编制了《芜湖市历史文化名城保护规划》,回顾了芜湖历史文化遗产保护工作概况,评估了芜湖历史文化特色价值,确定了市域范围内的自然环境、风景名胜、古镇古村、文物古迹、历史建筑以及古树名木等历史文化资源的保护结构和内容,并划定了历史城区的保护范围和内容。该规划为芜湖市申报省级乃至国家级历史文化名城奠定了一定基础。

在《芜湖古城规划导则》指导下,在东南大学规划设计研究院中奖方案基础上,由芜湖古城文化旅游管理有限公司委托柏涛建筑设计(深圳)有限公司于2017年12月完成《芜湖古城

(一期)规划设计方案》,实施已有明显成果。2019年1月完成的《芜湖古城(二期)规划设计方案》已通过审批,也将付诸实施。

五、现代芜湖城市七十年发展综述

1949—2019年,七十年风雨兼程,七十年不断前进,现代芜湖城市已有超乎想象的巨大发展。

(一)城市规模由小变大

城市规模由小变大,芜湖有了更大的发展空间和承载力。现代芜湖城市规模的变大,首先是面积的增大。从市区面积来看,新中国成立初期芜湖市与芜湖县分立,芜湖市只辖郊区,市区面积仅有11.8平方千米。70年后,到2019年市区面积已达1491平方千米,增加了约125倍。变化的原因是多次行政区划的调整。1995年,芜湖市区有镜湖、新芜、鸠江、马塘4个区,面积为230平方千米。2006年,将繁昌县的三山、峨桥2个镇和芜湖县的清水、火龙岗2个镇划入芜湖市区,市区面积扩大到720平方千米,增加了2.13倍。2010年将芜湖县的方村镇划归镜湖区,2011年将和县的沈巷镇划归鸠江区,2013年将无为县的二坝、汤沟二镇划归鸠江区,2014年再将无为县的白茆镇划归鸠江区。这样到2015年时芜湖市区面积即扩大到今天的1491平方千米(表1)。再从市域面积来看,同样由于行政区划调整,1959年将芜湖县划归芜湖市,1960年分开设置,1980年芜湖县又归属芜湖市,1983年又将原属宣城地区的繁昌、南陵划归芜湖市,市域面积扩大至3317平方千米。尤其是2011年将无为县(2433平方千米)划归芜湖市管辖,芜湖全市总面积猛增到5988平方千米。其间有一个插曲是青阳县(1180平方千米)及九华山管理处1983年7月曾划归芜湖市管辖,但

表1　1995—2018年芜湖市人口、面积汇总表

年份	1995	1996	1997	1998	1999	2000	2001	2002	2003	2004	2005	2006
全市总人口	211.27	212.59	213.59	215.50	216.40	218.47	220.26	221.74	223.80	224.56	226.88	229.03
全市非农业人口	65.82	66.85	67.94	67.94	69.99	71.59	75.89	78.04			95.41	111.67
市区人口	60.56	61.26	62.02	62.81	63.56	64.56	65.88	67.09	69.00	70.79	72.79	89.54
市区非农业人口	47.09		48.83	49.58	50.23	51.43	55.11					
全市总面积	3317	3317	3317	3317	3317	3317	3317	3317	3317	3317	3317	3317
市区面积	230	230	230	230	230	230	230	230	230	230	230	720
建成区面积	33.6			37.0		68.0			80.0			95.0

年份	2007	2008	2009	2010	2011	2012	2013	2014	2015	2016	2017	2018
全市总人口	230.46	230.79	230.10	229.50	383.36	383.43	384.54	384.51	384.79	387.60	387.65	388.85
全市非农业人口	113.36	113.72	113.10	134.40	163.99	162.72	174.00	181.35	191.71	191.71		
市区人口	105.27	105.58	104.90	111.52	124.10	123.34	136.10	144.98	145.90	147.80	148.80	150.36
全市总面积	3317	3317	3317	3317	5988	5988	5988	5988	6026	6026	6026	6026
市区面积	720.0	720.0	763.7	826.7	1064.7	1064.7	1292.0	1415.0	1491.0	1491.0	1491.0	1491.0
建成区面积					145.5		155.0			172.0	175.0	179.0

注：人口单位为万人，面积单位为平方千米。2018年数据来自《2018年芜湖市国民经济和社会发展统计公报》（芜湖市统计局），其他数据来自《芜湖年鉴》。

1988年8月又划出归属于池州地区。

现代芜湖城市随着城市面积的扩大，人口规模也相应增大。从市区人口来看，从1995年的60.56万人增加到2019年的151.5万多人，增加了约1.5倍。从全市总人口来看，则从1995年的211.27万人增加到2019年的398.8万人，增加了约0.9倍。人口规模猛然增大的主要原因仍然是无为县（143万人）的划归芜湖市。

城市规模的扩大表面上看是由于行政区划的调整，实际上随着城市工业化和城镇化进程的加快，城市需要更大的发展空间，是为了适应经济和社会发展的需要，芜湖城市规模的扩大也使城市加大了发展的承载力。

2020年7月，国务院批复同意芜湖市部分行政区划调整，撤销芜湖县、繁昌县，设立芜湖市湾沚区、繁昌区，这样芜湖市区规模又一次大为扩大。

（二）城市经济由弱变强

城市经济由弱变强，芜湖有了更大的发展潜力和竞争力。芜湖经过70年的建设和发展，尤其是改革开放以来，发生了翻天覆地的变化。

从地区生产总值增长速度看，1995年全市地区生产总值仅100亿元，到2010年突破1000亿元，到2017年突破3000亿元。2019年全市实现地区生产总值3618.26亿元，比上年增长8.2%，地区人均生产总值96154元。1995—2018年，地区生产总值年均增长率为14.02%，2011—2018年的年均增长率仍有11.23%（表2）。地区生产总值的增长意味着经济实力显著增强，地方财政收入明显增加，城市竞争力大大提高。

从固定资产投入增长看，1949—1998年累

计完成固定资产投资总额293亿元，年均增长9.2%；1999—2017年累计完成固定资产投资总额20701亿元，年均增长22.41%；投资增长最快的是2005—2010年，年均增长30%以上；2011—2017年，年均投资2355亿元，年均增长17.9%；2018年固定资产投资全年完成仍比上年增长9.7%（其中房地产开发投资增长7.8%）[①]。固定资产投资的持续大幅度增加，意味着城市基础设施日趋完善，城市承载力不断增强，城市品质不断提升。

从三次产业的结构变化看，芜湖三次产业的比重，1952年为44.95：28.50：26.55[②]，到1978年变化为33.1：45.2：21.7，到2017年变化为4.2：56.0：39.8（图2-5-1），2018年又变化为4.0：52.2：43.8[③]，说明芜湖市经济结构已大大优化，农业生产比重逐年下降，工业生产一直占主导地位，

表2　1995—2018年芜湖市地区生产总值、固定资产投资汇总表

年份	1995	1996	1997	1998	1999	2000	2001	2002	2003	2004	2005	2006
全市地区生产总值	100	132	165	187	194	200	223	245	285	345	402	480
全社会固定资产投资	29	43	53	60	70	74	76	97	143	172	221	287
年份	2007	2008	2009	2010	2011	2012	2013	2014	2015	2016	2017	2018
全市地区生产总值	581	750	902	1314	1658	1873	2090	2308	2457	2699	3066	3279
全社会固定资产投资	435	615	901	1120	1300	1700	2040	2392	2709	3007	3342	3666

注：表中单位皆为亿元。2018年数据根据《2018年芜湖市国民经济和社会发展统计公报》（芜湖市统计局），其他数据来自《芜湖年鉴》。

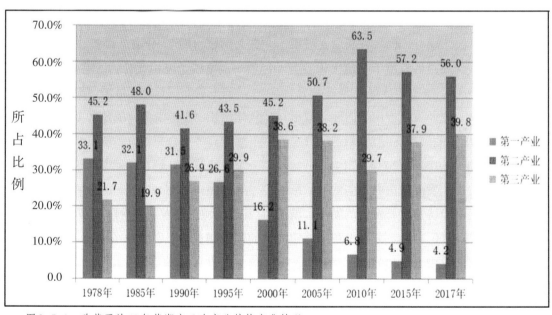

图2-5-1　改革开放40年芜湖市三次产业结构变化情况

① 芜湖市统计局：《2018年芜湖市国民经济和社会发展统计公报》，《芜湖日报》2019年3月22日。
② 芜湖市人民政府：《芜湖五十年》，第25页。
③ 芜湖市统计局：《2018年芜湖市国民经济和社会发展统计公报》，《芜湖日报》2019年3月22日。

第三产业（服务业）比重稳步增长。目前，芜湖市的支柱产业对规模工业增长贡献率保持在65%，战略性新兴产业产值占规模工业比重提升到25.9%，机器人产业在国内率先形成全产业集聚发展态势[1]。《2019长三角城市创新力排行榜》显示，芜湖在长三角41个城市中位列第9，说明创新发展已成为支撑芜湖经济增长的主要力量。芜湖经济技术开发区在商业部2019年对全国219个国家级经济开发区发展水平考核中位列第15位。芜湖服务业集聚区建设在省内领先，网络零售额跃居全省首位，快递业务量连续多年稳居我国中部地区非省会城市第一，已进入"中国快递示范城市"公示名单。这些都为芜湖提升城市竞争力和创新力打下了坚实基础。

（三）城市形态向前演进

城市形态向前演进，芜湖有了更好的城市结构和区域联动能力。芜湖古代城市形态是滨河发展的"团块状"城市，进入近代以后沿着青弋江向西发展，抵达河口后沿着长江主要向北发展，逐步形成"L形带状"城市。抗战胜利后，城市内部有填充式发展，城市形态由带状向块状形态演变。新中国成立后，城市建成区蔓延式发展，工业区跳跃式发展，主要发展方向是向北。改革开放以后，到1998年芜湖市区建成区已有37平方千米（新中国成立初期只有7平方千米）。城区的城市形态已是沿江发展的南北轴向的带状形态。之后，城北芜湖经济技术开发区的发展，城南奥体中心、高教园区、高新技术开发区的建设，城东由市行政文化中心带动的新区建设，使芜湖"单中心、组团式"城市形态形成。进入21世纪以后，跨江通道的建设促进了行政区划调整后江北地区的发展，开始出现"主副核、多中心、组团式、拥江发展"的城市形态走向。新一轮《芜湖市城市总体规划（2010—2030）》提

出芜湖市远景功能结构的设想，最终形成"江南城区、龙湖新城、江北新城"三足鼎立的"多中心、多组团"城市形态（图2-5-2）。

从芜湖市域范围看，正在构建"两带两轴"的城镇空间结构。"两带"即北沿江城镇发展带和南沿江城镇发展带；"两轴"即合芜宣城镇发展轴和巢芜城镇发展轴。芜湖整个市域将形成"一主域（中心城区），四副城（无城、湾沚、繁阳、籍山），若干新市镇和中心镇"的城镇空间体系。

芜湖的城市发展早已确立了区域联动的发展战略。为了推进"南京都市圈"一体化这个苏皖两省重要的区域发展战略，2002年9月，跨越苏皖两省八市的《南京都市圈规划纲要》出台，提出了建立南京都市圈，从区域角度统筹安排苏皖两省主要城市的经济社会建设。当时进入南京都市圈的安徽城市有芜湖、马鞍山、滁州等。10余年来，芜湖一直积极参与南京都市圈的城际合作。与此同时，《安徽省城镇体系规划（2004—2020）》提出"近期建设芜马铜城市群，远期打造芜湖城市圈"。作为安徽省"双核"中心城市之一，芜湖是应担此任的。笔者2016年完成的一项研究课题《长江流域城市形态演变与发展》，从建设长江经济带的宏观角度考虑，提出长江中下游应有"宁合芜城市集群"作为长江流域中的一个重要节点，是有一定道理的。

2016年5月11日，国务院常务会议通过《长三角城市群发展规划》，提出为培育更高水平的经济增长级，到2030年全面建成具有全球影响力的世界级城市群。由原来16个城市扩容为26个城市，芜湖正式列入其中。规划合肥为Ⅰ型大城市，芜湖为Ⅱ型大城市。在长三角城市一体化发展的背景下，芜湖将迎来很好的发展机遇。

2016年12月3日，安徽省政府办公厅印发

---

① 芜湖市党史和地方志办公室：《芜湖年鉴（2018）》，合肥：黄山书社2018年版，第9页。

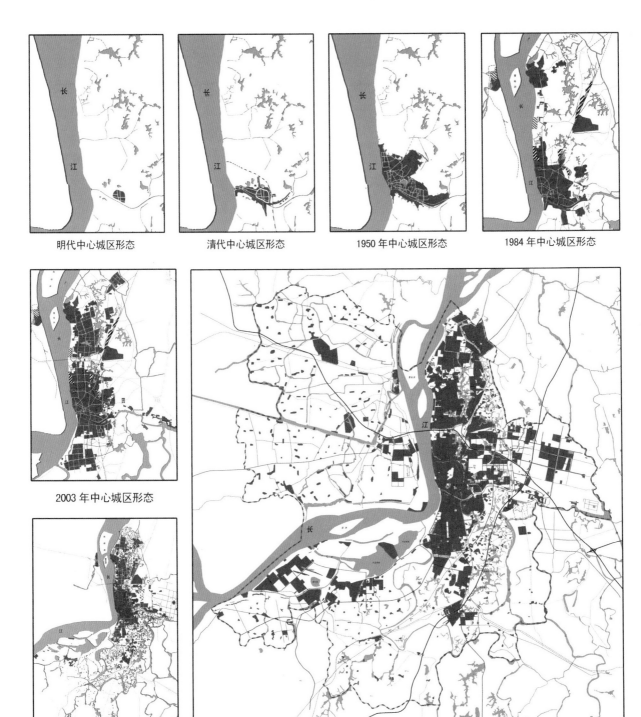

明代中心城区形态　　　　清代中心城区形态　　　　1950年中心城区形态　　　　1984年中心城区形态

2003年中心城区形态

2006年中心城区形态　　　　　　　　　2012年中心城区空间形态

图2-5-2　芜湖城市形态演变图（据《芜湖市城市总体规划（2012—2030）》）

《长江三角洲城市群发展规划安徽实施方案》，合肥经济圈升级为合肥都市圈，除了合肥经济圈内原有的城市，又有芜湖市、马鞍山市加入。2019年9月5日，蚌埠市也加入了合肥都市圈。合肥都市圈城市增至8个：合肥市、淮南市、六安市、滁州市、芜湖市、马鞍山市、蚌埠市、桐城市（县级市）。区域面积占全省的40.6%，人口占全省的43.2%，2020年合肥都市圈实现地区生产总值2.45万亿元，占全省的63.3%，全省发展核心增长极的作用进一步彰显。

2021年2月8日，国家发改委网站公布《国家发展改革委员会关于同意南京都市圈发展规划的复函》。4月7日，苏皖两省共同公布了《南京都市圈发展规划》。此次规划范围拓展到南京、镇江、扬州、淮安、芜湖、马鞍山、滁州、宣城8市全域及常州市金坛区和溧阳市，是全国最早跨省共建的都市圈。都市圈区域面积6.54万平方米，2019年常住人口3526万人，地区生产总值近4万亿元，占全国0.7%的土地面积，2.5%的常住人口，创造了4.0%的经济总量。南京都市圈将被打造为长江经济带重要的资源配置中心，打造成长三角向内辐射中西部、向外连接国际的枢纽型都市圈。南京都市圈对芜湖的城市定位是：建设全国重要的先进制造业基地、现代物流商贸中心、皖江地区金融中心，以及长江流域重要的现代化滨江大城市。

未来的城市发展可能不再是单个城市的发展，而是都市圈乃至城市群的发展。都市圈和城市群加快发展为中国经济增长带来最大的发展潜能。芜湖同时位于南京都市圈和合肥都市圈，将迎来更大的发展机遇（图2-5-3）。

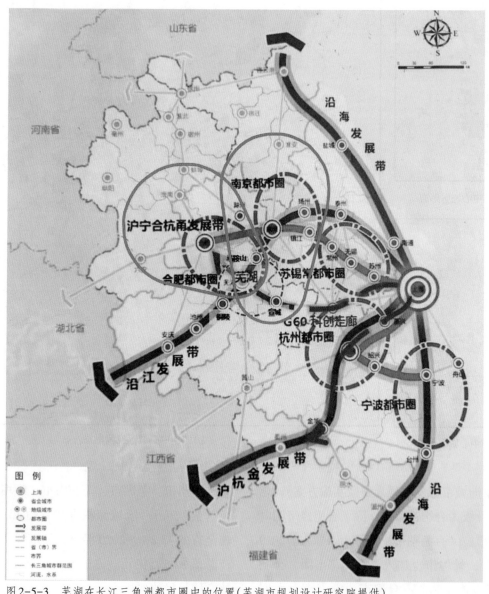

图2-5-3　芜湖在长江三角洲都市圈中的位置（芜湖市规划设计研究院提供）

（四）城市品质不断提高

城市品质不断提高，芜湖有了更好的城市面貌和生态环境。改革开放以来，特别是近20年来，芜湖的城市面貌日新月异，通过抓生态、优环境，推进了绿色发展，城市品质有很大提高，向高质量建设小康社会，把芜湖建成宜居、宜业、宜游的现代化大城市，迈出了有力的步伐。

城市规划方面。2012年完成"芜湖市空间发展战略"研究，在此基础上完成了《芜湖市区空间规划》的编制。2015年编制了《芜湖市总体城市设计》（由中国工程院院士、东南大学教授王建国领衔主持），接着又完成了弋江路沿线地区城市设计和火车站周边地区、范罗山、凤鸣湖周边等城市设计。为了加强规划管理，2012年制定了《芜湖古城规划导则》，2013年制定了《芜湖市城市规划建筑导则》，2017年制定了《芜湖市城市街道空间设计导则》。2012年以来还做过市域内数十个美丽乡村中心村规划。这些规划都为提高芜湖市的城市品质提供了保证。

长江岸线保护利用方面，2012年编制《芜湖市长江岸线利用规划（2008—2020）》，2015年编制《芜湖市岸线资源开发利用总体规划》。芜湖市辖长江岸线全长193.9千米，其中江北121千米，江南72.9千米。目前长江干流岸线利用率约30%，总体利用率不高。北岸由于集疏运条件较差，不但利用率低，规划布局也不合理。南岸保护情况相对较好，工业、港口、生活岸线分布清晰，经过整治，岸线利用较为合理有序，但生态保护工作尚需加强。2019年开始贯彻落实《全面打造水清岸绿产业优美丽长江（安徽）经济带长江干流安徽段岸线管护工作实施方案》，实施长江岸线分区管控，强化岸线保护和节约集约利用。坚决执行习近平总书记提出的"共抓大保护，不搞大开发"，我们要以不破坏生态环境为前提，创新发展，绿色发展，协调发展。

在绿化园林方面，2000年做过凤鸣湖风景区规划；2002年开始编制《芜湖市园林绿地系统规划》，举行"滨江景观公园"规划设计方案的招标评标，接着分三期工程进行了滨江公园（现名"十里江湾"）的建设；2010年做了《芜湖市两江、两湖地区概念性规划》（两江指长江和青弋江，两湖指龙窝湖与黑沙湖），举行了汀棠公园规划的竞赛竞选，并组织了中选规划方案的实施，开始了市委、市政府提出的"大绿化"建设任务（分公园建设、小游园、景观带及广场建设、市区立体绿化建设四大类），之后连续几年的实施有很大成效；2011年芜湖市绿化覆盖率达到37.27%，绿地率为34.07%，人均公用绿地9.62平方米，荣获国家园林城市称号；2013年完成《芜湖市绿道整体规划（2013—2020）》的编制，新建32.2千米的绿道示范段；2014年《奎湖省级湿地公园总体规划》通过省级专家评审，开始积极组织实施（公园总面积479公顷），2015年位于三山区的莲花湖公园（总面积159公顷）建设已有一定规模，成为市内一处较大的城市景观公园；2017年全面推行河长制，全国水生态文明城市建设试点通过评估。这些绿化园林建设都为彰显半城山水的灵气，建立"山水相间，精致繁华"的城市风貌创造了条件。

2019年将原有的银湖公园进行了一次整体品质提升，完善了园内服务设施，形成了完整的环湖及湖中游览路线，打造了公园全年龄段（幼、少、青、老）的活动区域，并完善了整个公园的夜景亮化，将银湖公园建设成为一座综合性的城市公园。该项目由中铁城市规划设计研究院规划设计，由芜湖市城市建设集团有限公司承建。2019年2月开工建设，5月完工并投入使用。公园总面积50.6公顷。其中水面面积约35.6公顷，湖中三条栈道长约950米，绿化提升面积7.5万平方米，建成体育场地约1.1万平方米，亮化提升灯具4178套（图2-5-4、图2-5-5）。

图 2-5-4 银湖公园景观提升工程示意图

图 2-5-5 银湖公园景观集锦

旅游业发展方面，据《芜湖年鉴（2018）》记载：2017年，芜湖市接待国内外游客4879.43万人次，同比增长21.78%；旅游总收入606.12亿元，同比增长28.51%。目前全市创建国家级工业旅游示范基地1家（奇瑞工业园），省级研学旅行基地4家（大浦乡村世界景区等），省级中医药健康旅游基地2家，省级旅游商品特色街区3家（鸠兹古镇、峨桥江南第一茶市、雨耕山1887景区）。丫山花海石林景区获批国家地质公园，繁昌慢谷旅游度假区获批省级旅游度假区。鸠兹古镇已获批省级旅游小镇。芜湖市有国家A级旅游景区29处，其中5A级景区1处（方特旅游区），4A级景区8处，3A级景区12处；星级

旅游饭店29家，其中五星级1家，四星级10家，三星级15家；省级农家乐98家，其中四星级以上37家；休闲农业旅游示范点16家，其中国家级1家，省级15家；省级旅游乡镇8个；旅行社73家，其中国际社4家。丰富优质的旅游资源和品牌，为"欢乐芜湖"增添了美誉度和影响力。

芜湖是一座既沿青弋江发展，又拥长江发展的城市。如今，芜湖青弋江两岸的景观已日新月异，青弋江已成为芜湖城市的一大景观走廊。芜湖长江两岸的城市景观仍有差异，南岸已经繁华（图2-5-6），北岸仍待开发。随着芜湖江北新城的建设，明天的芜湖城市面貌将更显江城特色。

从河口看长江

从河口看青弋江南岸

从河口看青弋江北岸

鸟瞰芜湖的长江南北

图2-5-6 现代芜湖城市景观

第三章　现代芜湖的城市总体规划

城市总体规划是城市发展、建设最重要的法定性规划，是对一定时期内城市的经济和社会发展、土地利用、空间布局以及各项建设的综合部署，也是管理城市的重要依据和手段。

芜湖和全国一样，城市总体规划的编制分为两个阶段：改革开放前的三十年是初步发展阶段，这时国家实行计划经济体制，正值国家实施第一至第五个国民经济五年计划，城市总体规划基本上是社会经济发展规划的具体化；改革开放后的四十年是快速发展阶段，这时国家实行社会主义市场经济体制，先后开展了四轮城市总体规划，不断有了新的要求，也有了新的特征。

一、改革开放前三十年芜湖城市总体规划

（一）1957年以前的芜湖城市初步规划

1949年10月，国家在政务院财经委员会计划局下设基本建设处，主管全国的基本建设和城市建设工作，随后各城市相继设立了城市建设管理机构。作为新中国成立初期136个城市之一，芜湖市人民政府1949年设立民政建设局，1953年改为建筑工程局，1954年改为建设局，1956年又改为城市建设局。

1952年8月，中央人民政府成立建筑工程部，主管全国建筑工程和城市规划及建设工作。同年9月，建筑部召开全国第一次城市建设座谈会，会议提出"城市规划是国民经济计划工作的继续和具体化"。会议要求各城市都要开展城市规划，并对全国城市进行分类。第一类为重工业城市（8个），如北京、包头、西安、大同、兰州、成都等；第二类为工业比重较大的改建城市（14个），如吉林、鞍山、抚顺、沈阳、哈尔滨、太原、武汉、洛阳、郑州等；第三类为工业比重大的旧城市（17个），如天津、唐山、大连、上海、南京、重庆、广州等；第四类为一般城市（上述39个以外的城市，以维持为主），芜湖、

合肥等均在其列。至1957年，全国176座城市已有150多个城市编制了初步规划或总体规划，其中国家审批的有太原、兰州、西安、洛阳等15个城市。据《芜湖市城市建设志》载："1951年开始，芜湖市人民政府对城市建设和发展，已有初步规划。"①按此规划，"一五"期间，芜湖市市区内建设了劳动路，由市区向南辟建了中山南路，向东拓建了康复路，1958年又从市区向四褐山新建了长江路（时称工业干道），基本上拉开了城市道路骨架。

（二）1957年芜湖市开始编制城市总体规划

1956年我国正式颁布施行《城市规划编制办法》，这是中国城市规划史上第一个技术性法规，也是当时我国编制城市规划的唯一指导性法规，对我国城市发展起到了重要作用，只是当受"苏联模式"影响，有一定的局限性。当时城市规划包括总体规划（包括初步规划和总体规划两步）和详细规划两个阶段。城市规划的主要特点：一是资料收集要求全面细致，二是注意套用定额指标，三是讲究构图美。1957年芜湖按此精神开始编制城市总体规划。

（三）芜湖市早期城市总体规划的修改和停滞

1963年、1965年，芜湖市先后作了两次城市总体规划的修改和补充。"文革"期间，城市规划处于停滞状态，各项建设处于瘫痪状态，在旧城改造和新区建设上都留下了遗憾，尤其是在建设选址上，往往以长官意志取代科学决策，造成布局混乱。例如，把大量排放污水的印染厂设置在新建第二水厂的上游；由于铜网厂选址不当，影响了长江路的畅通；四褐山地区大多数企业沿江各建水泵房，既增加了投资，又影响了长江岸线的合理规划使用等，教训深刻。

（四）1958年芜湖长江大桥的选址

这是一段少有人知的往事。早在20世纪50年代，国家基于战备需要，决定建设芜湖长江大桥，并同时批准了修复皖赣铁路和建设鹰厦铁路。1957年10月武汉长江大桥建成后，铁道部将芜湖长江大桥列为"二五"计划的一项重要任务。于是，芜湖长江大桥的选址首先提上日程。当时，可供选择的桥位有弋矶山、广福矶、四褐山和荻港共四个方案。最后审定的是广福矶方案，也就是几经变动40多年后才终于建成的芜湖长江大桥的桥址。1958年12月10日，芜湖长江大桥建桥委员会成立②，征用了桥头施工用地，搭建了百余间施工用房，运来了部分施工机具和千余吨钢材，基本完成了线路和大桥水下地质勘探，也完成了大桥结构设计和桥头方案设计。就在大桥即将正式开工建设之际，江苏省和南京市多次向中央报告要求将长江大桥改在南京市建设。其理由：一是投资省（据当时概算，芜湖建桥需6亿元，南京建桥仅需4亿元）；二是江苏省和南京市经济基础和技术力量均较强；三是南京地质条件较好，工程量较少，施工期短。因此，经反复研究，中央于1959年6月同意改在南京建桥，南京长江大桥终于在1968年12月建成。于是，我国第二座长江大桥与芜湖擦肩而过。

（五）1973年芜湖铁路枢纽编组站的选址

芜湖铁路枢纽站场建设，是芜湖市20世纪70年代初国家批准建设的重要项目，由于考虑角度不同，铁路部门与地方政府意见分歧，其选址方案始终难达共识，从1973年开始争论，长达8年之久，实属罕见。为了选择较为理想的地

---

① 芜湖市城市建设委员会：《芜湖市城市建设志》，香港：永泰出版社1993年版，第24页。
② 芜湖市地方志编纂委员会：《芜湖市志（上）》，北京：社会科学文献出版社1993年版，第77页。

址，芜湖市政府特意征求了一些全国著名专家的意见，如清华大学吴良镛教授、同济大学冯继忠教授、北京大学侯仁之教授等。后经过多轮研究探讨，先是否定了"神山方案"，又调整了"大和塘方案"，终于在"小杨村方案"上达成了共识。1981年9月，国家建委与铁道部鉴定委员会在芜湖召开了芜湖铁路枢纽方案最后一次研究会，敲定了"小杨村方案"，既满足了铁路方面的使用和技术要求，又未影响到城市总体规划的合理布局。1983年5月，小杨村编组站一期工程开工，翌年4月竣工。至1985年年末，日均编解车数达957辆。小杨村编组站（即今芜湖东站）占地148公顷，近期计划为一级三场，38股道，远期计划为二级四场。

二、改革开放后四十年芜湖城市总体规划

（一）第一轮：《芜湖市城市总体规划（1983—2000）》

1.《芜湖市城市总体规划（1983—2000）》编制概况

1980年10月，国家建委召开了全国城市规划工作会议，讨论通过了《中华人民共和国城市规划法（草案）》，提倡"市政府一把手亲自抓城市规划"，要求全国各城市在1982年年底以前完成城市总体规划和详细规划的编制。同年12月，国家建委正式颁布了《城市规划编制审批暂行办法》和《城市规划定额指标暂行规定》，使城市规划的制定有了新的技术性法规。城市规划的概念已不被认为是固定不变的设计蓝图，而是城市发展的指导原则，明确了政府制定规划的责任，强调了城市规划的审批与公众参与等。至1986年年底，全国已有96%的设市城市完成了城市总体规划。

1978年8月，芜湖市邀请北京大学地理系主任侯仁之教授率师生来市里协助工作，在原有规划的基础上，重新编制了芜湖市城市总体规划。1980年、1983年两次行政区划调整后，芜湖市下辖芜湖、繁昌、南陵、青阳四县及九华山管理处。全市总面积4498平方千米，人口214.78万人。市区面积203平方千米，其中建成区面积为25.4平方千米，郊区面积177.6平方千米。市区人口为49.17万人，其中城市人口为38.58万人，郊区人口10.59万人。1983年对原来的城市总体规划再次作出调整与修订，正式编制了《芜湖市城市总体规划（1983—2000）》，同年5月12日，安徽省人民政府作出了《关于芜湖市总体规划的批复》，要求城市建设要严格控制规模，……20世纪末可为50万人，建成区面积可控制在50平方千米以内，布局要紧凑合理，由内向外，逐步向东向南发展，将来条件具备时再向对江的二坝一带发展。

1984年3月28日，芜湖市人民政府按安徽省人民政府批准成立"芜湖市规划设计研究院"，为事业性质县级单位，定编130人，隶属市建委。1984年年底，芜湖市规划设计研究院在编制城市总体规划图集时，又进行了局部调整和完善，使之更适应城市建设的需要。如：增加了作为开辟经济开发区的城市备用地；根据批准的芜湖铁路枢纽二期工程初步设计，修改了铁路外绕线的位置；相应调整了部分道路的走向；修订了近期建设规划；等等。

2.《芜湖市城市总体规划（1983—2000）》主要内容

此轮芜湖市城市总体规划成果共分为三个部分：城市概况，城市现状及区域概况分析，总体规划（图集，图3-2-1）。图目如下：《芜湖市地理位置图》《清末芜湖城厢图》《一九四九年芜湖市区图》《芜湖市城市用地评定图》《芜湖市城市用地现状图》《芜湖市总体规划图》《芜湖市城市

近期建设规划图》《芜湖市城市道路交通规划图》《芜湖市城市园林绿化系统图》《芜湖市城市环境质量评定图》《芜湖市城市环境治理规划图》《芜湖市城市给水规划图》《芜湖市城市排水、防洪、排涝规划图》《芜湖市城市电力、电讯规划图》《芜湖市城市煤气工程规划图》《芜湖市城市人防工程规划图》《芜湖市郊区规划示意图》。

1）城市性质、规模和发展方向

城市性质为长江中下游的水陆交通枢纽和有悠久历史的港口，工贸并举，城乡结合，具有对外开放诸多优势的城市。到2000年城市人口控制在50万人以内，用地规模50平方千米。城市逐步向东向南发展，在规划布局上有一定的弹性，保留发展备用地。

2）城市布局

芜湖市西跨长江，南越青弋江，随着历史演变，城市逐渐沿青弋江西移，再向北沿长江发展。当时，市区已发展到北至四褐山，南至桂花桥，沿长江19千米，纵深2至5千米的带状城市。城市布局形成各自独立、大小不等的五个组团：以煤港为主的裕溪口区，以大中型工业为主的四褐山工业区，以货运外贸码头为主的朱家桥、齐落山区，市中心及近郊工业区，青弋江南岸地区。此外，各片都尚有发展余地，前马场约4平方千米规划为对外开放的经济开发区。

3）对外交通

航运：芜湖是对外开放港口，可用岸线29.2千米，当时已利用20.2千米。根据深水深用、浅水浅用原则，合理分配岸线。原八至十号码头为客运站，在朱家桥辟建万吨级以货轮及对外贸易为主的新港，裕溪口煤港继续扩建。

铁路：芜湖是淮南、宁芜、皖赣、芜铜和拟建的宣杭等五条铁路交会的枢纽，在小杨村兴建二级四场编组站；新建火车客运站；扩建化鱼山货运站；铁路与长江路、延安路、解放路、芜宁公路、芜屯公路、芜钢路等道路相交均建立交

桥；保留四褐山和广福矶两处长江大桥桥位用地。

公路：芜宁、芜屯、芜合、芜南等四条公路入城地段按一级公路标准扩建；新建长途汽车客运总站及城南客运站。

航空：利用湾里军用机场设施，开辟国内民用航线。

4）市区交通

16条主要道路，总长29.89千米，建成区城市干道密度只有1.7千米/平方千米，人均道路面积仅有0.56平方米，主要交通干道南北向3条，东西向4条。有跨青弋江的城市桥梁3座，规划再建4座，拟建与铁路的立交桥8座。全市规划主要道路总长度将达116.26千米，干道密度达2.32千米/平方千米，人均道路面积6.55平方米。

3. 对《芜湖市城市总体规划（1983—2000）》的几点反思

（1）受当时城市发展条件和设计水平限制，城市性质定位为"水陆交通枢纽和内外贸易港口"，表述不够准确；"以轻纺工业、商业为主的城市"，期望值偏低，眼光不够长远。

（2）城市发展方向确定为"逐步向东向南发展"，判断有误，实际上是向北有所发展。

（3）作为重大工程项目，芜湖长江大桥的桥位图示没有充分反映早在20世纪50年代就完成的大桥选址论证成果，只绘出四褐山桥位而没绘出当时推荐最后又按此实施的广福矶桥位，是不明智的。

（4）城市总体规划成果称为《芜湖市城市总体规划（1985—2000）》欠妥。该城市总体规划实际上是1983年编制完成并获省政府批准，尽管1985年由刚成立不久的芜湖市规划设计院进行了完善，也应仍称《芜湖市城市总体规划（1983—2000）》。

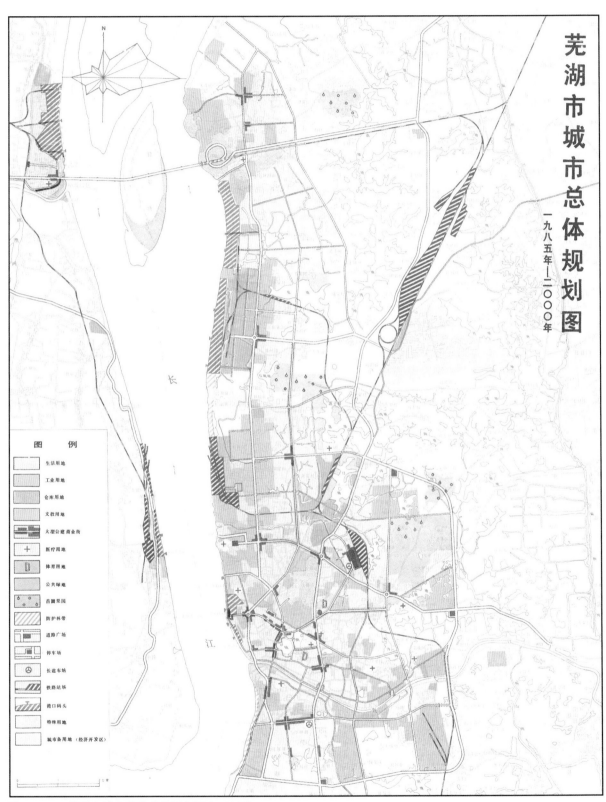

图3-2-1a　芜湖市城市总体规划图（1985—2000）

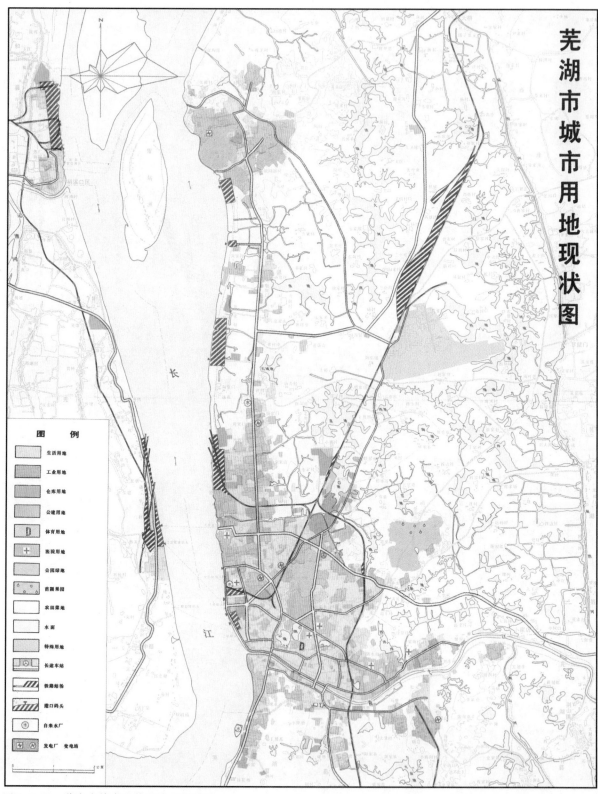

图3-2-1b　芜湖市城市用地现状图(1983)

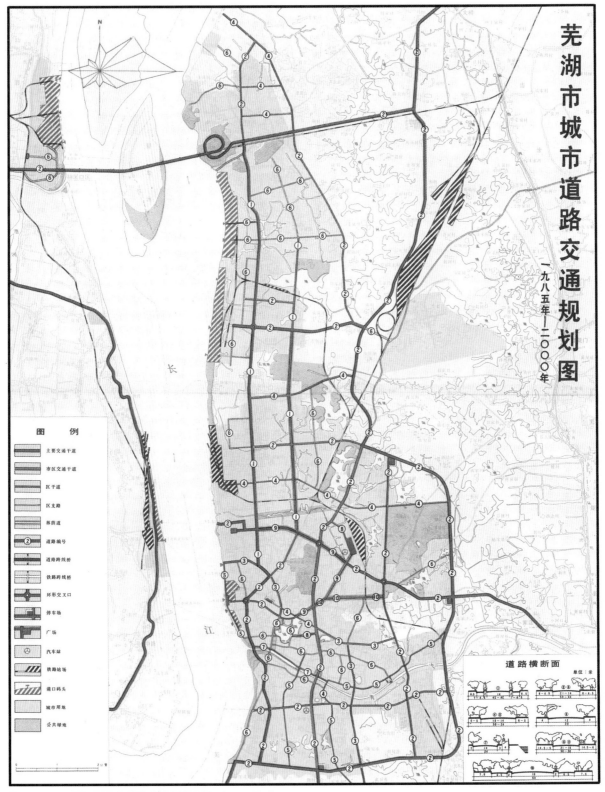

图3-2-1c 芜湖市城市道路交通规划图（1985—2000）

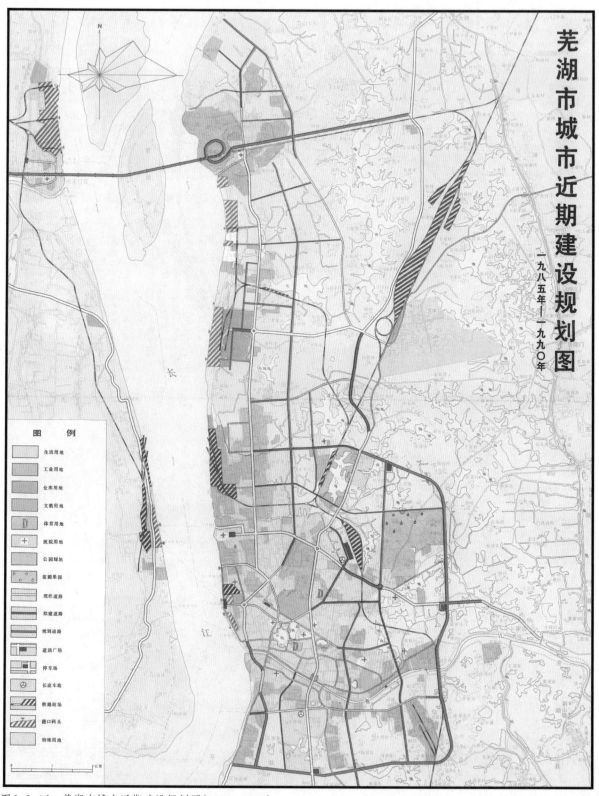

图3-2-1d 芜湖市城市近期建设规划图(1985—1990)

（二）第二轮：《芜湖市城市总体规划（1993—2010）》

1.《芜湖市城市总体规划（1993—2010）》编制概况

1984年国务院颁布《城市规划条例》，为现代中国提供了第一个城市规划基本法规。1989年12月26日，第七届全国人民代表大会常务委员会第十一次会议通过的具有国家法律地位的《中华人民共和国城市规划法》，成为我国第一部现代城市规划法。至此，我国城市规划工作进入法制轨道，开始从改革开放前"城市规划是国民经济计划的继续和具体化"向适应社会主义市场经济体制转型，城市规划观念、内容、方法、手段都发生了深刻变化。

1983年5月经安徽省人民政府批准的《芜湖市城市总体规划（1983—2010）》曾于1986年获国家建设部优秀规划三等奖和安徽省优秀城市规划一等奖。该规划对"六五""七五"期间芜湖市城市发展和建设发挥了重大作用。规划制订的近期建设目标基本实现，并有所超前。随着改革开放的推进，1978年经国务院批准，芜湖市被列为对外开放城市，1991年10月全国人大常委会批准芜湖港对外国籍船舶开放，1993年4月国务院批准设立国家级芜湖经济技术开发区。第一轮芜湖市城市总体规划已无法适应社会经济发展的需要，也不能适应中共芜湖市委提出的"全方位开放，综合性改革，突破式推进，超常规发展"的要求。

此外，芜湖市城市建设管理大大加强，1991年设立市规划管理处，1992年成立市规划局，贯彻执行《中华人民共和国城市规划法》更加得力。第二轮《芜湖市城市总体规划（1993—2010）》从1991年8月开始，历时两年四个月，由芜湖市规划设计研究院编制完成，北京大学城市规划设计中心为规划咨询单位。1994年10月，芜湖市人大常委会原则通过，1995年4月正式上报安徽省人民政府，同年10月9日通过安徽省城市规划审查委员会审批，1996年3月26日此轮总体规划正式获批。省政府的批文指出："芜湖市是长江中下游重要交通枢纽，安徽现代化工贸、港口城市，2000年人口规模为80万人，2010年人口规模为130万"，"为加速形成马芜工业走廊，城市发展方向主要向北"。

2.《芜湖市城市总体规划（1993—2010）》主要内容

此轮芜湖市城市总体规划成果包括"文本"和"图则"。"文本"第一部分是城镇体系规划，第二部分是城市总体规划。城镇体系规划部分共分十二章，内容包括：总则，市域城镇的区域条件与经济基础，城镇化水平预测，城镇发展条件评价，城镇体系发展战略，等级序列，规模结构，职能结构，空间网络结构，芜湖市的地位，基础设施发展规划，市域环境保护规划。城市总体规划部分共分十章，内容包括：总则，城市性质和发展规模，城市总体布局，城市道路交通，园林绿地，文物古迹与环境保护，市政基础设施，城市防灾与郊区规划，近期建设规划，城市建设用地发展评价。"图则"共有29幅规划图，内容包括：芜湖市市域位置，市域城镇体系现状，发展条件评价，城镇体系规划，城市用地现状，用地评价，城市总体规划，城市道路交通规划，社会机动车停车场规划，城市公交车线路规划，城市公共服务设施规划，城市园林绿地规划，城市给水、排水防洪排涝，电力工程，邮电通信，燃气工程，热力工程，消防工程，人防工程，加油站布点、城市环境保护、环境卫生设施、城市抗震防灾等各专项规划，城市建设用地分等定级，城市郊区规划，城市近期建设规划，芜湖经济技术开发区近期建设规划。

1）城镇体系规划部分

1988年8月，国务院批准安徽省调整区划，芜湖市的青阳县（含九华山风景区）划归池州地区，此后芜湖市仅辖芜湖县、南陵县、繁昌县三个县的行政区域。1994年8月15日，建设部发布《城镇体系规划编制审批办法》，要求各市人民政府组织编制市域城镇体系规划，并纳入城市总体规划，以指导城市总体规划的编制。城镇体系规划的内容成为此轮城市总体规划的一大特点。

芜湖市域城镇体系序列规划为六级：芜湖市将建设成为长江经济带二级中心城市，安徽省一级中心城市，省域经济中心城市，芜湖市域一级中心城市；荻港成为芜湖市市域二级中心城市；繁昌、湾沚、南陵为市域三级中心城市；大桥、三里、火龙岗、新港、澛港、三山、清水、弋江、峨桥等镇为市域四级城镇；未列入四级以上等级的其他县市属建制镇为市域五级城镇；市域六级城镇为建制镇以下的一般乡集镇。

规划到2010年芜湖市域城镇体系规模如下：大城市1个，即芜湖市，人口规模100万—110万人；小城市3个，荻港人口规模10万—11万人，繁昌人口规模10万—11万人，湾沚人口规模10万—10.5万人；较大城镇6个，南陵城关镇人口规模7万—8万人，清水、火龙岗、荆山、弋江、新港人口规模均在1万—4万人；人口规模小于1万人的城镇有20个。

城镇化水平预测：市域总人口在2000年和2010年分别控制在246万—280万人和290万—294万人，到2010年，市域城镇驻地总人口达到154.37万—161.67万人，城市化水平53.23%—54.96%。

在"芜湖市的地位"专章中，特别指出芜湖市在沿江地区城镇体系中的地位："随着华东第二通道的开通和长江公铁两用大桥的兴建，芜湖将成为华东地区仅次于上海、南京的第三个水陆交通枢纽，是沿江对外开放城市，黄山风景区的主要门户，将成为沿江地区的中心城市之一。"芜湖在省域城镇体系中的地位："从省内地域分工的角度考虑，芜湖将发展成为安徽省经济中心城市。"

2）城市总体规划部分

规划区范围：614平方千米（其中长江以东552平方千米，长江以西60平方千米，江心曹姑洲2平方千米）。规划城市建设用地109平方千米。

城市性质：长江中下游主要交通枢纽，安徽省现代化的工贸、港口城市。到2010年，建成为全省的经济中心。

城市发展规模：规划到2010年中心城市人口130万—150万人，使芜湖市成为长江沿线宁汉之间的最大城市。主城区人口规模到2010年城市人口90万—100万人，流动人口25万—30万人。

城市形态与规划结构：芜湖市为典型的沿江带状城市形态，南北22千米，东西5—6千米，城市主城区共分为5个片区。长江东岸4片：城南片16平方千米，赭山片31平方千米，银湖片28平方千米，城北片24平方千米。长江西岸1片：裕溪口片10平方千米。

功能分区：城南片重点发展商贸和无污染工业，建设芜南路工业走廊；赭山片是全市的政治、文化、商贸、游乐中心，主要是生活居住区；银湖片以外贸港口和外向型产业为主，工贸技全面发展的城市副中心；城北片以发展冶炼、发电、造纸、化工等大中型企业为主，旅游、商贸兼顾的工业区；裕溪口片以煤炭及建材、化肥等转运为主体，同时发展造船、化工机械等工业。

城市道路交通：路网结构在原有"三纵七横"的城市干道网基础上扩展为"四纵十横"的方格状道路系统，规划城市道路网密度为6千米/平方千米，人均占有道路面积 11.36 平方米。外部高速公路在合芜、宁芜高速公路修通后，为建设芜杭、芜铜高速公路作准备。预留轻轨交通用地，为远景建设轻轨作准备，保留四褐山桥位及上桥线路为芜湖长江二桥（公路桥）桥址。

近期建设规划：芜湖长江公铁两用大桥 1996 年开工建设，2000 年建成通车；完成 10 平方千米芜湖经济技术开发区建设；规划市级体育中心，成为举办省级运动会和举行全国、国际比赛的现代化体育运动场所；建设市广播电视中心；建设中山路步行街等特色鲜明的商贸街区；开辟 6 平方千米可住 20 万人的 6 个生活居住新区；建成临江桥和花津桥，改造中山桥；等等。

在"城市总体布局"专章中专门确定了芜湖经济技术开发区的规模为 10 平方千米（远期42.5 平方千米），性质为：以出口创汇为导向，工贸技相结合，逐步形成以高新技术产业为龙头，汽车、机电、轻纺、精细化工等现代加工工业为主体，第三产业发达的外向型国家级经济技术开发区；安徽省对外开放的窗口和基地。

3.对《芜湖市城市总体规划（1993—2010）》的几点回顾

（1）实践证明，这一时期城市发展方向定为"主要向北，也能向东、向南发展"是合适的。

（2）规划要求位于城市中部的军用机场远期搬迁是有眼光的，从城市发展需要和机场本身安全出发都是合理的。

（3）此轮总体规划的超前性考虑不够，2000年时已显现规划滞后于建设的情况，2000 年调整版芜湖市总体规划将 2010 年人口规模由 100 万人调至 130 万人，城市发展调整为"向南向北发展"，城市路网结构由"四纵十横"调整为"六纵十五横"，城市结构由五片区结构调整为三大功能区结构（城北工业区、城中商贸区、城南行政区）。

（4）此轮总体规划在文物古迹保护尤其是古城保护方面较为薄弱，致使历史景观破坏较多。

（5）通过此轮总体规划的实施，大批城市公共设施和市政基础设施建成，但将银湖区建成城市副中心的愿望并未实现，城南行政区也未建设，而高教园区却在城南创建。

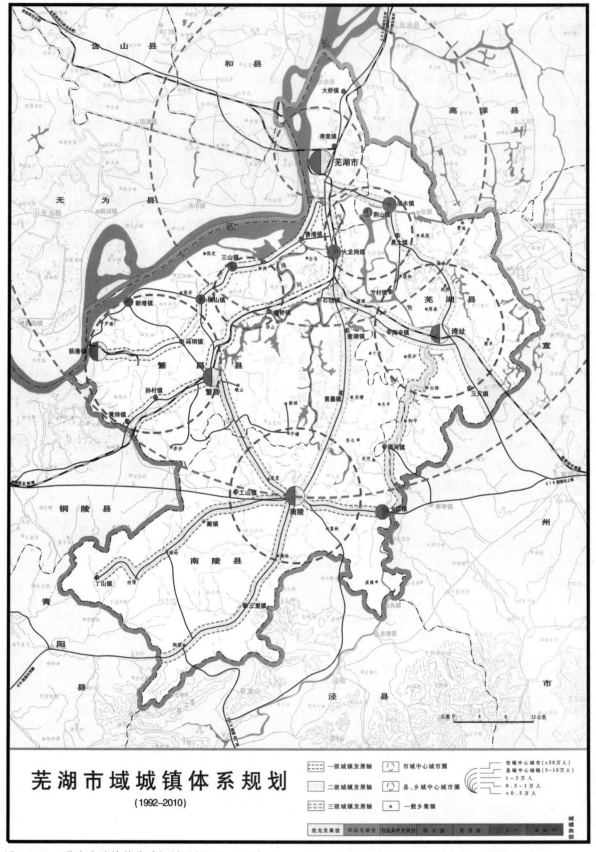

图 3-2-2a　芜湖市域城镇体系规划图（1992—2010）

图3-2-2b　芜湖市城市总体规划图（1993—2010）

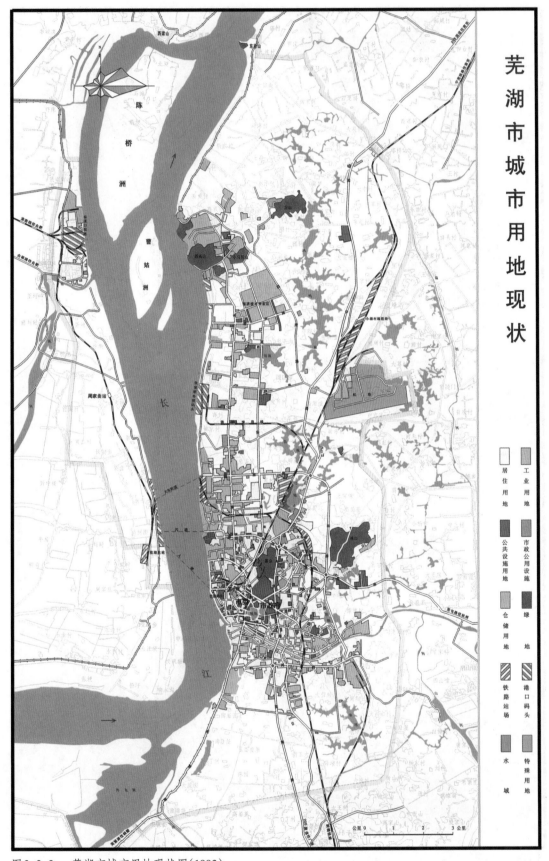

芜湖市城市用地现状

图 3-2-2c 芜湖市城市用地现状图（1993）

图 3-2-2d　芜湖市城市道路交通规划图（1993—2010）

图 3-2-2e　芜湖市城市园林绿地规划图 (1993—2010)

芜
湖
市
城
市
近
期
建
设
规
划

(1993-2010)

图 3-2-2f　芜湖市城市近期建设规划图(1993—2010)

（三）第三轮：《芜湖市城市总体规划（2006—2020）》

1.《芜湖市城市总体规划（2006—2020）》编制概况

2000年以来，借鉴国外结构规划、概念规划的经验，城市发展战略规划在我国广泛兴起，全国新一轮的城市总体规划编制开始展开。2006年6月1日施行了新的《城市规划编制办法》，对城市规划进行了新诠释，即"城市规划是政府调控城市空间资源，指导城乡发展与建设，维护社会公平，保障公共安全和公共利益的重要公共政策之一"。在健全和完善城市规划编制体系方面，一是加强了规划编制前期研究工作，明确了总体规划纲要的地位和重要性；二是强调了市域城镇体系规划，通过区域研究确定城市发展的相关方针政策，实现市域城镇、城乡、资源环境协调发展；三是中心城区总体规划内容要侧重确定科学的空间布局和空间管制措施；四是突出了近期建设规划的作用和要求；五是进一步明确了控制性详细规划的法定地位。在转变城市规划编制组织方式方面，将原来单一的政府部门组织编制，转变为"政府组织、专家领衔、部门合作、公众参与、科学决策"的组织方式。2007年10月28日，第十届全国人民代表大会常务委员会第十三次会议通过《中华人民共和国城乡规划法》，标志着我国正在打破建立在城乡二元结构上的规划管理制度，进入城乡一体规划时代。

芜湖市第三轮城市总体规划始于2003年，2004年完成的《芜湖市城市总体规划（2003—2020）》并未得到省政府批准。城市空间扩展的制约不断凸显，城东开发、区划调整、跨江发展等一系列重大问题亟待解决。直到2006年2月，芜湖市经过新的区划调整，将芜湖县的清水镇和火龙岗镇、繁昌县的三山镇和峨桥镇划入芜湖市区，市区面积由230平方千米扩大到720平方千米，新一轮的《芜湖市城市总体规划（2006—2020）》得以顺利推进。2006年10月，芜湖市规划设计研究院、芜湖市城市规划局首先合作完成了《芜湖市城市总体规划纲要（2006—2020）》，之后又完成了《芜湖市城市总体规划（2006—2020）》。后经市、省两级政府的审议，于2018年11月由安徽省人民政府常务会议原则通过。

省政府批复指出："芜湖是长江中下游地区重要的综合交通枢纽、区域性经济文化中心和先进制造业基地，滨江特色旅游城市。要以科学发展观为指导，坚持经济、社会、人口、环境和资源相协调的可持续发展战略，积极参与泛长三角地区产业分工，认真抓好自主创新综合配套改革试验区建设，大力发展特色产业和现代服务业，注重与马鞍山等周边城市在空间资源配置、重要基础设施共建共享等方面协调发展，逐步把芜湖建设成为经济繁荣、社会和谐、设施完善、生态良好，具有地方特色的现代化城市。"要求合理控制城市人口和建设用地规模："到2020年，中心城区人口控制在195万人以内，城市建设用地控制在195平方千米以内。"

2.《芜湖市域城镇体系规划（2006—2020）》主要内容

该轮芜湖市域城镇体系规划是《芜湖市城市总体规划（2006—2020）》的第一部分，规划成果由规划"文本""规划图件""规划说明"三部分组成。"文本"共有总则，市域经济社会发展战略，区域协调发展，市域空间与空间管制规划，市域城镇功能片区划分和产业分布，市域城镇体系结构，综合交通，岸线利用，社会服务设施，基础设施，生态建设与环境保护，旅游发展，新型农村社区居民点布点等规划，以及规划建设管理与附则等十四章。

1）规划范围

面积3317平方千米，为芜湖市行政辖区范围，包括三县（芜湖县、繁昌县、南陵县）四区

（镜湖区、弋江区、三山区、鸠江区）。2005年年底，市域户籍人口226.88万人，城镇人口137.23万人，城镇化水平为54.3%。

2）市域经济社会发展战略目标

2006—2010年GDP年增长率为17%，2010年GDP达1000亿元，人均GDP超过5000美元，城镇化水平达64%。2011—2020年GDP年增长率为13.4%，2020年GDP达3500亿元左右，人均GDP超过13000美元，城镇化水平达80%。市域人口规模：近期（2010年）总人口290万人，远期（2020年）357万人，远景控制在640万人以内。

3）市域城镇体系结构规划

芜湖市域城乡规模等级结构为四级：中心城区（1个）、次中心城区（3个）、中心镇（11个）、新型农村社区居民点（1000个左右）。中心城区为芜湖市区（180万—200万人），次中心城区为繁阳（18万—22万人）、籍山（18万—22万人）、湾沚（20万—25万人），中心镇包括许镇镇、荻港镇、弋江镇、孙村镇、六郎镇、陶辛镇6个重点中心镇（均为2.5万—6万人）和三里镇、工山镇、红杨镇、平铺镇、何湾镇5个一般中心镇（均为1万—2.5万人），新型农村社区居民点含一般集镇。

4）市域城镇体系功能片区规划

"一带、一环、一主、一副"："一带"为濒临长江布局的沿江经济带；"一环"为位于市域中部、南部的岗丘生态廊带与水网生态廊带，属生态优先发展区；"一主"指位于市域北部、东部与西部，连片发展的主要城镇发展功能片区；"一副"指位于市域南部，以籍山次中心城区为中心发展的南部城镇发展功能片区。

5）市域综合交通规划

铁路：建设宁安城际铁路和京福高铁、合芜杭、皖赣客运专线，加快融入长三角经济圈的步伐。水运：充分利用长江"黄金水道"，大力发展水上货运交通；打通芜申运河，加强芜湖与苏浙沪之间的内河联系；将芜湖港建设成为现代化综合型港口。公路：形成向外延伸的高速主通道六条射线（芜合、芜宣、芜马、芜铜、芜黄、芜太六条高速）和一条过境线（铜南宣高速公路）；修建接通徐福高速的芜湖长江二桥；构建市域内"一环、五横、六纵"快速路网络。航空：近期利用南京禄口机场和合肥机场，远期积极争取建设芜湖民航机场。

3.《芜湖市中心城区总体规划（2006—2020）》主要内容

该规划是第三轮《芜湖市城市总体规划（2006—2020）》的第二部分，规划成果由"文本""规划图件""规划说明"三部分组成。"文本"包括总则，城市性质与规模，中心城区发展方向与空间结构，城市规划区空间分区与空间管制，中心城区城市建设用地布局，中心城区综合交通，绿地景观系统，基础设施，防灾，环境保护，历史文化遗存保护，"五线"管制，近期建设规划，城市远景发展规划，城市规划区新型农村社区居民点规划，规划实施措施，附则等十七章。图件有各种规划图共32幅。

1）规划范围

芜湖市行政区划范围720平方千米，另将芜湖县方村镇域范围62平方千米纳入城市规划区，总用地面积782平方千米。2005年，中心城市户籍人口达115万人，城市建成区面积达116平方千米。

2）城市性质

长江中下游国家重要的综合交通枢纽，区域性经济文化中心，先进制造业基地，滨江特色旅游城市。

3）中心城区规模

人口规模为：近期（2010年）150万人，远期（2020年）195万人，远景290万—300万人。城市建设用地规模为：近期150平方千米，远期195平方千米，远景290—300平方千米。

4）用地发展方向

"东扩南进"，向东跨过扁担河至万春圩区拓展，重点建设城东组团；向南沿九华南路往弋江区中部与南部发展，重点建设城南组团；向西南沿长江与芜铜铁路往三山区方向发展，重点建设三山组团。

5）空间结构

采用组团式结构，分为五大组团：城中组团（城市商贸、商务文化、旅游服务中心）、城北组团（以芜湖经济技术开发区为龙头的先进制造产业区）、城东组团（以现代工业、居住为主导的综合型新城区）、城南组团（以文化科教、高新技术产业为主的城区）、三山组团（以临港产业、能源产业为主导的综合型新城区）。

6）综合交通规划

建立"三环九纵九横"道路系统。构建快速公交（BRT）系统，规划东西向与南北向两条轻轨线路，预留大型换乘枢纽六处。

7）组团景观系统规划

构建"一带、三心、四轴、五区"景观风貌整体格局。规划市级综合公园天门山公园、滨江公园、中央公园、扁担河滨江公园、曹姑洲公园等16处，规划区级公园城北公园、西洋湖公园、三潭公园、莲花湖公园、芦花荡湿地公园等10处。

8）历史文化遗存保护规划

明确历史城区、历史文化街区、文物保护单位和文物古迹点，划定保护区、建设控制地带和环境协调区范围。规划确定4个历史文化街区（花街—南门湾—南正街、东内街—十字街、儒林街、米市街—薪市街）和长街传统商业风貌保护区，总保护面积35.9公顷。

4.对《芜湖市城市总体规划（2006—2020）》的几点回顾

（1）此轮城市总体规划实施期间，芜湖中心城区"东扩南进"卓有成效，建成区面积明显扩大，总体规划起到很好的指导作用。

（2）"五大组团"的城市空间结构，有向"一心四区"结构的发展趋势，对跨江发展估计不足。

（3）中心城区工业用地48.69平方千米，占规划总建设用地24.97%，不能满足工业发展的需要，亟须拓展新的用地空间。

（4）《芜湖市城市总体规划纲要（2006—2020）》与《芜湖市城市总体规划（2006—2020）》两套规划成果，内容多有重复交叉，略感烦琐。

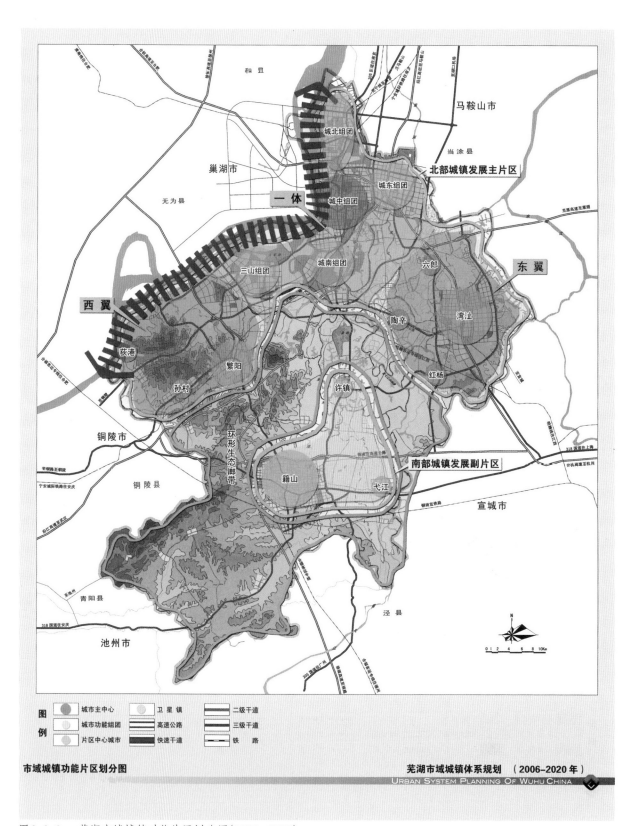

市域城镇功能片区划分图

芜湖市域城镇体系规划 （2006—2020 年）

URBAN SYSTEM PLANNING OF WUHU CHINA

图 3-2-3a　芜湖市域城镇功能片区划分图（2006—2020）

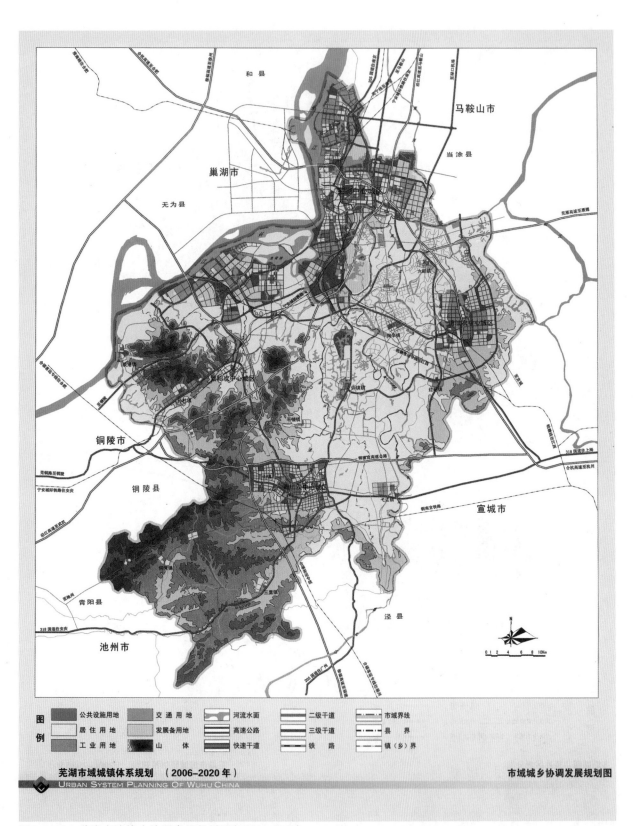

芜湖市域城镇体系规划 （2006-2020 年）

市域城乡协调发展规划图

URBAN SYSTEM PLANNING OF WUHU CHINA

图3-2-3b 芜湖市域城乡协调发展规划图(2006—2020)

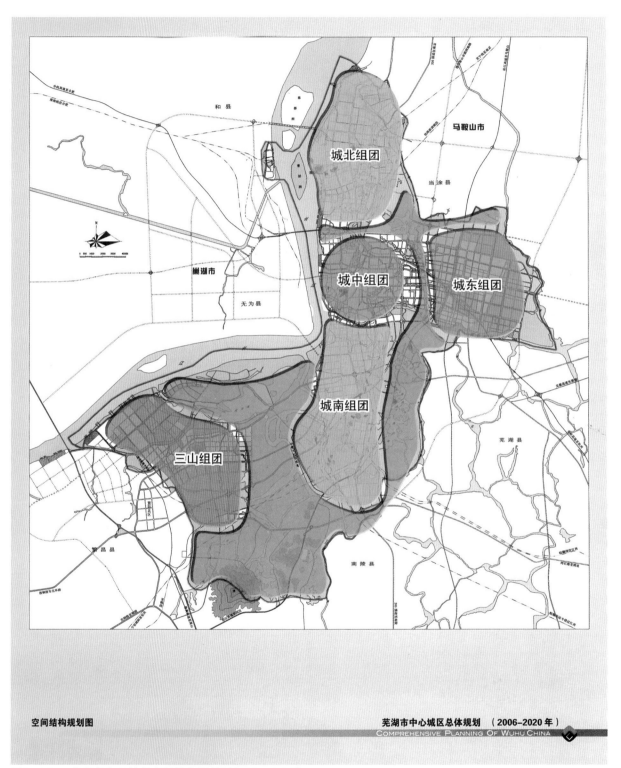

空间结构规划图

芜湖市中心城区总体规划 （2006—2020 年）
COMPREHENSIVE PLANNING OF WUHU CHINA

图3-2-3c 芜湖市中心城区空间结构规划图(2006—2020)

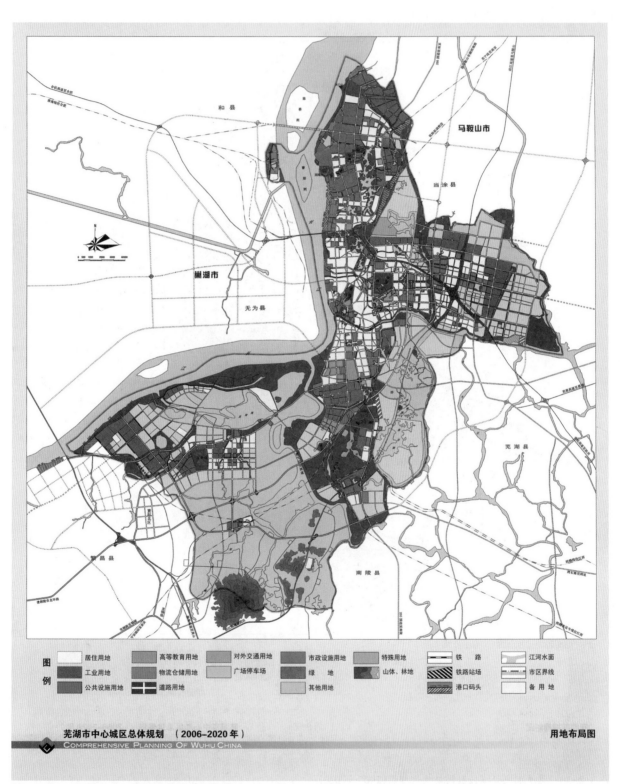

图 例

□ 居住用地	■ 高等教育用地	■ 对外交通用地	■ 市政设施用地	■ 特殊用地	▦ 铁 路	□ 江河水面
■ 工业用地	■ 物流仓储用地	□ 广场停车场	□ 绿 地	■ 山体、林地	▨ 铁路站场	┅ 市区界线
■ 公共设施用地	▦ 道路用地		□ 其他用地		▨ 港口码头	□ 备用地

芜湖市中心城区总体规划 （2006－2020年）　　　　　　　用地布局图
COMPREHENSIVE PLANNING OF WUHU CHINA

图 3-2-3d　芜湖市中心城区用地布局图（2006—2020）

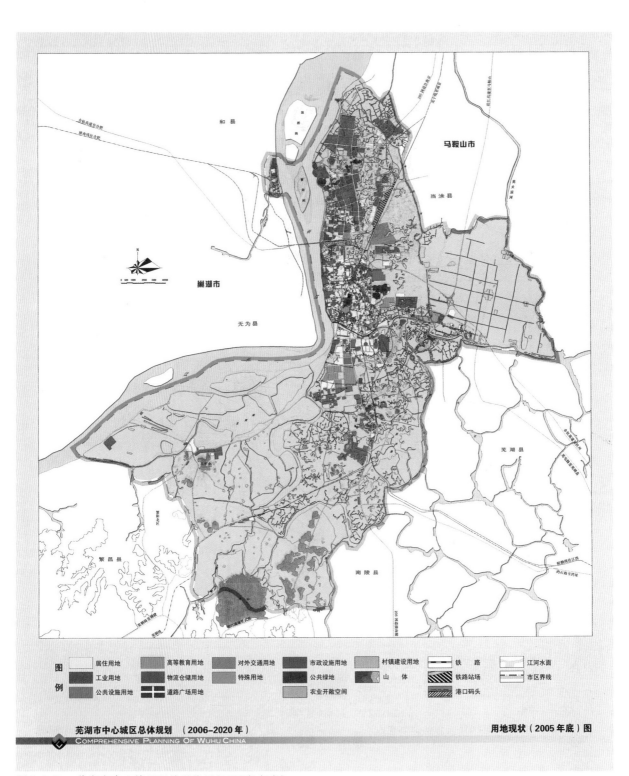

芜湖市中心城区总体规划 （2006－2020年）
COMPREHENSIVE PLANNING OF WUHU CHINA

用地现状（2005年底）图

图3-2-3e　芜湖市中心城区用地现状图（2005年年底）

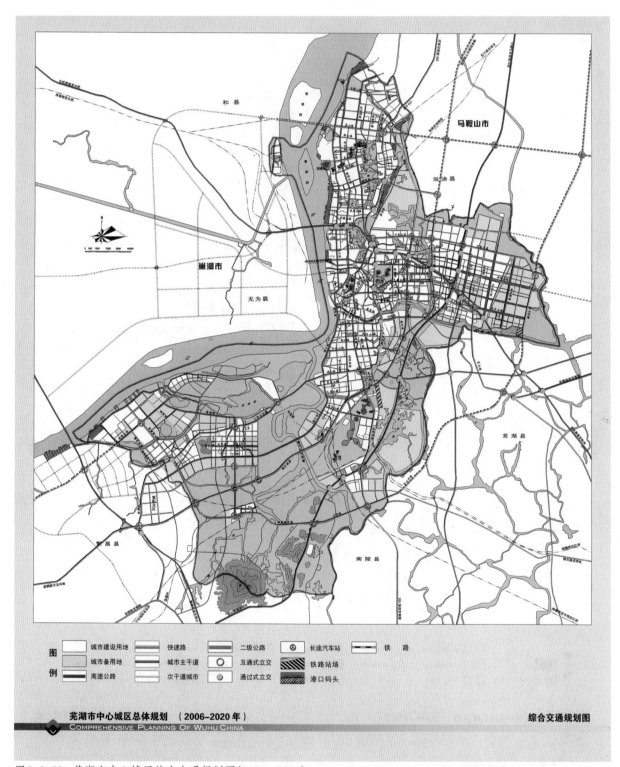

图3-2-3f　芜湖市中心城区综合交通规划图(2006—2020)

图 3-2-3g　芜湖市中心城区综合交通现状图(2005年年底)

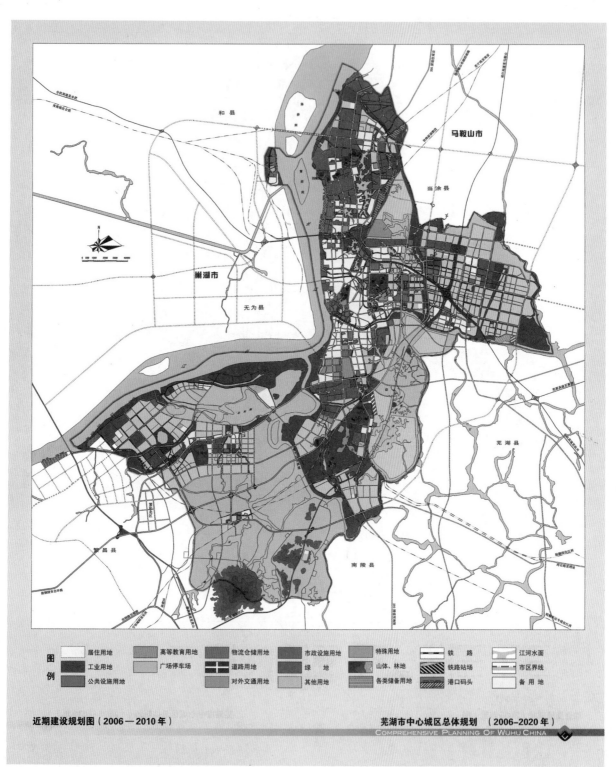

图例

居住用地	高等教育用地	物流仓储用地	市政设施用地	特殊用地	铁路	江河水面
工业用地	广场停车场	道路用地	绿地	山体、林地	铁路站场	市区界线
公共设施用地	对外交通用地	其他用地	各类储备用地	港口码头	备用地

近期建设规划图（2006—2010年）

芜湖市中心城区总体规划 （2006-2020年）

COMPREHENSIVE PLANNING OF WUHU CHINA

图3-2-3h 芜湖市中心城区近期建设规划图（2006—2010）

（四）第四轮：《芜湖市城市总体规划（2012—2030）》

1.《芜湖市城市总体规划（2012—2030）》编制概况

第三轮《芜湖市城市总体规划（2006—2020）》在指导这一时期芜湖市的城市建设和发展方面发挥了重要作用。随着社会经济的快速发展，芜湖市进入新的重要发展阶段。为了贯彻落实《皖江城市带承接产业转移示范区规划》《皖江城市带承接产业转移示范区城镇体系规划（2010—2015）》，以及《安徽省国民经济和社会发展第十二个五年计划纲要》《安徽省域城镇体系规划（2011—2030）》，更好地发挥芜湖省域核心城市功能，编制芜湖市新一轮城市总体规划被提上日程。在芜湖市人民政府组织下，中铁芜湖规划设计研究院承担了编制工作。

2011年7月，经国务院同意，安徽省进行了一次重要的行政区划调整，将巢湖市一分为三，其中的无为县划入芜湖市。无为县地处皖中，南临长江，北依巢湖，全县总面积2433平方千米，2011年全县总人口142万人，面积和人口均相当于芜湖县、繁昌县、南陵县三县之和。同时，和县的沈巷镇划归芜湖市鸠江区管辖。至2011年年底，全市总面积达5988平方千米，人口385.4万人，其中市区面积1064.7平方千米，人口124.1万人。芜湖市自此规模大为扩大，有了更大的发展空间，新一轮城市总体规划的编制更是迫在眉睫。

2012年3月，中铁芜湖规划设计研究院（现名中铁城市规划设计研究院）编制完成《芜湖市城市总体规划（2012—2030）》。

2013年2月，安徽省人民政府作出了"原则同意修订后的《芜湖市城市总体规划（2012—2030）》"的批复，指出："芜湖市是我省重要的先进制造业基地，综合交通枢纽，现代物流中心和文化科教旅游中心。要以科学发展观为指导，坚持经济、社会、人口、环境和资源相协调的可持续发展战略，同步推进工业化、信息化、城镇化、农业现代化，不断完善城市功能，增强城市综合竞争力，把芜湖市建设成为经济繁荣、社会和谐、环境友好、人民幸福的国家创新型城市，长江流域具有重要影响的现代化滨江大城市。"批复还在完善城乡体系，完善中心城区功能，实现江南江北联动发展，加强环境建设，统筹安排公共服务设施建设，重视历史文化和城市风貌特色保护等方面作出了严格要求，确定芜湖市"到2030年，中心城区城市人口为280万人，城市建设用地为280平方千米"。

2.《芜湖市城市总体规划（2012—2030）》主要内容

该轮城市总体规划"文本"部分前有"总则"，后有"附则"，中间十二章分别为：城市性质与发展规模，市域城镇体系规划，中心城区规划，综合交通规划，长江岸线保护利用规划，社会服务设施规划，绿地系统规划，生态建设与环境保护规划，市政工程设施规划，公共安全规划，历史文化名城保护规划，规划实施。规划文本后还附有16个"附表"，主要有：芜湖市经济社会发展指标体系汇总表（2030年），市域城乡体系规模等级结构规划一览表，芜湖市空间控制分区及管制措施一览表，市域城乡用地结构一览表，市域城镇人口规模结构规划一览表，中心城区城乡用地结构一览表，中心城区2030年城市建设用地一览表，中心城区各发展单元控制一览表，中心城区主要道路控制一览表，市域规划自然保护区一览表，风景名胜区一览表，市域各类公园一览表，市区级与分区级公园绿地一览表等（图3-2-4）。

该轮城市总体规划"图纸"部分有区域、市域和中心城区各种规划图共63幅，其中市域图纸35幅，中心城区图纸28幅。《芜湖市城市总体规划（2012—2030）》"文本、图件"合订一册，另附"说明书"，主要内容如下：

1）区域分析

芜湖市地处我国东部与中部结合处，长三角西缘，是长江中下游地区重要的水陆综合交通枢纽，是安徽省为接轨长三角着力打造的皖江城市带的核心城市，也是安徽省沿江发展带和合芜宣发展带的汇聚点。通江达海的芜湖市，与长三角地域相近，人缘相亲，文化相承，是长三角经济圈的自然西延，在皖江开发及中部崛起中必将成为对接长三角经济辐射的桥头堡，长三角联系广大中西部地区以及沟通我国中部地区南北向交通

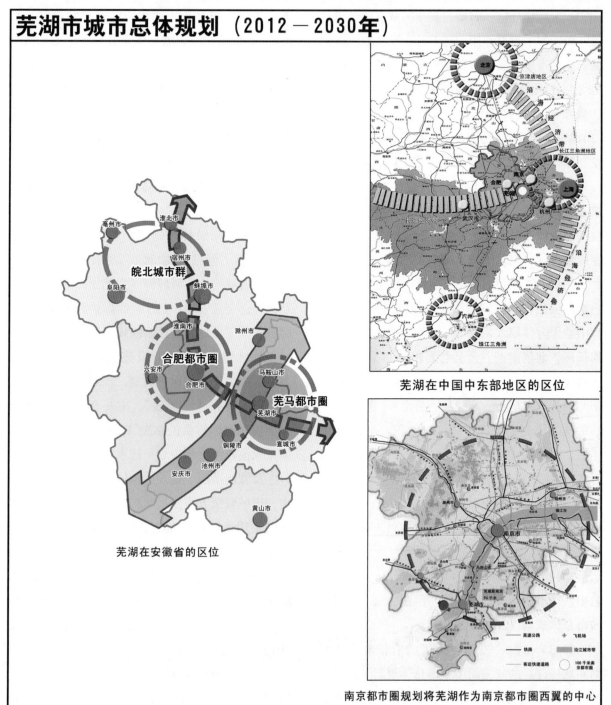

芜湖市城市总体规划（2012—2030年）

芜湖在安徽省的区位

芜湖在中国中东部地区的区位

南京都市圈规划将芜湖作为南京都市圈西翼的中心

图3-2-4a　芜湖市区位分析图

联系的重要枢纽。

芜湖市同时是南京都市圈和合肥都市圈的重要节点城市。2000年苏皖两省打造南京都市圈以来，南京、镇江、扬州、淮安、芜湖、马鞍山、滁州、宣城八个城市按照"共建、共享、同城化"的发展目标，推进都市圈的一体化建设，多年来在规划体系、综合交通、产业合作、公共服务和同城化建设方面已取得显著成效。

2016年12月，安徽省人民政府办公厅下发《长江三角洲城市群发展规划安徽实施方案》，提出到2020年，皖江八城市全面缩小与沪苏浙发展差距，基本形成与沪苏浙一体化发展格局，成为长三角重要的新兴增长极。该方案提出，加快合肥都市圈与南京都市圈融合发展，打造"宁合芜成长三角"，推动合肥、芜湖、马鞍山、滁州等市与上海、南京等市合作发展。

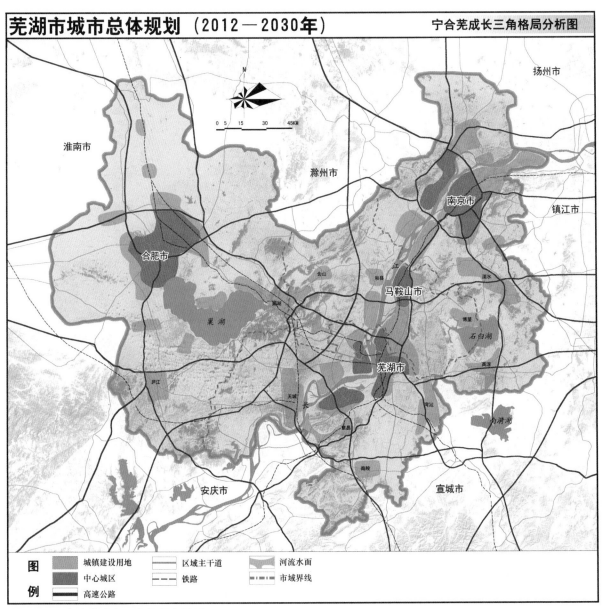

图3-2-4b 宁合芜成长三角格局分析图

笔者在中铁大桥勘测设计集团有限公司自主研究课题"长江流域城市形态的演变与发展"（2016年完成论著）中提出，在长江经济带地域范围内建设川渝昆贵城市集群，鄂湘赣城市集群，宁合芜城市集群和长三角地区城市集群四大城市集群的构想，最终构建长江流域巨型城市带群而不是建设巨型城市延绵带，这一观点提供了又一条宏观分析芜湖区位的思路。

《芜湖市城市总体规划（2006—2020）》已提出"促进芜湖、马鞍山同城化"，"推动马芜铜率先融入长三角"，"沿江北联，组成马芜城市联合体"。本轮规划提出"积极构建宁合芜城市群，加快推进芜马同城化建设……与马鞍山共同联动跨江，实现两岸共同繁荣"，又提出了"芜马都市圈"的概念。笔者认为还是突出核心城市，提"芜湖都市圈"为好。

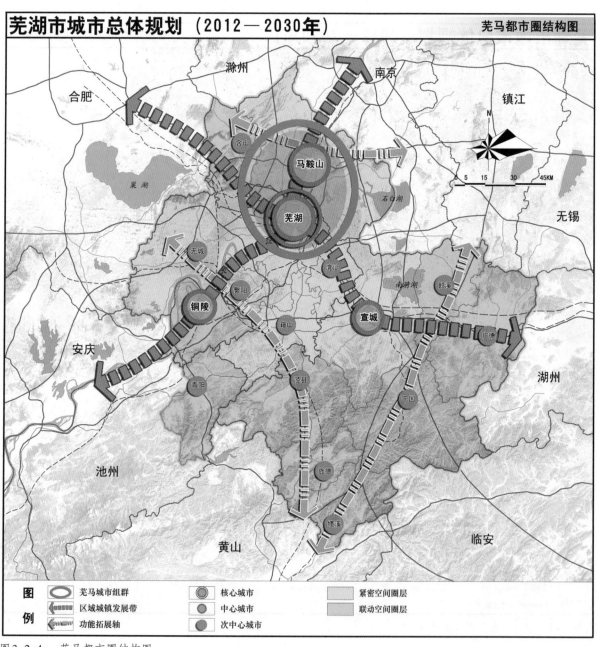

图3-2-4c　芜马都市圈结构图

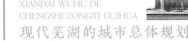

2) 市域城镇体系规划

构建"两带两轴"的城镇空间布局结构："两带"为北沿江城镇发展带和南沿江城镇发展带，"两轴"为合芜宣城镇发展主轴和巢黄城镇发展次轴。规划形成四级城市等级结构体系：一级为芜湖主城（中心城区），二级为无城、湾沚、繁阳和籍山4个副城（市属四个县城），三级为高沟、襄安、石涧、荻港、六郎、许镇、弋江7个新市镇及沈巷、何湾、三里、红杨、陶辛、平铺、白茆等11个中心村，四级是若干个中心村和自然村。城乡职能与规模：主城是全国重要的先进制造业基地，综合交通枢纽，现代物流中心和文化旅游中心，长江流域具有重要影响的现代化滨江大城市；副城是各县政治、经济、文化中心，是产城融合的市域副城；新市镇和中心镇是县城非农产业和城镇人口重要集聚地，是带动广大乡村地区发展的服务基地。

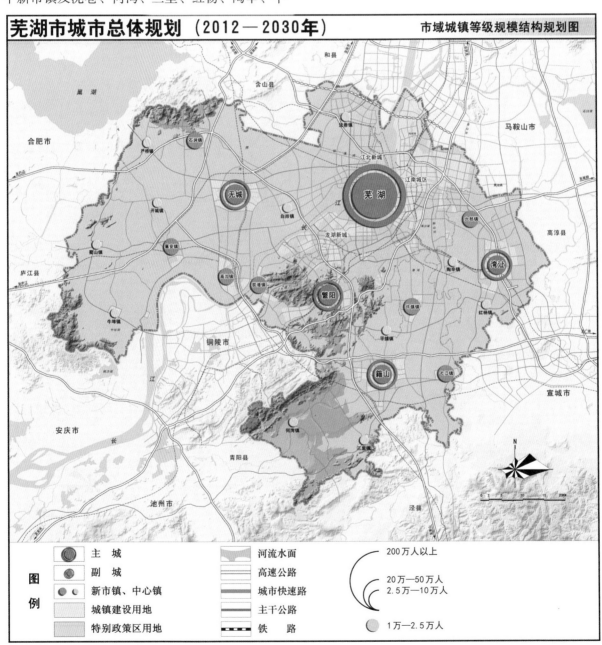

图3-2-4d　芜湖市域城镇等级规模结构规划图

市域空间管制：强化对土地资源、水资源、自然生态环境和历史文化遗产的保护与控制，促进城乡可持续发展。市域划定禁止建设区、限制建设区、适宜建设区三大区和15个亚区的控制范围，并提出相应的管制要求。

市域生态系统：着力构建"长江作轴，龙湖为心，水网呈翼，山林筑屏"的市域生态格局。保护何湾—象山生态林、陶辛水韵等5处自然保护区，西山、五华山等5处风景名胜区，天井山、马仁山等3个森林公园，丫山等地质公园。市域形成"一环、五线"的绿道网体系："一环"为市域长江以北地区的外环绿道，"五线"为从市区通向湾沚、西山、红花山、无为等处的5条绿道。

长江岸线的保护利用：保护优先，综合利用，逐步优化岸线功能布局，保护好生态岸线，布置好生活岸线和生产岸线。

图3-2-4e　芜湖市域生态系统规划图

市域综合交通：积极构建以芜湖为中心，半小时内辐射芜马都市圈，1小时内沟通合肥和南京，2小时内通达上海和杭州等重要城市的综合交通运输网络。铁路：形成"四客五普九线"，"一主六副"客运站，"两专两主四副"货场，"一主一副"编组站，共同构成的区域铁路枢纽格局。公路：形成"双环，多射"高速公路网，"六横五纵"主干公路网，共同构成市域高快公路交通体系。水运：高等级航道以长江和芜申运河、合裕航道形成水运"十字交叉"，港口建设打造"一港七区"总体格局，长江芜湖段设置3处旅游码头（保留现有滨江公园旅游码头，建设天门山和龙窝湖旅游码头）。航空：全力推进芜湖军用机场搬迁和民用机场选址建设。规划设置15处长江芜湖过江通道。

市域城镇化发展目标：市域人口规模2015年为457万人，2020年为484万人，2030年为530万人。城镇化水平2015年达到66.7%，2020年达到73.3%，2030年达到82.0%。

图 3-2-4f　芜湖市域综合交通规划图

3）中心城区规划

中心城区用地现状：总用地面积约1290.37平方千米，包括鸠江区、镜湖区、弋江区、三山区以及二坝镇、汤沟镇。四个区的人口总数约为123万人。城市规划区包括四个区、二坝镇、汤沟镇及白茆镇，总用地面积约为1413.37平方千米。

城市性质：国家创新型城市，长江流域具有

重要影响的现代化滨江大城市，安徽省双核城市之一。

城市主要职能：全国重要的先进制造业基地，综合交通枢纽，现代物流中心，文化旅游中心和科技教育卫生中心。

城市规模：2030年中心城区人口为280万人，城市建设用地280平方千米。

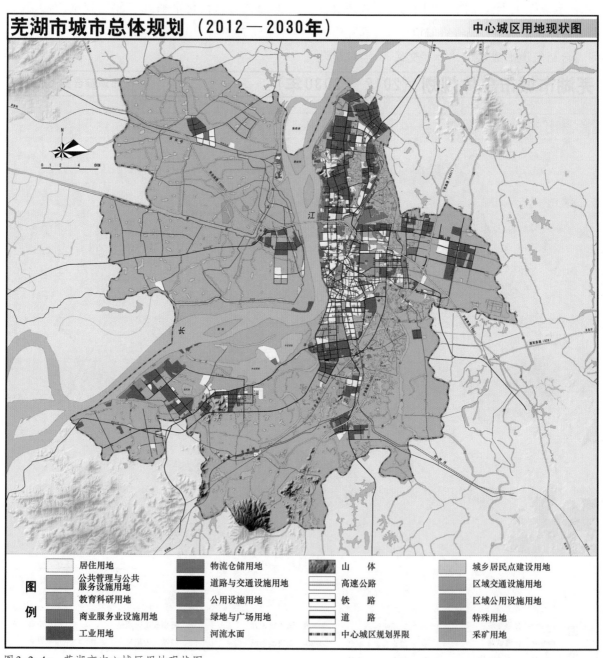

图3-2-4g　芜湖市中心城区用地现状图

空间结构："龙湖为心、两江三城"。前者以龙湖生态环境敏感区为自然本底，构建城市生态绿核，并作为城市未来发展的重要战略储备区域；后者以长江、青弋江—漳河为轴线，形成"江南新城、龙湖新城和江北新城"三大主城区，跨江联动、拥江发展，实现两岸共同繁荣。龙湖新城2030年城市人口规模为45万人，发展目标为中部地区重要的临港装备制造业基地，综合性滨江新城。江南新城2030年城市人口规模为215万人，发展目标为国家先进制造业基地，综合交通枢纽和文化科教旅游中心。江北新城2030年城市人口规模为20万人，发展目标为与省江北产业集中区共同打造中部地区重要的战略性新兴产业和创智产业高地，产城融合的生态宜居新城。

发展单元划分：按江南新城、龙湖新城和江北新城划分为三个大区，按功能组团再将江南城划分为14个中区，将龙湖新城划分为4个中区，将江北新城划分为3个中区。

空间管制"四区"控制：划定禁建区、限建区、适建区和已建区的范围，进行分类控制与建设引导。

图3-2-4h　芜湖市中心城区功能结构规划图

空间管制"四线"控制:"绿线"控制公园绿地、防护绿地、生产绿地、风景绿地等,"蓝线"控制江、河、湖、库、梁和湿地等地表水体,"黄线"控制城市公共交通设施及其他城市基础设施,"紫线"控制历史文化街区和历史建筑的保护范围界线。

土地利用规划:中心城区建设用地总面积为280平方千米。其中,居住用地约占28.97%,公共管理与公共服务设施用地约占8.14%,商业服务业用地约占8.87%,工业用地约占22.53%,物流仓储用地约占3.2%,道路与交通设施用地约占12.06%,公用设施用地约占1.92%,绿地与广场用地约占14.29%。总体规划中居住、公共设施、商业用地,可在规划管理单元控规中作适当用地兼容性安排,但公共管理与服务设施、商业服务设施、居住、绿化用地,不得调整为一般性工业用地。

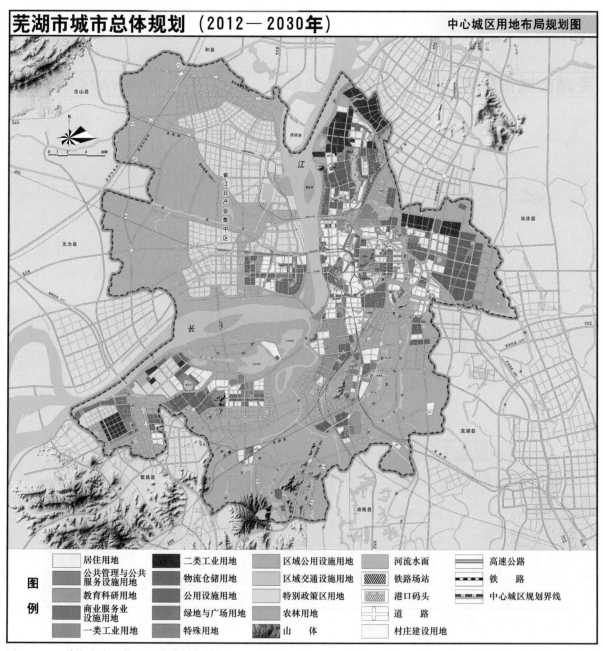

图3-2-4i 芜湖市中心城区用地布局规划图

中心城区城市道路系统现状：进入21世纪以后，芜湖市中心城区已形成"十一纵十一横"的城市主干道网络。"十一纵"分别为长江路、银湖路、凤鸣湖路、花津南路、九华山路、弋江路、中江大道、徽州路、清水河路、龙湖路、峨溪路，"十一横"分别为泰山路、港湾路、万春路、赤铸山路、赭山路、北京路、利民路、大工山路、峨山路、唐山路、联合路。2011年年底，

中心城区城市道路长度约1239千米，主干道、次干道、支路比例为1∶1.1∶1.4；道路密度为5.53千米/平方千米，人均道路面积9.7平方米。尚存在城市道路网级配不尽合理，道路通行能力和运行效率有待进一步提高，道路系统因城市机动化发展迅速面临巨大压力等问题，城市客运枢纽建设尚处于起步阶段。

图3-2-4j 芜湖市中心城区综合交通现状图

中心城区道路系统规划：中心城区规划形成"两纵四横一环"的城市快速路骨架。"两纵"指九华北路—弋江路，峨桥路—S206省道；"四横"指万春路，芜合高速市区级—通江大道，大工山路—纬一路，中江大道；"一环"由"两纵"（九华北路—弋江路，峨桥路—S206省道）"三横"（长江大桥—通江大道，大工山路—纬一路，中江大道）2条快速路围合而成，为"日"字形城市快速路内环。江南新城形成"十一纵十四横"的主干网络，龙湖新城形成"六纵五横"的主干网络，江北新城形成"四纵三横"的主干网络。城市快速路与道路网中重要道路相交时，采用立体交叉。城市道路与高速公路、铁路交叉时一般采用立交形式，道路上跨或下穿高速公路、铁路、特殊地段城市高速公路与城市主干路之间应设出入口。

图3-2-4k　芜湖市中心城区综合交通规划图（一）

公共交通规划：2010年芜湖市中心城区共开设公交线路67条，营运车共965辆（8.97辆/万人），出租车3504辆（31辆/万人），中心城区公交出行分担率约14%，核心城区无枢纽站。规划构建以轨道交通为骨架，城市路面常规公交为主体，出租车为补充的多层次协调发展的一体化公共客运交通体系，打造公交优先城市。到2030年，中心城区公共交通出行分担率应达到30%—35%，老城、江南中心组团与重要轴向公共交通出行比例超过60%。轨道交通：2016—

2020年建设1号线，2021—2030年重点建设2号线和3号线。公交枢纽站：结合对外交通实施，在重要轨道交通换乘站点、市区换乘客流量大的地段或客流集散点布置公交枢纽站。出租车：中心城区出租车拥有量到2020年控制在5000辆左右，到2030年控制在8000辆左右。慢行交通：进一步完善公共自行车租赁系统，组织慢行交通体系，打造绿色出行示范城区。停车设施、货运物流等方面规划也有安排。

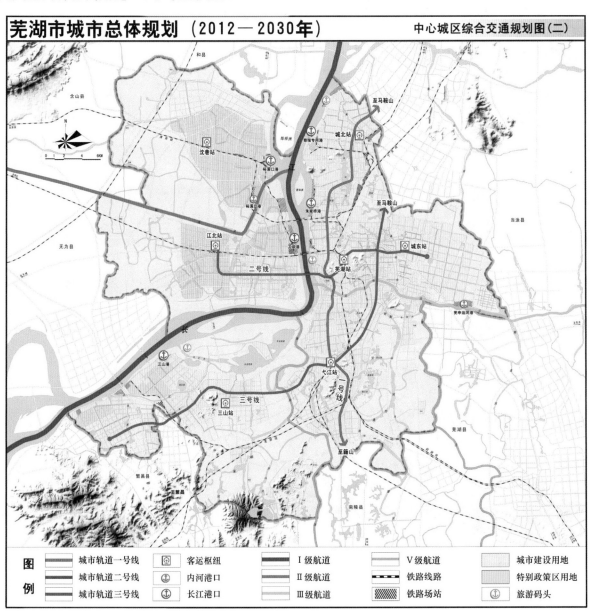

图 3-2-4m 芜湖市中心城区综合交通规划图(二)

绿地系统规划：中心城区现状绿地面积为4912公顷，绿地率为36.39%，绿化覆盖率为38.26%，人均公共绿地面积7.47平方米，规划到2015年绿化覆盖率超过39%，人均公共绿地面积大于等于9平方米。以500米为服务半径建设城区全覆盖式公园绿地，加快城市公园绿地建设。规划布局龙窝湖公园、汀棠公园、中央公园、滨江公园、镜湖公园、神山公园、赭山公园、凤鸣湖公园等8处市级公园，天门山公园、

欧阳湖公园、万春湖公园、大阳埠公园、三华山公园、莲花湖公园、安澜湖公园等7处区级公园。主题公园方面：扩大城市游乐观光主题公园的数量及规模，规划布局方特欢乐世界、梦幻王国主题公园，以及荆山地区主题公园、奥体公园，预留南塘湖、黑沙湖地区主题公园集中区等。新建、扩建、改建项目均要求建设附属绿地。生态建设与环境保护也做了专项规划。

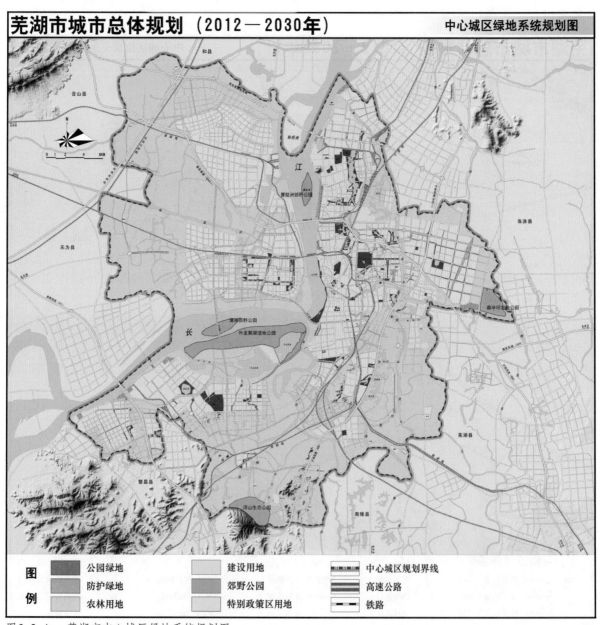

图 3-2-4n　芜湖市中心城区绿地系统规划图

中心城区历史文化保护：芜湖市是有着两千多年历史的文化名城，留有众多省、市级重点文物保护单位以及非物质文化遗产。此轮规划明确了"建立完整的历史文化名城保护体系框架"的保护目标和"全面保护、整体保护、积极保护"的保护原则，在古城整体保护、古城街巷格局保护、历史文化街区保护、文物古迹保护、非物质文化遗产保护等诸方面提出了保护要求与保护措施。规划对古城历史建筑本着"修旧如旧"的原则，提出恢复一些历史建筑，如怀爽楼、状元坊、金马门、迎秀门、双忠庙碑坊等，以及"五大古建筑"（城隍庙、文庙、武庙等）。规划还划定了6片历史文化街区：花街—南正街、东内街—十字街、儒林街、米市街—薪市街、堂子街—西内街、长街传统商业风貌保护区。

图3-2-4p　芜湖市中心城区历史文化保护规划图

中心城区近期建设规划：近期规划年限到2015年，在打造先进制造业基地、现代服务中心城市、现代物流中心城市、滨江山水园林城市、"居者有其屋"的宜居城市、交通畅达城市、服务均等的高效安全城市诸方面提出了实施措施。在基础设施建设方面，规划重建杨家门水厂二期、利民路水厂二期，启动三山水厂一期；扩建城北污水处理厂二期、滨江污水处理厂二期；新建大桥新区污水处理厂、石硊污水处理厂；完善芜湖电厂改造，新建变电所；建设热电厂和热电站，配建热交换站和供热管网；建设城市南门站至三山的高压燃气干管和三山区高中压燃气调压站；逐步建立城市生活垃圾分类收集、分类运输、分类处理的生活垃圾收运处置体系，加强城市环卫公共设施和环卫工程设施的建设，实现城市生活垃圾无害化处理率达100%。

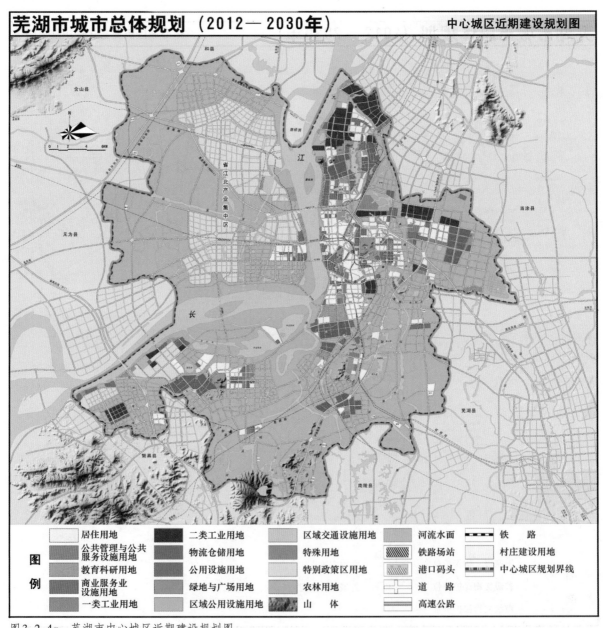

图3-2-4q 芜湖市中心城区近期建设规划图

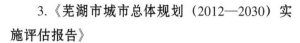

3.《芜湖市城市总体规划（2012—2030）实施评估报告》

2013年2月，安徽省人民政府批准实施《芜湖市城市总体规划（2012—2030）》，在指导芜湖市经济社会发展和城市建设方面发挥了重要作用。2017年6月，住房和城乡建设部确定安徽省为全国第二个城乡规划改革试点省。芜湖市开始了对现行城市总体规划的实施评估，及时研究规划实施阶段性过程中出现的新问题、新情况，以及新形势下规划内容应对性不足等问题，及时总结和发现规划的优点和不足，探索规划实施的机制和策略，以提高规划实施的科学性，为继续贯彻实施规划或对规划进行修改提供可靠依据。按照《中华人民共和国城乡规划法》"省域城镇体系规划、城市总体规划、镇总体规划的组织编制机关，应当组织有关部门和专家定期对规划实施情况进行评估"的要求，芜湖市人民政府组织完成了《芜湖市城市总体规划（2012—2030）实施评估报告》。

此实施评估报告在肯定现行总体规划实施以来取得的成绩后，指出了"城市建设发展仍存在一些问题：城市能级不高，综合功能不完善，与省内核心城市的地位不相适应，局部空间布局不尽合理，预测人口规模与现状实施尚有一定差距，部分规划用地超出预期，城市生态环境有待进一步改善，长江岸线功能仍需进一步优化"，并提出了具体的总体规划调整建议。报告后还附有9幅2016年现状与2030年规划的对比图。2017年11月9日，芜湖市城乡规划局组织召开了专家论证会，原则上同意了评估的结论性意见。

4.《芜湖市城市总体规划（2012—2030）》（2018年修改）

2018年年初根据2017年完成的《芜湖市城市总体规划（2012—2030）实施评估报告》，完成了对芜湖市现行总体规划的修订。为落实此后

的"多规合一"，将现行总体规划与永久基本农田、生态保护红线、城镇开发边界进行了叠加分析，消除了差异图斑。主要修改内容如下：

（1）章节的条文调整与图纸修改：规划文本增加"水资源保护"一章，条款数由原273条增至279条。增加条文6条，修改条文27条，修改内容采用斜体字表示。图纸修改4幅：《市域长江岸线利用规划图》《城市规划区规划图》《中心城区用地布局规划图》《中心城区绿地系统规划图》。

（2）总规的"指导思想"明确为："以习近平新时代中国特色社会主义思想为指导，深入学习贯彻党的十九大精神，全面落实习近平总书记关于推动长江经济带发展的重要战略思想和关于推进长三角更高质量一体化发展重要讲话指示精神，坚持以人民为中心的发展思想，贯彻创新、协调、绿色、开放、共享的五大发展理念，强化创新驱动，努力推动产业化升级，不断提升城市发展质量、人居环境质量、人民生活品质、城市竞争力，全面打造水清岸绿产业优、美丽长江（安徽）经济带的芜湖样板。"

（3）城市空间发展战略：增加"统筹推进一廊两圈三区建设，持续推进G60科创走廊建设，更高质量融入合肥都市圈和南京都市圈建设，加快建设合芜蚌国家自主创新示范区，高质量建设皖江城市带承接产业转移示范区，建设皖南国际文化旅游示范区"等内容。

（4）总规的规划原则：增加"坚持生态优先，绿色发展，坚持以环境资源承载力和国土空间开发适宜性评价为基础，统筹安排城镇、农业、生态三类空间，……加强各类空间性规划的衔接，实现多规合一"等内容。

（5）城市规划区、中心城区范围：均为"芜湖市区行政管辖区范围除白茆镇黑沙洲、天然洲部分辖区范围，总用地面积约1418.17平方千米"。

（6）三个城区的城市人口与城市建设用地：江南城区调整为217万人，212平方千米；江北新城调整为18万人，18平方千米；龙湖新城调整为45万人，50平方千米。

（7）长江岸线利用构成：规划生态岸线由63.2千米增至93.16千米，饮水水源保护岸线由11千米增至22.47千米，城市生活和旅游景观岸线由32.65千米减至21.18千米，港口及工业和仓储岸线由73.87千米减至57.19千米，取消原规划建设的江南城区漳河河口至芜湖长江大桥生活岸线。

图3-2-4r　芜湖市域长江岸线利用规划图（2018年修改）

（8）中心城区建设用地构成：调整为"居住用地约占28.14%，公共管理与公共服务设施用地约占8.36%，商业服务业设施用地约占8.26%，工业用地约占23.69%，物业仓储用地约占3.41%，道路与交通设施用地约占12.08%，公共设施用地约占1.48%、绿地与广场用地约占14.57%。其中，居住、商业服务业设施、公共设施用地略有减少，其他用地略有增加"。

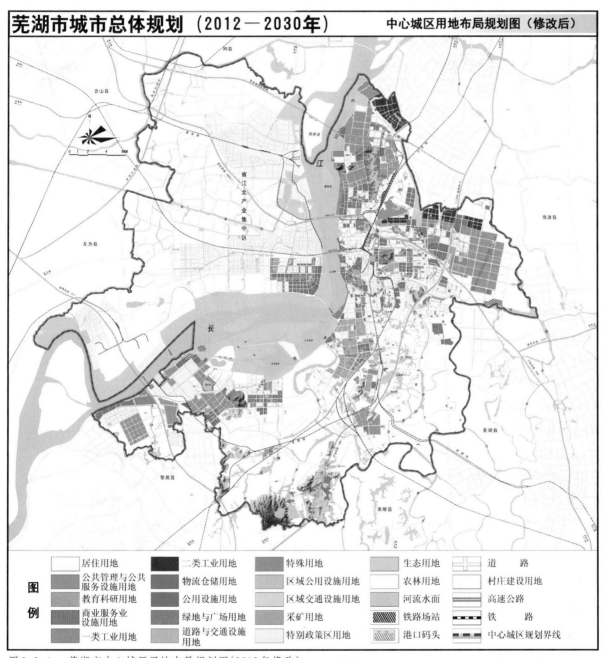

图3-2-4s 芜湖市中心城区用地布局规划图（2018年修改）

（9）中心城区绿地与广场用地：用地面积由原规划的40.02平方千米增至40.80平方千米。城市人均绿地与广场用地面积由14.29平方米增至14.57平方米。明确规定城市公园绿地实行分级管理，市级公园绿地不得改变位置和规模，社区级公园及街旁绿地在城市建筑中统筹考虑，位置可适当调整，规模不得减小。

2019年11月，安徽省人民政府对《芜湖市城市总体规划（2012—2030）》（2018年修改）作"原则同意"的批复，还特别强调要推进"多规合一"，要求从建设用地中调出与2017年划定的永久基本农田局部冲突的面积，以及与初步研究的城镇开发边界局部冲突的面积。

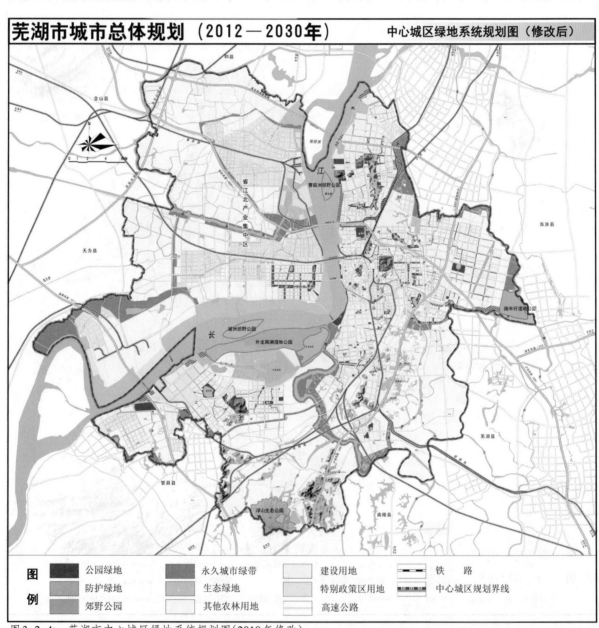

图3-2-4t 芜湖市中心城区绿地系统规划图（2018年修改）

三、"多规合一"背景下芜湖城乡总体规划的探索

（一）中国规划业界对"多规合一"的探讨

我国一直存在规划类型过多、相互不协调的问题，如国民经济与社会发展规划（"经规"），城乡总体规划（"城规"），土地利用总体规划（"土规"），环境保护总体规划（"环规"），以及交通、市政、公共服务等专业部门的规划。从20世纪90年代中后期就开始城规与土规"二规合一"的协调研究，后来逐渐延伸至"多规合一"的探讨。2004年，国家发改委曾提出在江苏省苏州市、福建省安溪县和四川省宜宾市等6个市县开展"三规合一"试点工作，但实际上并未得到全面推行。2008年，广东省开展了"三规合一"的探索，至2012年河源市、云浮市和广州市都先后有了成果。

2013年12月，习近平总书记在中央新型城镇化工作会议上谈到"多规合一"时指出：积极推进市县规划体制改革，探索能够实现"多规合一"的方式方法，实现一个市县一本规划、一张蓝图。明确要求构建统一衔接、功能互补、相互协调的规划体系。李克强总理也在省部级领导干部推进新型城镇化研讨班座谈会上的讲话中提出，要在市县层面探索经规、城规和土规"三规合一"的要求。

2014年3月，《国家新型城镇化规划（2014—2020年）》明确提出："推动有条件地区的经济社会发展总体规划、城市规划、土地利用规划等'多规合一'。"8月，国家发改委、国土资源部、环境保护部和住建部四部委联合下发《关于开展市县"多规合一"试点工作的通知》，确定了28个试点市县。

由发改委，国土、规划、环保等部委分别牵头编制以"经规""土规""城规""环规"为核心的规划编制体系。"经规"是政府对国民经济和社会发展的战略性、纲领性、综合性规划（规划期限为5年）；"土规"是对土地利用分类和规模、用途管制的规划，以保耕地为前提（规划期限为15年）；"城规"是城市空间布局和建设活动的总体安排，以空间为落脚点（规划期限为20年）；"环规"是对本区域生态保护和污染防治的目标、任务与保障措施等进行总体安排。在实际操作中，由于各自主管部门的出发点、指导思想不一致，"多规"在同一空间对象的编制内容和管理手段上各异，造成了多规不合一，使得有限的空间资源未能得到充分合理的利用管制。国内一些大城市如上海市（二规合一）、广州市（三规合一）、深圳市（三规合一）、武汉市（二规合一）、厦门市（多规合一）、重庆市（四规合一）等在推进"多规合一"方面都取得了一定的经验。

（二）芜湖市2015年"多规合一"试点工作简况

2015年7月，安徽省人民政府办公厅下发了关于开展省级"多规合一"试点工作的通知，决定在芜湖市开展省级"多规合一"试点工作。此项试点工作于2015年8月启动，2016年12月编制成果通过专家评审，2017年12月通过芜湖市人大常委会审议。

芜湖市"多规合一"试点工作围绕建设长江流域具有影响的现代化滨江大城市，打造全省双核城市的总体发展目标，以新型城镇化精神为指引，构筑"一带、八楔、十四廊"的城乡生态空间结构。制定"多规"数据标准，梳理存量土地，分析"多规"在建设用地规模、建设用地空间布局等方面存在的差异，制定差异斑块协调原则，提出差异图斑处理建议。划定城市开发边

界、生态保护红线、集中连片永久基本农田控制线、产业区块控制线等控制线，明确掌控要求。围绕用途管制，统一土地使用，细分规划用地布局，形成"多规合一"2020年一张图和2030年一张图，实现经济社会发展规划、城乡规划、土地利用规划、生态环境保护规划等的有机协调和衔接。

四、《芜湖市国土空间总体规划（2020—2035）》的编制

（一）《芜湖市国土空间总体规划（2020—2035）》编制概况

为了贯彻以习近平同志为核心的党中央生态文明建设思想，解决规划领域长期存在的突出问题，实现"一本规划、一张蓝图"，2019年5月中共中央、国务院印发《关于建立国土空间规划体系并监督实施的若干意见》（简称《意见》）。《意见》指出："国土空间规划是国家空间发展的指南、可持续发展的空间蓝图，是各类开发保护建设活动的基本依据。建立国土空间规划体系并监督实施，将主体功能区规划、土地利用规划、城乡规划等空间规划融合为统一的国土空间规划，实现'多规合一'。"同时提出："到2020年，基本建立国土空间规划体系，逐步建立'多规合一'的规划编制审批体系、实施监督体系、法规政策体系和技术标准体系；基本完成市县以上各级国土空间总体规划编制，初步形成全国国土空间开发保护'一张图'……到2035年，全面提升国土空间治理体系和治理能力现代化水平，基本形成生产空间集约高效、生活空间宜居适度、生态空间山清水秀，安全和谐、富有竞争力和可持续发展的国土空间格局。"5月28日，自然资源部印发《关于全面开展国土空间规划工作的通知》，要求各级自然资源主管部门要将思

想和行动统一到党中央的决策部署上来，尽快形成规划成果，要求各地不再新编和报批主体功能区规划、土地利用总体规划、城镇体系规划、城市（镇）总体规划等。已批准的规划要按照新的规划编制要求，将既有规划成果融入新编制的同级国土空间规划中。6月19日，安徽省自然资源厅转发自然资源部的通知，要求抓紧启动市县国土空间总体规划编制工作，确保年底前完成规划报批。

在以上背景下，芜湖市自然资源和规划局组织开展了芜湖市国土空间总体规划的编制工作。2019年12月发出《芜湖市国土空间总体规划公开招标公告》，2020年2月，确定由上海同济城市规划设计研究院、中铁城市规划设计研究院、安徽师范大学3家单位组成联合体共同编制，预计2022年编制完成。

（二）《芜湖市国土空间总体规划（2020—2035）》主要内容

（1）规划范围：按照全域统筹、协调发展的原则确定规划区范围为芜湖市行政辖区范围，包括芜湖市辖区和下辖的南陵县和无为市，总面积6026平方千米。

（2）规划期限：2020年至2035年，近期至2025年，远景展望至2050年。

（3）规划层次：包括市域和中心城区两个层次。市域侧重结构性控制、强化指标约束和边界管理要求，突出统筹协调、相邻关系、上下传导；中心城区侧重用地结构、功能布局、城市风貌以及对专项规划和详细规划的要求。

（4）编制内容：包括基础研究工作、专题研究、总体规划成果。基础研究工作主要有基础资料收集、现状评估、资源环境承载能力、国土空间开发适宜性评价。专题研究工作主要有区域协同与发展战略、城乡统筹与新型城镇化发展、区域基础设施布局、三条控制线划定、城市综合交

通、国土空间综合整治和生态修复、公共服务设施布局、规划实施和传导机制等14项专题研究。

（5）目标愿景：在全国率先迈向中高端的智造名城，长江经济带具有重要影响力的创新名城，联通长三角和中部地区枢纽型的开放名城，长三角中心区有特色有魅力的生态名城，以及人民群众获得感、幸福感、安全感明显增强的省域副中心城市和长三角具有重要影响力的现代化大城市。

（6）区域协同发展格局：一是积极对接区域大开放格局，打造国内国际双循环的安徽接口；二是通过主要发展廊道加速融入长三角一体化，加强与长三角核心城市的功能协同。

（7）国土空间开发保护总体格局：以生态结构为骨架，集中连片的农业空间为本底，框定城镇集中建设区，构建"一江两屏、南北两圩、一廊四轴、一主两副、一心四极"的市域国土空间开发保护总体格局（图3-4-1）。

（8）三线划定及管控：永久基本农田，生态保护红线，城镇开发边界。

（9）城市空间结构：整体构建"一湾四极，一带双轴"的风车型空间结构。一湾：长江江湾。四极：主城区优化引领极、江北新区融合发展极、西南片区（繁昌—三山）绿色发展极、东南片区（湾沚）新兴发展极。一带：长江生态带。双轴：滨江综合功能发展轴、战略综合功能发展轴（G60科创走廊）。

（10）中心城区蓝绿开敞空间规划布局：形成"一轴、一核、两带、五廊、多点"的总体结构。一轴：指长江生态发展主轴。一核：指龙湖生态绿核。两带：指依托中心城区南部自然连绵山体形成的"红花山—马仁山—五华山"和"九连

山—珩琅山"两条自然山体生态绿带。五廊：指中心城区内依托青弋江、漳河、峨溪河、荆山河、裕溪河等大型生态水系形成的五条滨水生态绿廊。多点：指中心城区内对生态安全格局具有重要意义的生态绿化节点。还要建设由郊野公园（区域公园）、市级公园、区级公园、社区公园组成的城乡公园体系。

最后形成规划的"一张蓝图"，与同步完成的国土空间基础信息平台建设，将实现国土空间规划管理全域覆盖，全要素掌控，形成全域空间开发保护。

2020年是芜湖市乃至全国城市总体规划发展史上的分水岭，之前是各类规划自成一体的规划体系（虽互有依据、协调关系），之后是"多规合一"的规划体系（互相融合、"一张蓝图"）。城市规划发展史将由现代进入当代，芜湖城市建设史与建筑发展史将进入一个崭新的发展时代。

图3-4-1 芜湖市域国土空间开发保护总体格局

第四章　现代芜湖的建筑活动

从 1949 年至 2019 年这七十年，现代芜湖建筑活动的发展，虽然有过曲折，甚至挫折，但在总体上还是取得了巨大的发展。相对于芜湖古代、近代的建筑发展，无论是在数量、质量、规模、类型上，还是在发展速度上，尤其是在建筑技术和建筑艺术的发展水平上，现代芜湖的建筑发展都是空前的。

一、现代芜湖的建筑活动概况

现代芜湖建筑的发展分期与现代芜湖城市的发展分期相比较，其时间段的划分是完全一致的。1949—1957 年是现代芜湖建筑活动的起步阶段，正对应于现代芜湖城市的初步发展阶段；1958—1977 年是现代芜湖建筑活动的滞缓阶段，正对应于现代芜湖城市的曲折发展阶段；1978—1998 年是现代芜湖建筑活动的活跃阶段，正对应于现代芜湖城市的加速发展阶段；1999—2019

年是现代芜湖建筑活动的兴盛阶段，正对应于现代芜湖城市的快速发展阶段。尽管时间段的划分是一致的，但在发展速度、重点等方面并非完全相同，现代芜湖建筑发展有其自身的规律与特点。

现代芜湖建筑的发展分期与现代中国建筑的发展分期相比较，其时间段的划分也是完全一致的。现代芜湖建筑活动的起步阶段，正对应于现代中国建筑"建筑初兴，探索前行"阶段；现代芜湖建筑活动的滞缓阶段，正对应于现代中国建筑"总体停滞，局部推进"阶段；现代芜湖建筑活动的活跃阶段，正对应于现代中国建筑"市场初开，创作繁荣"阶段；现代芜湖建筑活动的兴盛阶段，正对应于现代中国建筑"市场开放，多元发展"阶段。尽管时间段的划分是一致的，但在发展规模、发展水平等方面有一定差距，现代芜湖建筑发展也有其自身的规律与特点。

二、现代芜湖建筑活动的分期与实例

（一）现代芜湖建筑活动起步阶段（1949—1957）

新中国成立初期的芜湖，百废待兴，着重发展经济与社会建设。城市建设当中偏重于道路、桥梁等交通工程建设，以及供水、供电、防洪、排水等市政设施建设。少有进行的建筑活动主要是对原有建筑的修建、改建或扩建。

城市建筑管理方面。1949年5月，芜湖市人民政府成立以后，很快设立了建设科。1953年5月，建设科改为建筑工程局。管理机构的设置为建筑活动的领导、组织和加强计划提供了保证。

建筑施工队伍的建设方面。1950年7月，由市政府建设科调集危之照、鲍弘达等12名干部和14名工人作为基本队伍，组成了"芜湖市公营建筑公司筹备处"，开始承包工程建设。1951年5月，芜湖市第一建筑工程公司正式成立，由程龙任经理，危之照任副经理[1]。1956年9月，集中47家私营营造厂和原市木瓦建筑生产合作社合并建立了"公私合营芜湖市建筑修建公司"（到1960年更名为芜湖市第三建筑工程公司）。同年还成立了水电安装公司。

建筑设计队伍的建设方面。起初芜湖并无专业设计组织，较大型工程项目均由建设单位委托有关部门进行设计，小型工程项目则由建设单位直接交给施工单位的技术人员进行设计。直到1954年3月，芜湖第一个专业设计单位才诞生，这就是在市一建公司原有设计室的基础上适当扩大规模正式成立的芜湖市第一建筑工程公司设计室。抽调了以土木建筑专业为主的18名技术人员组成，由公司副经理危之照兼任设计室主任，之后又培养了一批勘探、给排水、供电、采暖、通风等专业人员，扩大了设计队伍。这家建筑设计单位在建筑设计方面对现代芜湖早期的建筑活动起到了相当大的作用。

1.主要建筑类型

这一阶段建筑活动比较频繁。建筑类型主要是学校建筑、工业建筑和商业建筑。

1）学校建筑

1949年5月，新成立的芜湖市人民政府接办了原省、县立中等学校（含县立师范）和小学21所，接管了私立中学10所、小学28所，职业学校5所，接着又接收了各教会办的私立中小学13所。到1956年，普通中学调整为11所，职业学校调整为7所。较著名的中学有：位于赭山的市立中学1952年9月定名为安徽省芜湖第一中学，1953年迁至张家山新址；位于凤凰山的萃文中学改名为芜湖第四中学（1960年校址迁至小官山，改名为皖南大学附属中学）；位于狮子山的培德女子中学（前身为圣雅各中学）1952年5月改名为安徽大学附属中学（1954年又改名为安徽师范学院附属中学），1958年8月迁出，原址改办芜湖市第十一中学；位于文庙的县立初级中学改办为芜湖师范学校（1972年更名为芜湖市第十二中学）；位于石桥港的广益中学改为第三中学；位于铁锁巷的省立芜湖女中改为第十中学；位于交通路的私立内思工业职业学校1952年改为安徽省芜湖工业学校（1955年又改称芜湖电力学校）。高等学校中，位于赭山的省立安徽学院1949年10月与从安庆迁来的原国立安徽大学合并设立了新的安徽大学，1954年改为安徽师范学院（1960年改称皖南大学，1972年定名为安徽师范大学）[2]。芜湖大批新型学校的开办自然带来了大量校舍的建设。

① 芜湖市城市建设委员会：《芜湖市城市建设志》，香港：永泰出版社1999年版，第101,494—495页。
② 芜湖市地方志编纂委员会：《芜湖市志（上册）》，北京：社会科学文献出版社1993年版，第576—610页。

2）工业建筑

1953年芜湖市开始执行"一五"计划，当时提出"一五"时期主要任务就是"集中力量，发展工业，相应发展其他事业"。提出扩建原有的24个工业企业，新建29个工业企业，为芜湖市的工业发展奠定基础。

三年经济恢复时期，政府三次贷款给明远电厂修复发电机组，维修发电厂房，维持了城市供电，还以公方投资为主，兴建了35千伏马芜输电线路和小官山变电所，将南京电力引来芜湖。裕中纱厂于1951年9月被皖南行署购置，成为国营芜湖纱厂，1952年添置设备成为既纺又织的新型企业，更名为安徽省芜湖纺织厂，职工1900余名。1954年，该厂遭受严重火灾，国家投资帮助重建后，迅速恢复了生产。益新面粉厂在芜湖解放时呈无主状态，先由军代表组织恢复生产，后由上海工商局投资，改称益新新永制粉碾米厂。1951年，中国粮食公司皖南分公司收购该厂，更名为中粮公司皖南分公司制粉碾米厂。1953年起成为单一的国营芜湖市第一面粉厂，是由华东粮食局掌控的三个国营面粉厂之一，其主厂房维修保护良好，一直到1989年还在生产面粉。1921年建厂的芜湖火柴厂1949年接管时，建筑面积1952平方米，修建车间和生活设施后，到1957年建筑面积达1.3万平方米。机械工业方面，先成立了皖南公营芜湖铁工厂，1951年以后私营机械企业全部实现公私合营，同时国家重点投资扩建了芜湖造船厂。化学工业方面，1956年国家投资兴建了安徽省第一家化工企业——凤凰造漆厂。建材工业方面，1950年在四褐山原兴记砖瓦厂的废墟上首建芜湖市公营四褐窑厂，1951年已年产红砖305万块、红平瓦39万件。1954年又组建了采石社、石灰厂[①]。

这些老企业的修建、扩建和新企业的新建，都使芜湖市的工业建筑在这一时期得到长足发展。

3）商业建筑

芜湖向来商业发达。至新中国成立前，芜湖虽尚有私营商业户3739家，但大多奄奄一息。新中国成立初期，鼓励商贾投资开业，至1952年年底，全市已有私营企业4986家。市政府在保护私营商业的同时，开始建立国营商业体系。1949年8月，成立皖南贸易总公司，芜湖设百货、粮食、土产3个分公司。10月，芜湖市合作总社成立，全市组成4个区供销社、14个消费合作社、5个手工业生产合作社，共有社员9968名。1950年3月，皖南贸易总公司解体后，芜湖市组建中国百货、花纱布、土产、粮食、煤业、建筑器材、盐业、皮毛等8个公司的分支公司，增设了批发、零售网点，奠定了国营商业基础，逐步扩大了国营商业市场的引领作用。1956年以后，私营商业全部公私合营，商贩加入合作店组。到1957年年底，公私合营商店达1884户，至此，国营商业、合作商业在市场占据完全主动的主导地位[②]。新中国成立初期，芜湖的商业中心已由长街转移到中山路、新芜路和二街一带[③]，沿街的商业建筑逐渐增多。1952年在中山路新建了一个商场部，这就是后来著名的百货一店，成为当时市内最大的商业营业场所。1951年拓建中山路为长830米、宽10米的钢筋混凝土路面，1953—1955年又修建了钢筋混凝土结构的中山桥，同时建设了长1434米的中山南路，更促进了中山路商业街走向繁荣。

2.重要建筑实例

1）芜湖一中老建筑（图4-2-1）

芜湖市第一中学有着悠久的历史，它的前身可以追溯到清乾隆三十年（1765）创办的中江书

① 芜湖市地方志编纂委员会:《芜湖市志(下册)》,北京:社会科学文献出版社1995年版,第79—808页。
② 芜湖市地方志编纂委员会:《芜湖市志(下册)》,北京:社会科学文献出版社1995年版,第637—638页。
③ 芜湖市地方志办公室,芜湖市商务局:《芜湖商业史话》,合肥:黄山书社2012年版,第256页。

院。中江书院是芜湖历史上可见记载的最早的，具有一定规模，也最具影响的书院。书院最初位于青弋江南岸的蔡庙巷，1853年毁于战火。1863年芜湖道台吴坤修在原址重修，更名鸠江书院，1870年书院迁址到东内街梧桐巷（井巷），复名中江书院。光绪二十九年（1903），皖南道员刘树屏将书院中学部迁至赭山，成立皖江中学堂（图4-2-1a）。从照片看，规模不小，两层，中部有拱券式南廊。

1912年，学堂更名为省立第二师范学校，1914年更名为省立五中，1934年更名为安徽省立芜湖中学，1950年更名为芜湖市第一中学。1953年迁址到张家山，新建了一批校舍。笔者找到一张蓝图——20世纪50年代绘制的"芜湖市张家山第一中学图"，反映了当时芜湖一中的总平面布置（4-2-1b）。笔者曾于1956年夏转入芜湖一中读了高三，第二年从芜湖一中考入南京工学院建筑系。现在保留有两张当年学校用照片打孔做的书签，一张是坐北朝南的主教学楼，一张是位于其西侧坐西朝东的科学馆。以后又从老校友处得到其他4张照片。其中，主教学楼已于20世纪80年代初被拆除，建了新的五层教学楼，而科学馆和东西两座办公楼仍幸存。

芜湖一中科学馆：建于1955年春，这在《芜湖市志》上有明确记载："春，市第一中学科学馆建成。"此建筑为两层砖混结构，建筑面积约2000平方米，建筑平面不规整，组合有变化。门厅前有柱廊，后有阶梯教室，北有外廊式科技

教室。原为坡屋顶，现为带女儿墙平屋顶。立面处理为不对称形，墙面做有外粉刷，74厘米直径的圆柱为水刷石饰面。建筑风格总体上为现代建筑风格，唯在主入口处采用了两层楼高的五开间西方古典科林新柱式的门廊，并未做山花，很有特色，用在科学馆，也有新意。笔者认为这是一幢现代芜湖初期很有价值的优秀建筑，为利于进一步保护，建议列入市级重点文物保护单位名单。

芜湖一中老办公楼：建于1952年春。笔者有幸见到一张绘于1952年8月的"一中教室"施工图蓝图，蓝底白线白字。由图可知：设计与施工单位均为"芜湖市公营建筑公司"（即市一建公司），图纸齐全、绘图规范，尺寸单位既注公制又注英制。此建筑虽按教学楼设计，实际上作为办公楼使用。笔者也见到1951年9月20日一中与建筑公司签订的施工合同。明确两幢办公楼（西楼与东楼）工程造价合计人民币12.2571亿

图4-2-1a 芜湖皖江中学堂教学楼

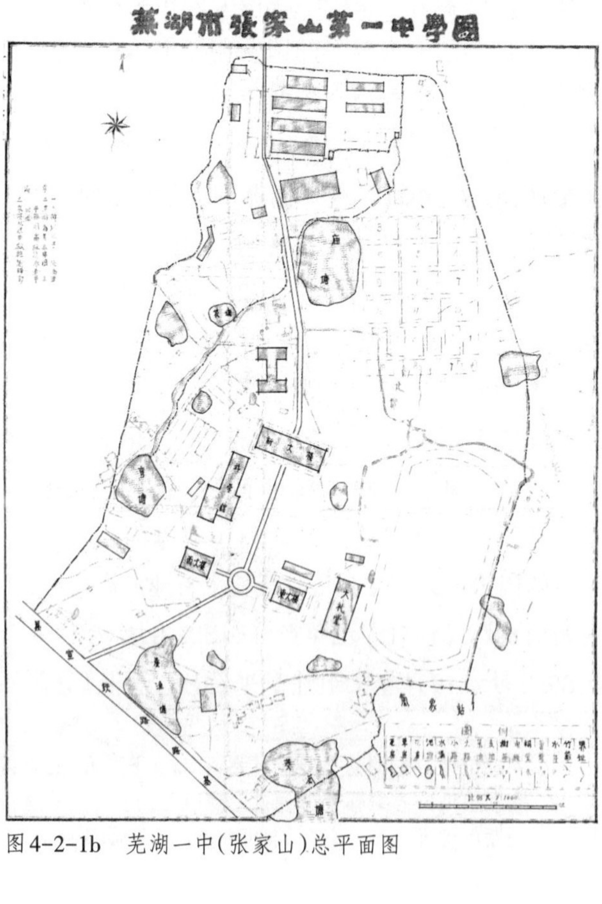

图4-2-1b 芜湖一中（张家山）总平面图

元，并约定付款后20日内开工，并限80个工作日完成。此工程为砖木结构，部分有钢筋混凝土结构。清水青砖墙、木楼梯、木楼板、木屋架、红平瓦四坡屋面。此建筑现做有外粉刷，至今保

主教学楼正面

科学馆远景

办公楼外观

主教学楼外观

科学馆近景

大礼堂外观

图4-2-1c 芜湖一中（张家山）主要建筑外观（20世纪50年代）

图4-2-1d 芜湖一中科学馆外观（2020）

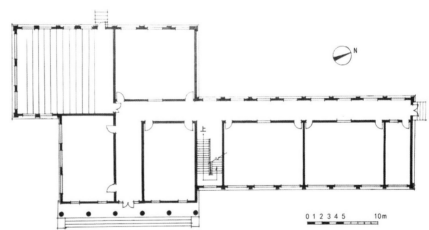

图4-2-1e 芜湖一中科学馆平面图

图4-2-1f 芜湖一中老办公楼平立面图

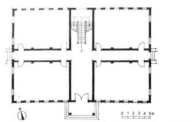

图4-2-1g 芜湖一中老办公楼一层平面图

图4-2-1h 芜湖一中老办公楼外观（2020）

存完好，应定为有一定价值的"历史建筑"。

2）工人俱乐部（1955）

工人俱乐部在新中国成立初期可以称得上是芜湖的大型公共建筑，其前身是建成于1946年8月的中山纪念堂。从1950年绘制的《芜湖市全图》可知，中山纪念堂位于当时春安街的南侧、教导路的北侧，西面正对东西走向的北京路（图4-2-2a）。芜湖解放后，中山纪念堂改称"解放剧场"，为皖南军区文工团常驻剧场。因距皖南行署办公地很近，1951年年底起这里又兼作皖南行署的大礼堂。1952年下半年，芜湖市总工会接收后进行了维修，开办成了"工人俱乐部"，成为群众集会、文艺演出兼放电影的场所。1954年夏，芜湖暴雨成灾，该剧场受到一定损坏。同年底，芜湖市总工会拨款10万元人民币进行修建，委托一建公司设计与施工，主持人为鲍弘达。一建公司设计室于1955年4月初完成施工图设计，1955年4月9日开工，7月10日竣工。

此次修建是在主体结构和总体尺寸不变的基础上进行的，分前楼与观众厅两大部分。前楼部分除了底层扩大了门厅，二层加大了放映室以外，主要是改变西立面这个主立面，由倾向于欧式改为倾向于中式。图4-2-2b是1992年笔者根据一张借来的老照片绘制的，可以看出中山纪念堂原来的主要立面造型是在15米宽的门廊处设计了4根水磨石大圆柱，采用了西方古典爱奥尼柱式，顶部露台设有西式栏杆。檐部正中部分用人字形山墙遮挡了后面的两坡屋顶，并采用垂直线条作为装饰，顶部插有木质旗杆。工人俱乐部的立面则改为柱顶用雀替装饰的中式门廊，顶部

露台改为中式栏杆。檐部则改为中间高起的台阶式平檐口，檐下采用中式图案装饰（图4-2-2c）。观众厅部分主要是改造了楼座，楼座设坡以后避免了视线遮挡。楼座深度增加，两侧向舞台方向延伸的侧楼座予以拆除。观众厅原来的长条木椅全部换成翻板木椅。观众厅池座890座，楼座248座，合计1138座。舞台台口有所扩大，高达5.7米，宽达12米。观众厅两侧的休息廊由原来的2米拓宽至3米并加盖了屋顶，仍为开敞式，还增设了"美人靠"（图4-2-2d），整个建筑的屋顶由原来的瓦楞铁皮换成了机制平瓦。

工人俱乐部修建后发挥了更大作用。1957年1月，在这里举行了芜湖市首届群众业余汇演。1958年3月，浙江省湖州市话剧团在这里演出了老舍先生的《骆驼祥子》。5月，我国著名的黄梅戏表演艺术家严凤英、王少舫在这里演出了《天仙配》。12月3日，安徽省第二届戏曲观摩演出大会在这里隆重召开。最值得大书特书的是，1958年9月，毛泽东主席在莅临芜湖视察期间，于19日晚在工人俱乐部接见了芜湖党政军领导干部和群众代表，并观看了皖南花鼓戏《八十大寿》[①]。

1983年，工人俱乐部又经过一次改建，除了舞台后部有扩建外，主要是拆除了前楼，新建了八层高的新前楼，扩大了使用功能。工人俱乐部改名为"工人文化宫"，当年五一劳动节正式对外开放。1995年，北京路向东延伸，工人文化宫被拆除。现代芜湖的"工人俱乐部"与近代芜湖的"中山纪念堂"的痕迹丝毫无存，只能在芜湖建筑史上留下一丝印记。

① 屠元建：《从中山纪念堂到工人俱乐部》，载方兆本：《安徽文史资料全书·芜湖卷》，合肥：安徽人民出版社2007年版，第725页。

图4-2-2a　芜湖中山纪念堂位置图

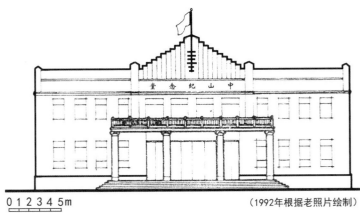

（1992年根据老照片绘制）

图4-2-2b　芜湖中山纪念堂西立面图（1949）

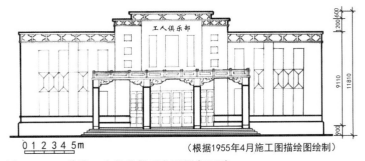

（根据1955年4月施工图描绘图绘制）

图4-2-2c　芜湖工人俱乐部西立面图（1956）

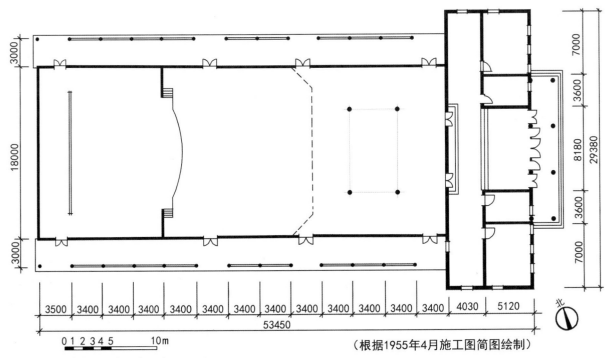

（根据1955年4月施工图简图绘制）

图4-2-2d　芜湖工人俱乐部一层平面图

3）鸠江饭店（1957）

鸠江饭店位于中山路与北京路相交处的西北角，南与后建的市百货大楼隔路相对，东与供电局隔路相望，东南160米处即工人俱乐部（后为工人文化宫），位置十分显要（图4-2-3）。

鸠江饭店由当时名为城建局设计室（1968年改称芜湖市建筑设计室）的芜湖市首家专业设计单位设计，由当时名为芜湖市建筑工程公司（与芜湖市城建局合并办公）的市属施工单位组织施工，于1957年10月1日建成开业。此建筑为砖木混合结构，有女儿墙的平屋顶，3—5层，由四部分组成，一区为三层，二、四区为四层，三区为五层。总建筑面积约7000平方米，设计客房近300套。

1955年，我国正式确立了十四字建筑方针："适用、经济，在可能条件下注意美观"，所以建筑活动重视基本功能，注重经济效果，多采用简约的建筑形式。芜湖鸠江饭店正是在这一时代背景下建造的，所以立面简洁，内廊式平面也经济适用。作为现代初期芜湖最早建成的大型旅馆建筑，至今还能保存良好，应列入市级重点文物保护单位名单。该饭店经过多次修缮，2017年重新装修后标准又有提高，现有客房147套，成为闹市区中的一处商务接待的好场所。

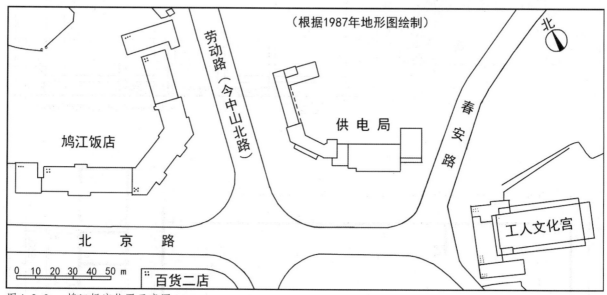

图4-2-3a　鸠江饭店位置示意图

图4-2-3b　鸠江饭店昔日景观

图4-2-3c　鸠江饭店今日景观

4）芜湖造船厂工业建筑及附属建筑（20世纪50年代）

1954年9月，原芜湖铁工厂改名为国营芜湖造船厂，紧接着新建、扩建了42个项目。设备动力车间：单层，双跨，建筑面积7425平方米，红砖墙，钢屋架，钢筋混凝土柱和行车梁。涂装喷砂车间：单层，双跨，建筑面积5830平方米，青砖墙，钢柱，钢屋架。军品车间：单层，双跨，建筑面积4630平方米，青砖墙，钢屋架，钢筋混凝土柱，屋面带有长排气窗。大木工车间：单层，大跨度单跨，建筑面积2215平方米，青砖墙，钢屋架，钢筋混凝土柱，屋面带有长排气窗。小木工车间：单层，单跨，结构同大木工车间，建筑面积1300平方米。现存3幢3层、1幢4层职工宿舍，建筑面积分别为1935平方米、1730平方米、1380平方米、1395平方米，皆为砖混结构。尚存4幢专家楼，皆3层，砖混结构，建筑面积2幢为1980平方米，2幢为2190平方米。以上建筑均基本保存完好，皆为有保护价值的历史建筑（图4-2-4）。

图4-2-4 芜湖造船厂重要建筑集锦

5）安徽文化名人藏馆（1950）

此馆原为建于1950年的芜湖市图书馆老馆，位于大镜湖南侧名为"烟雨墩"的小岛上。相传，这里曾是南宋著名词人张孝祥（1132—1169）少年时的读书处。清乾隆年间，芜湖县尹陈圣修曾在此重设张于湖祠（张孝祥号于湖居士）。1985年，芜湖市图书馆新馆建成后迁出。

1987年在此处开设"阿英藏书陈列室"，收藏现代著名文学家、文艺批评家、藏书家阿英（1900—1977）捐赠的清代刻本、善本、抄本及当代名人字画。1988年又在此开设"洪镕藏书陈列室"，收藏我国近代工业教育家、藏书家洪镕（1877—1968）于1961年捐赠的大量明清古籍刻本、图书资料和珍贵字画。1991年又在此开设"王莹资料陈列室"，展示左翼文化活动家、表演艺术家王莹（1913—1974）的手稿、剧照及生平事迹。这里成为"安徽文化名人藏馆"。2005年12月，芜湖市人民政府公布其为市级文物保护单位，这里成为具有深厚文化底蕴的爱国主义教育好去处。此馆建筑为两层，清水红砖楼，窗台下和檐下做有水泥饰面，坡屋顶，砖混结构。平面类似"巾"字形，南面中部突出处有主入口，山墙及北面尚有次入口。北面中部临湖处突出有利于观景的五面体，并设有浅跳廊。该建筑朴实无华，掩映于绿化之中，十分幽静，是一处有价值的历史建筑。

图4-2-5　安徽文化名人藏馆集锦

（二）现代芜湖建筑活动滞缓阶段
（1958—1977）

1958—1977 年，芜湖城市发展受挫，建筑活动也减少，甚至遭到一定程度的破坏。

城市建设管理单位方面。1956 年 5 月，芜湖市建设局改为芜湖市城市建设局，"文革"期间成立芜湖市城建局革委会，1975 年 12 月，建立芜湖市基本建设委员会，内设城建管理科等科室。

建筑施工队伍方面。1951 年成立的市一建公司仍是主力军，担负政府各类重点工业厂房与民用建筑的施工，足迹遍布 17 个市、县。至 1958 年年底，累计竣工面积达 262.2 万平方米。1961 年年底有职工 3883 人，到 1962 年 9 月减少至 1586 人，可见建筑市场已有缩小，至 1971 年以后才稳定在 2000 人左右。此外，1956 年创建的市三建公司主要承担市区房屋修缮和部分中小型工程施工任务，在这一阶段发展不甚明显。

建筑设计单位方面。1963 年 9 月，一建公司设计室划出，归城市建设局领导，属事业性质单位，实行设计收费，自负盈亏，不足部分由地方财政补助。1968 年 8 月，城建局设计室改为独立的建筑设计单位"芜湖市建筑设计室"。此时，除国家或省投资兴建的在芜重点项目部分为有关部级或省级设计单位设计外，其余建筑工程设计任务均由芜湖设计单位承担。20 世纪 70 年代以后，芜湖重机厂、芜湖纺织厂等大厂基建科工程技术人员都承担了一些厂内中小型建筑设计任务。

1. 主要建筑类型

这一阶段建筑活动整体滞缓，但在工业、影剧建筑等方面仍有发展，住宅建筑活动依旧不多。

1）工业建筑

1953 年开始实行"一五"计划，集中力量

发展工业，新建、扩建 53 个工业企业。"二五"计划时期（1958—1962），芜湖国民经济以"高速发展工业，把芜湖建成一个以冶金、机械制造为中心，轻重工业全面发展的工业城市"为指导，新建、扩建、改建工业企业 74 个，初步建立本市的工业经济体系。1963—1965 年是国民经济调整时期，贯彻"调整、巩固、充实、提高"八字方针和"工业七十条"指导原则，按农、轻、重顺序发展经济。到"三五""四五"时期（1966—1975），虽几经曲折，但国民经济仍有增长，全市国民生产总值 1975 年比 1965 年增长 95.88%[1]，工业生产总值 1975 年比 1970 年增长 60.69%[2]。芜湖工业建筑活动并未中断。

冶金工业建筑方面。芜湖钢铁厂，位于当时市区东南郊的马塘乡，1958 年筹建，是列入全国十个中型钢铁联合企业的基本建设重点之一。1959 年 9 月建成炼钢车间，建筑面积 4296 平方米，钢筋混凝土结构，主副两跨。1962 年 2 月建成轧钢车间，建筑面积 730 平方米，砖木结构。1962 年年底基本建成 100 立方米高炉，建筑面积 8407 平方米，一度停顿，1968 年复建，1969 年建成第二座 100 立方米高炉，建筑面积 2300 平方米，1970 年 6 月底建成投产。300 立方米的高炉 1985 年开工，1987 年建成，建筑面积 11374 平方米。4 座焦炉于 1970 年 10 月底开工，到 1974 年 1 月初先后建成，建筑面积 6482 平方米。到 1985 年，全厂总建筑面积达 10.13 万平方米[3]。芜湖冶炼厂，位于长江路北端的四褐山，是铜电解精炼和铜材料加工的中型联合企业，1958 年新建，1959 年 6 月开始生产，至 1985 年总建筑面积达 6.6 万平方米[4]。

机械工业建筑方面。芜湖重型机床厂，位于长江路中段秃矶山东侧。前身为创建于 1919 年

---

① 芜湖市人民政府：《芜湖五十年》，1999 年，第 17 页。

② 芜湖市地方志编纂委员会：《芜湖市志（下册）》，北京：社会科学文献出版社 1995 年版，第 14 页。

③ 芜湖市地方志编纂委员会：《芜湖市志（下册）》，北京：社会科学文献出版社 1995 年版，第 367—369,383 页。

④ 芜湖市地方志编纂委员会：《芜湖市志（下册）》，北京：社会科学文献出版社 1995 年版，第 384 页。

的私营恒升铁工厂，1951年发展为芜湖市第一合营铁工厂，1956由市区迁至秃矶山，1958年易名为地方国营芜湖红旗机床厂，这是新中国成立后兴建的芜湖市乃至皖南地区第一个大型机床制造厂，也是当时安徽省重要的机械制造企业之一。1966年易名为芜湖机床厂，1967年已建成铸工车间及生活设施3107平方米。1971年更名为芜湖重型机床厂，其扩建工程被列为省重点工程。因该厂急需工程技术人员，笔者1972年从贵阳市调回芜湖市即进入该厂基建科工作，参与了大型厂房的建设。到1975年年底，先后建成金工、锻工、热处理、联合车间以及空压站等附属工程，建筑面积达2.515万平方米。其中最大的联合车间面积达1万平方米，单层四跨（两跨均为24米，一跨18米，一跨15米），钢筋混凝土框架结构。采用预应力鱼腹式行车梁，预应力折线型屋架，杯型基础，予制钢筋混凝土柱，1972年4月动工，1973年12月竣工，属规模较大的现代工业建筑。该厂车间皆由第一机械工业部第一设计院设计，由市一建公司施工。厂区配套生活设施（包括影剧院、小学校、浴室、住宅等）皆由厂基建科设计并组织施工。

船舶工业建筑方面。芜湖造船厂，位于弋矶山南侧。前身为创建于1900年的福记恒机器厂，1949年7月，两个原国民党政府保安司令部修械所、厂合并为皖南芜湖公营铁工厂，1954年9月定名为国营芜湖造船厂。1954年全厂建筑面积为7028平方米，至1985年已达22万平方米，另有公共福利住房、职工宿舍12.56万平方米。1983年建成的船体车间建筑面积超过1万平方米，已属较大规模的工业厂房。以上应作为芜湖早期现代工业建筑的文化遗产妥善保护。

电力工业建筑方面。芜湖发电厂，位于四褐山。1959年兴建，厂房为钢筋混凝土框架结构，1960年建成2幢厂房，建筑面积2818平方米，安装了2台6000千瓦汽轮发电机组。1964至

1966年又建成4幢厂房，建筑面积1.28万平方米，安装了6台6000千瓦发电机组。烟囱为砖砌结构，高60米。

纺织工业建筑方面。芜湖纺织厂，位于狮子山东南侧。前身为创办于1916年的裕中纱厂，1949年厂房建筑面积4637平方米，到1985年发展到8.67万平方米，另有职工宿舍7.06万平方米。1958年扩建了14000纱锭的南纺车间，1959年建成了20800纱锭的北纺车间，成为当时安徽省规模最大的棉纺织企业。20世纪60—70年代芜湖相继建成红光针织厂、锦华被单厂、芜湖丝绸厂、市灯芯绒厂、市色织布厂、毛巾厂、第二棉纺厂、帆布厂、丝绒厂、曙光针织厂、健美针织厂、麻纺厂、织带厂、纺织器材厂、宽幅布厂等15家纺织企业。1972年省市共建了一家现代化的芜湖印染厂，初步形成了纺、织、印、染等配套的棉纺织工业体系。到1985年，芜湖市纺织工业厂房建筑面积达43.42万平方米。

化学工业建筑方面。1956年在中山南路兴建了芜湖市凤凰造漆厂，至1985年厂房面积达2.6万平方米。1958年兴建了联盟化肥厂、日新化工厂、跃进橡胶厂、林产工业综合工厂等10多个化工企业。1966年又兴建了农药厂。至1985年，芜湖市化工系统厂房建筑面积达18.9万平方米。

2）影院建筑

芜湖市最早的剧场是1902—1906年李鸿章家族李漱兰堂建造于中山路的"大戏园"。此剧场规模较大，仅座席就有近千座，还有不少站席，除池座外，上面尚有两层木楼层的楼座。先后有过诸多名称：大舞台、歌舞台、新华大戏院（1936）、复兴大舞台（1939）、青年剧场（1945）等。1950年改为"大众电影院"。稍晚一点的有"皖江第一台"戏院，笔者推测是位于新芜路北侧的"小戏院"（原山陕会馆内的光明戏院）。

芜湖最早放映电影的场所是位于上二街原湖

南会馆处的基督教青年会影戏部，1921年就开始放映电影。最早的专业电影院是1928年落成的芜湖电影院（后改名为光明电影院）、国民电影院（位于进宝街湖北会馆）、明星电影院（位于二街太阳宫附近）、广寒宫电影院（位于双桐巷，1939年改为娱乐大戏院）。1939年秋日占时期建过东和电影院（1949年改名为国安电影院）。此外，1946年建成的中山纪念堂设有电影部（解放后更名为解放剧场），1948年10月中二街兴隆巷建成芜湖大华电影院（解放后更名为新华大戏院，后作过群艺馆）。

芜湖解放前夕仅有国安、中山纪念堂、大华三家影院营业[①]。解放后原国安电影院在1956年有过翻修，1981年改建为钢筋混凝土结构，可放映立体电影，设1177个软座。原中山纪念堂在1955年修建为工人俱乐部，成为综合性影剧场所。大众电影院、和平大戏院（原娱乐大戏院）在1954年年底都经过拆除翻建。

1958—1977年新建的有：劳动剧场，1958年2月建成，位于劳动路74号，876座；百花剧场，1958年10月建成，位于镜湖路1号，1122座；皖南大戏院，1966年建成，位于公署路，902座；弋江剧场，1976年6月建成，位于弋江路46号，758座。

2.重要建筑实例

1）芜湖百货公司大楼（1959）

百货公司是计划经济条件下国有商业体系在日用工业品批发零售领域实现统治地位的做法，全国如此。芜湖百货公司成立很早，曾是芜湖国营商业的龙头老大（图4-2-6）。1952年先建有商场部（1967年后称为百货一店），7月1日正式开张营业，建筑面积为4596平方米[②]。当时在长街另设有批发部，新芜路也有商场部。1959年2月1日，百货公司综合商场（1967年后称百货公

司二店）建成开业。二店位于中山路与北京路交叉口的西南角，区位极好。楼高4层，砖混结构，建筑面积约4800平方米。建筑沿街布置，转角采用圆弧形，且主入口设于此，突出其显要。立面设计采用垂直线条，简洁而统一，是一幢经济实用的建筑。

图4-2-6a　芜湖百货公司大楼（一店，1952）

图4-2-6b　芜湖百货公司大楼（二店，1959）

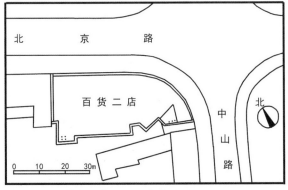

图4-2-6c　芜湖百货公司二店位置图

---

① 芜湖市地方志编纂委员会：《芜湖市志（上册）》，北京：社会科学文献出版社1993年版，第542页。
② 芜湖市地方志编纂委员会：《芜湖市志（下册）》，北京：社会科学文献出版社1995年版，第655页。

2）芜湖饭店（一期，1973）

芜湖饭店，位于人民路（今北京东路）与九华山路相交处的西南角，是继鸠江饭店后芜湖地方建设的又一处旅游业宾馆。由市建筑设计室设计，市一建公司施工。1973年1月动工，同年10月竣工交付安装。整个建筑分三期，先施工的Ⅱ、Ⅲ区建筑面积7182平方米，砖混结构，钢窗木门，平屋面，楼梯走廊为水磨石地面。门厅主楼与两侧附楼均为五层，东西两端为4层，最东段为6层。内设普通客房和高级套房，房内装修有不同标准。主入口处设有门廊，立面设计较为简洁，建筑造型处理手法为平面分段有进退，立面有高低。严格遵照了当时提出的"适用、经济，在可能条件下注意美观"的设计方针。建筑前设有小车上下坡道，可直接进入门廊。建筑物沿街面设有花格围墙，有室外临时停车场地和绿化用地。建筑物南侧有院落，布置有餐厅、锅炉房等附属用房。1982年3月Ⅰ期高档宾馆楼动工，1984年竣工。建筑面积6118平方米，8层现浇钢筋混凝土框架结构。内设5间套房，100张床位。电梯可直达顶层餐厅和屋顶花园、茶座。装修标准高于前期工程。该建筑1996年以整体售让方式由外资（含内资）联合买断总资产，更名为奥顿酒店，2004年装修后，大堂及客房按五星级标准设计，拥有111套高中档客房，集客房、餐饮、高档商务休闲、精品购物于一体（图4-2-7）。

图4-2-7　芜湖饭店（今奥顿酒店）外景

3）迎宾阁（1976）

位于市中心的镜湖由大、小镜湖组成，共有水面230亩。迎宾阁位于小镜湖东北角。这里原有一小型半岛，1964年疏浚小镜湖后形成，面积6666.7平方米。1973年11月在半岛南端兴建迎宾阁，同时进行道路、大门、小桥等项目施工[①]。1976年竣工，同年开放。该项目由市建筑设计室设计，市一建公司施工。迎宾阁系园林建筑，采用民族形式。两层砖木结构，单檐歇山屋顶，绿色琉璃瓦屋面。主体部分矩形平面，内设服务设施、会议室、展厅等，南面有外廊，中部有凸出的扩大部分，与主体部分形成"十"字形。1984年于廊前建水上平台100余平方米，次年完工。1985年于建筑北侧建了"少女与群鹿"雕塑。园区内树木葱郁，曲径通幽。东北湖面还植有莲荷十余亩，使整个小园成为镜湖公园中的一处好景点（图4-2-8）。

图4-2-8a　迎宾阁北面景观

图4-2-8b　迎宾阁南面景观

① 芜湖市地方志编纂委员会：《芜湖市志（上册）》，北京：社会科学文献出版社1993年版，第225—226页。

4）芜湖造船厂船体加工车间（1982）

芜湖造船厂最初以修船为主，1952年11月开始造船，1955年2月开始生产军用快艇。1952年至1985年修理木、钢质军、民用船舶230余艘，建造各种材质军、民用船舶126个品种，载重量约21.5万吨。1982年1月动工，1983年12月底竣工的厂区内规模最大的船体加工车间建筑面积达1.05万平方米，双跨，外墙开有三排窗。采用了21米高的钢管混凝土柱，27米跨预应力钢筋混凝土折线型屋架、钢行车梁，12米混凝土挂墙板，结构较为先进。厂房建筑由中国船舶工业总公司第九设计研究院设计，市一建公司施工。此大型厂房现状基本完好，芜湖造船厂迁场后，该车间一直空置（图4-2-9）。此厂房反映了约40年前的芜湖工业建筑水平，建筑价值较高，应作为工业遗产妥善保护，争取早日列入重点文物保护单位。该厂当时还拥有万吨级船台1座，配备80吨高架吊车1座、40吨高架吊车2座和五道轨下水滑道，还有3座共9087平方米的造船焊接平台，并有浮动码头1座、固定舾装码头1座。

山墙立面

檐墙立面

露天跨外观

内景（一）

内景（二）

图4-2-9　芜湖造船厂船体加工车间内外景集锦

（三）现代芜湖建筑活动活跃阶段（1978—1998）

1978年党的十一届三中全会召开，标志着党和国家从此进入以改革开放和社会主义建设为主要任务的新时期。现代芜湖的城市建设加快了速度，建筑活动也从此进入活跃阶段。

1.规划与建筑管理

城市规划建设管理方面。为加强管理，1979年成立以市领导担任组长的"芜湖市城市规划领导小组"，1983年成立芜湖市城乡建设环境保护局（1984年改名为芜湖市城乡建设环境保护委员会）。1990年4月1日开始实施具有国家法律地位的《中华人民共和国城乡规划法》，1991年市建委下属的规划管理处依法对建设项目核发"一书两证"（即选址意见书，建设用地规划许可证和建设工程规划许可证）。1992年成立芜湖市规划局（2002年更名为芜湖市城市规划局），成为市规划行政管理部门，发放"一书两证"成为贯彻实施《中华人民共和国城乡规划法》的主要手段，较好地保证了城市建设在规划的指导下健康有序地发展。重要建设项目由市规划局主持规划设计和建筑设计方案，专家评审也成为设计把关的重要方式。芜湖市于1999年成立了规划委员会，由市长担任主任委员，计委、建委、规划、交通、环保、国土、房管等部门及各县、区政府负责人为成员，下设有规划设计、建筑设计、市政设计和园林与雕塑设计等专家组，不定期对全市重大规划项目进行集体审理，在一定程度上体现了规划决策的科学性和民主性。

规划、建筑、勘察设计方面。1984年市建委设立了设计施工管理科，设计资质管理得到加强。按照建设部规定的资质标准，对勘察设计单位实施年检制度。从20世纪80年代到90年代中后期，芜湖市除原有的勘察设计单位和中央及省驻芜湖勘察设计单位外，又先后成立一些设计单位。截至1985年年底，芜湖市有证设计单位共10个，其中甲级2个，乙级4个，丙级4个。在业人员共计330人，其中工程师77人，助理工程师68人，形成一支以市级设计院为主，企业设计室为辅，专业配套的设计力量，年设计能力35万余平方米[1]。至1999年，设计单位通过年审的已达38家[2]。三家较大的市属设计单位是1984年5月成立的芜湖市规划设计研究院，1984年12月由原芜湖市建筑设计室发展起来的芜湖市建筑设计研究院，以及1993年10月由原芜湖市测量队发展起来的芜湖市勘察测绘设计研究院。这三家单位先后获得甲级设计资质。1995年全国勘察设计咨询业开始实行注册执业制度，到1996年底芜湖市获得第一批国家一级注册建筑师资格的有四人：刘华星、王学祥、葛立三、严华峰。他们都是1962年以前从大学建筑系毕业的，属我国近现代的第三代建筑师，芜湖的第一代建筑师。

建筑施工及管理方面。建筑企业由市建筑工程管理处颁发资质证书。1996年完成了第三次新资质认定工作，将建筑企业分为工程施工总承包企业、施工承包企业和专项分包企业三类。关于施工项目管理，1986—1992年市属国营和集体企业在组织机构上实行直线制管理，工程项目设施工队队长，施工队是建筑企业的基层组织。从1993年开始，芜湖市第一建筑工程公司、安装建筑总公司等国营企业为适应深化企业改革的需要，开始推行项目法施工管理模式，1996年全面推行了此模式。企业组建项目部，项目部集体承包工程施工管理任务，实行项目经理负责制。关于建筑工程质量管理，1985年10月成立了芜湖市建筑工程质量监督站，至1997年全市工程质量合格率已由47.3%达到了100%。关于

① 芜湖市地方志编纂委员会：《芜湖市志（上册）》，北京：社会科学文献出版社1993年版，第211页。
② 芜湖市地方志编纂委员会：《芜湖市志（1986~2002）》，北京：方志出版社2009年版，第208页。

建筑工程招投标,1985年8月芜湖市建设工程招标投标管理办公室成立,1997年4月芜湖市建设工程交易管理中心挂牌,当年进场交易工程共830项。工程招投标覆盖率到1998年达90%,2000年后已达100%。随着工程项目、专业人才、企业状态三大数据库的建立,芜湖建设工程交易工作步入现代化管理阶段。关于市属建筑安装企业,芜湖市第一建筑工程公司1970年11月已成为国家建设部核批的房屋建筑工程总承包一级企业,芜湖市第三建筑工程公司2002年成为总承包二级企业,芜湖市安装建筑总公司1994年成为国家建筑设备安装一级资质企业、国家机电安装工程施工总承包一级资质企业。

2.房地产开发

我国把房地产业作为拉动经济增长的支柱产业优先发展,是在1990年以后。芜湖房地产的兴起则在1993年以后。1985年以前,房产管理与住宅建设都是在国家计划指导下进行,职工享受福利住房。1982年2月,芜湖统建办公室组建了中房集团芜湖房地产开发公司,这是芜湖市首家房地产综合开发企业。1984年更名为中国房屋建设开发公司芜湖公司,1993年更名为中房集团芜湖房地产开发公司,成为国家一级房地产开发企业。1986—2002年,该公司先后开发20多个小区和居住点,新建住宅小区面积120万平方米,如绿影新村等芜湖早期的新型住宅小区。芜湖市房地产开发建设总公司成立于1992年11月,拥有房地产开发二级资质。1998年改制为芜湖广大实业有限责任公司,承接中长街、文化南路、沿河路等拆迁改造任务,1993—1998年先后开发桃园小区、景春花园、园丁小区、沿河小区等住宅小区。随着1991年芜湖市被确定为沿江开放城市,内外资开发企业数量上升,注册开发企业从1993年年底的72家发展到1999年年底的128家。这一阶段芜湖房地产业只是拉开了发展的序幕,真正的大发展在1999年以后。

3.开发区建设

为了扩大对外开放,芜湖市1988年结合城市总体规划和老城改造,开始对兴办经济技术开发区进行可行性研究,提出在朱家桥外贸港口附近约4平方千米的前马场地区先建设开发区的起步区。1990年,安徽省确定将芜湖作为沿江开发开放的窗口以后,芜湖市委市政府决定自办经济小区。1990年9月1日,举行安徽省芜湖经济开发小区奠基仪式,从而揭开了芜湖及沿江4市乃至全省扩大对外开放的帷幕。1992年9月,专家评审通过的《芜湖经济技术开发区规划》将规划面积确定为10平方千米。1993年4月4日,国务院下发《关于设立芜湖经济技术开发区的批复》,同意设立芜湖经济技术开发区,实行沿海开放城市经济技术开发的政策。自此,芜湖经济技术开发区步入了快速发展的轨道。

4.主要建筑类型

这一阶段芜湖的建筑活动开始活跃,尤其表现在居住建筑的发展上,同时,工业建筑、商业建筑继续发展,公共建筑有较大的发展。

1)居住建筑

1980年芜湖市城市居民人均居住面积仅6.3平方米,90年代以后,随着房地产的开发,居住小区开始成片建设,城市居民人均居住面积达14.1平方米[①],说明居住建筑大量增加,居住条件明显改善,补上了新中国成立以来芜湖较少进行住宅建设的课,绿影新村、园丁小区等都是这一阶段建成的生活配套设施较为齐全的居住小区。改革开放20年,芜湖共建成57个住宅小区(组团),住宅竣工面积达244.07平方米[②]。

2)工业建筑

1978—1998年,芜湖市完成固定资产投资

---

① 芜湖市人民政府:《芜湖五十年》,1999年,第26—27页。
② 芜湖市人民政府:《芜湖五十年》,1999年,第75页。

286亿元，是前29年投资总和的36倍，其中工业投资99亿元，约占35%。国家级芜湖经济技术开发区已初具规模，到1998年已有18个国家和地区的投资商来区内投资兴业，累计引进各类项目715个，协议引进投资136亿元①，工业建筑建设规模迅速扩大。如某公司冲压联合厂房，4.3万平方米，为单层框架结构，四联跨，单跨达24米，檐高11米，钢屋架大型屋面板，预应力吊车梁，静压桩基础。1994年4月开工，1996年1月竣工，由市第三建筑工程公司施工。

3）商业建筑

这一阶段芜湖商业快速发展，商业网点迅速增加。1997年，全市已有各类商业网点46654个。仅中山路上建成的就有芜湖南京新百大厦（1995年4月18日开业）、银座大厦、三泰商城（1996年3月开工，1999年6月竣工，6.08万平方米）、伟基购物中心、商贸大厦等一大批营业面积超万平方米的大型商业建筑②。另外，还有长街小商品批发市场、吉和街服装市场、九华山路中江商场等。

4）公共建筑

20世纪八九十年代是芜湖公共建筑开始兴起并有较大发展的时期，建筑规模较前增大，建造质量有了提高，高层建筑不断涌现。由于交通运输业的迅速发展，交通建筑兴起，1990年芜湖汽车站率先竣工，1992年芜湖火车站建成，1993年芜湖联航机场候机楼建成，1995年芜湖港客运楼落成。由于金融保险业的迅猛发展，银行建筑兴起，从1989年开始，中国建设银行、中国工商银行、中国农业银行、中国银行、交通银行、中国人民保险公司等15层以上的大楼相继建成。办公建筑建设更多，先后有：芜湖市邮政枢纽大楼（1981）、芜湖市供电局通讯调度大楼（1985—1988，12层）、物资金融大楼

（1985—1989，16层）、芜湖市港务局微波通讯调度大楼（1988—1996，15层）、芜湖市联航大楼（1995）、芜湖市广电中心大楼（1995—1999，19层）、芜湖市人民法院综合楼（1995—1997）、芜湖市财政大楼（1995—?，17层）、芜湖市镜湖区政府办公楼（1998—2000）、芜湖市委党校大楼（鹊儿山校区）、芜湖市交警指挥中心大楼等。另外，还有市委大礼堂、大众影都（1996—1999）等会堂、影剧建筑。

5.重要建筑实例

1）中江商场（1985—1986）

中江商场位于九华山路与人民路（今北京东路）相交处的东北角，曾是芜湖乃至皖南地区最大的工业品贸易商场之一。1985年6月动工，1986年1月竣工，建筑面积为1.156万平方米，5层现浇钢筋混凝土框架结构，箱型基础正好作为地下室。大楼平面由三个正六角形组成一个正三角形，构思巧妙（图4-2-10）。中间的中央大厅采用悬索式钢结构圆形顶，绿色半透明波形瓦屋面，水磨石地面。外墙采用玻璃马赛克贴面，横向长条玻璃窗采用茶色玻璃。此楼由芜湖市建筑设计院设计，芜湖市第一建筑工程公司施工，今已不存。

2）物资金融大厦（1985）

物资金融大厦位于黄山路与九华山路相交处的东北角，是新中国成立后芜湖最早建造的高层建筑之一，建筑面积2.1万平方米。大厦由两座塔式楼错置而成，皆为16层，高58.6米（图4-2-11）。现浇钢筋混凝土框架结构，西北侧主楼为综合办公楼，东南侧为宾馆。两翼裙房分别为2层和4层，安排营业、交易、接洽、会议厅等功能。整个外墙用棕色毛面砖贴面。此楼由安徽省建筑设计院设计，中国建筑第七工程第二建筑有限二公司施工。

---

① 芜湖市人民政府：《芜湖五十年》，1999年，第70页。
② 芜湖市人民政府：《芜湖五十年》，1999年，第71页。

3）芜湖长途汽车站（1987—1990）

1957年建站时站址在五一广场，现位于北京东路北端两站广场的西南侧。按一级汽车站设计建设，建筑面积4800平方米。主站房设计为圆弧形，高14米。南端售票房为圆形平面，北端附属用房与管理用房为矩形平面。候车厅高大宽敞，设施齐全，为旅客提供了良好的服务条件。19个进站口弧形展开，发出的长途班车一目了然，进站十分方便快捷（图4-2-12）。该车站2001年平均每天可发运客车315班次，平均日发客运量7025人次，当时是安徽省现代化程度较高的大型汽车客运站之一。自1990年国庆节开始投入使用，至今已30余年，还在继续正常使用。

图4-2-10 中江商场老照片

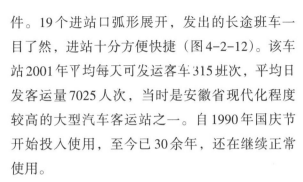

图4-2-11 物资金融大厦外观

图4-2-12a 芜湖长途汽车站外观（一）

图4-2-12b 芜湖长途汽车站外观（二）

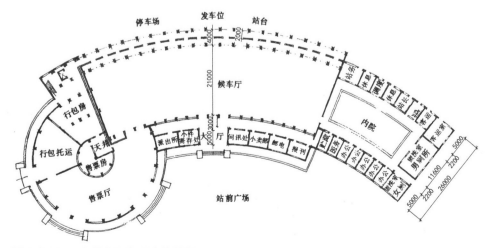

图4-2-12c 芜湖长途汽车站平面图

西立面图

东立面图

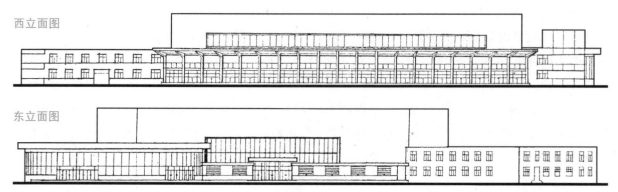

图4-2-12d　芜湖长途汽车站立面图

4）芜湖火车站（1992）

芜湖火车站位于北京东路北端两站广场东北侧，建筑面积2万平方米，1992年国庆节前夕建成开通（图4-2-13）。二层站房呈八角形，面积6800平方米，候车大厅可同时容纳2000人候车，两侧的售票房、行包房、出站口等建筑配套设施完善。站内铺设铁路8股，设有4个站台，站台之间上有天桥相连，下有地道相通。芜湖火车站使用26年后被更现代化的新火车站所取代。

5）芜湖港客运站（1995）

芜湖港客运站位于北京西路西端长江边。1988年开始筹建，1995年底落成（图4-2-14）。主站房南北长达144米，建筑面积8000多平方米。售票厅、候船厅宽敞明亮。层数2—6层，造型新颖，像一艘待航的巨轮耸立在江边，为芜湖的城市形象增添过光彩。当时年发运量曾达240万人次，至20世纪末，客运量逐渐减少。该站后被拆除，原址建造了芜湖歌剧院。

6）芜湖联航机场候机楼（1993）

1990年开始筹建联航机场，采取军民联合建设的办法，1993年2月竣工。建有2460平方米的候机楼，9000平方米的停机坪，422米长、18米宽的联络道，5400平方米的行车坪及场道灯光等配套工程。能适应100至150人每小时的高峰客流量。1993年4月29日正式通航。1998年航空客运出港7503人次，进港7201次。候机楼2层，框架结构，建筑面积2460平方米。1992年7月开工，1993年3月竣工（图4-2-15a）。

1995年12月，在北京东路建成了联航大楼。作为设在市区的芜湖联航办公大楼，一层有宽敞的售票大厅，给旅客带来了方便。大楼五层，局部六层。大楼的建筑造型设计有新意，在简单的矩形平面上将建筑上部分成中间高两边低的三个形体，形成有变化的天际轮廓线，且屋面与侧墙面用圆弧形曲面来连接，正立面顶部开有圆形窗，使观者产生联想（图4-2-15b）。

图4-2-13　芜湖火车站外观

图4-2-14　芜湖港客运站外观

7）芜湖商贸大厦（1993—1997）

芜湖商贸大厦位于北京西路与中山路步行街相交处的东南角，临镜湖。用地1.5万平方米，建筑面积6.3万平方米（图4-2-16）。主楼24层，高85米，为宾馆、写字楼。裙房5—7层，按商场、文化娱乐场所设计。建成后，为举办2000年"中国（芜湖）旅游商品博览交易会"，将大厦改建为"芜湖市会展中心"，现由芜湖世纪联华发展有限公司经营为大型超市，经营面积2.7万平方米。此后有改建。

8）芜湖大众影都（1996—1999）

芜湖大众影都位于中山路步行街西侧，1996年拆除原大众电影院后，在原址上改建而成。总建筑面积1.28万平方米，地上6层，地下1层。建筑功能向多种经营方向发展，设有700座超大银幕立体声电影厅、300座中型多功能电影厅、100座豪华电影厅、双层歌舞厅、卡拉OK厅、咖啡厅、桌球室、商场、银行网点等。其造型设计很有个性，尤其是建筑顶部富有变化（图4-2-17）。

9）中国人民建设银行大楼（1989）

中国人民建设银行位于九华山路东侧，82号，1989年建成投入使用（图4-2-18）。主楼10层，裙房2层，建筑面积8000平方米，由芜湖市建筑设计院设计。

图4-2-16 芜湖商贸大厦外观

图4-2-15a 芜湖联航机场候机楼外观(一)

图4-2-17 芜湖大众影都外观

图4-2-15b 芜湖联航机场候机楼外观(二)

图4-2-18 中国人民建设银行大楼外观

10）中国农业银行大楼（1993）

中国农业银行位于九华山路西侧179号。建筑面积1.45万平方米。主楼20层，高70米。芜湖市建筑设计院设计。1998年5月建成投入使用（图4-2-19）。

11）交通银行大楼（1998）

交通银行位于春安路（今北京西路）北侧。建筑面积8655平方米。主楼14层（另地下1层），高60米。用地局促，离道路红线仅6米。芜湖市规划设计院设计。1998年6月建成投入使用（图4-2-20）。外墙面后有多次改造。

图4-2-19 中国农业银行大楼外观　图4-2-20 交通银行大楼外观

12）工商银行大楼（1998）

工商银行大楼位于北京东路东侧9号。用地面积6200平方米，建筑面积1.64万平方米。主楼19层（局部23层），总高90.1米。钢筋混凝土框筒结构。裙房3层。安徽省安银建筑设计事务所设计。1995年4月通过评审，1998年12月建成投入使用（图4-2-21）。

13）芜湖财贸大厦（1995）

芜湖财贸大厦位于北京东路西侧，用地面积2572平方米，建筑面积1.38万平方米。主楼17层（另地下2层），高60.7米，裙房3层，高11.9米。钢筋混凝土框剪结构。芜湖市规划设计院设计（图4-2-22）。

14）芜湖南京新百大厦（1993—1995）

芜湖南京新百大厦位于中山桥北中山路西侧，用地约6800平方米，总建筑面积6.08万平方米（图4-2-23）。主楼33层，高113米，钢筋混凝土框剪结构。裙楼6层，地下2层。1993年6月28日奠基，1995年主楼封顶。1至4层商场部分于1995年4月18日正式营业，为购物

图4-2-21 工商银行大楼外观　图4-2-22 芜湖财贸大厦外观　图4-2-23 芜湖南京新百大厦外观

中心，面积1.8万平方米，5至6层为餐饮和娱乐中心，设有室内游泳池和可容纳450人就餐的多功能宴会厅。主楼位于西侧，7层以上为星际宾馆（后期开业），拥有客房456套，其中豪华客房20套。该大厦经过多次升级装修，经济效益一直良好，曾是芜湖市的一处标志性建筑。南京市建筑设计研究院根据东南大学建筑设计方案完成施工图设计，南京市第二建筑工程公司施工。

15）芜湖三泰商场（1996—1999）

芜湖三泰商场位于中山路步行街与中和路之间，用地1.1万平方米，总建筑面积6.08万平方米，其中商场面积2.65万平方米，公寓住宅面积2.36万平方米，地下室面积5255平方米（图4-2-24）。建筑总长度157.5米，总宽度67.5米，总高度37.05米，地上9层。1至3层为商场，1层层高4.8米，2和3层层高4.5米。4至9层为7幢条形住宅，层高皆为3米，地下室为辅助用房及停车库。该工程为挖孔桩基础，全现浇大柱网

图4-2-24　芜湖三泰商场外观

钢筋混凝土框架结构。芜湖市规划设计院设计，芜湖市第一建筑工程公司施工。

16）银座大厦（1993—1996）

银座大厦位于中山路步行街与中和路之间，原名芜湖市房地产招商大厦，用地5544平方米，总建筑面积2.37万平方米（另有地下室3443平方米）。西北面主楼19层，高69.1米，钢筋混凝土框架结构（局部剪力墙），10层以下为旅馆，11层以上为办公楼。东部为4层裙房，安排商场。西南部为7层办公楼。地下室可停车60辆。山东省建筑设计院设计，江苏省江都二建公司施工。整个建筑造型和谐统一，墙体角部采用圆弧形处理，使建筑显得柔和秀气（图4-2-25）。

17）伟基大厦（1995—1997）

伟基大厦位于中山路步行街接近南端的东侧，用地约4000平方米，建筑面积2.7万平方米。共10层，下面5层是商业用房，有1.87万平方米，6至10层是两幢办公楼。建筑总高39米，裙房高22米。建筑在近似方形的用地上采取满铺法，建筑裙房平面也为近似方形，但做了抹角处理。立面强调水平线条，上部与下部色彩深浅有强烈对比。华中理工大学建筑设计院设计，芜湖市第三建筑工程公司施工（图4-2-26）。

18）保险中心大楼（1994—1996）

保险中心大楼位于北京东路中段西侧，总建筑面积1.28万平方米（图4-2-27）。1994年9月

图4-2-25　银座大厦外观

图4-2-26　伟基大厦外观

图4-2-27　保险中心大楼外观

开工,1996年6月建成。因用地面积较小,建筑后退道路红线较少,主楼后退14米,裙房后退6米。主楼16层,高56.25米,有地下室1层。裙房2层,高12.85米。主楼平面基本上为矩形,内廊式,南、北山墙有垂直长窗分隔,增强建筑的高耸挺拔感。东、西檐墙采取横向长条窗处理,顶部除顶层外有4层楼层平面挑出,且采用玻璃幕墙,整个建筑形体显得简洁秀气。主楼南北两端有平面前凸8米的裙房,使主楼入口处形成较大的缓冲空间。两侧的裙房造型处理手法不一,显得形体有变化。此楼由合肥工业大学建筑设计院设计。

19)芜湖广电中心大楼(1995—1999)

芜湖广电中心大楼位于北京东路中段西侧,占地面积2.22万平方米,总建筑面积2.927万平方米。1993年立项、选址,1994年征地、拆迁、勘探,完成建筑方案设计,1995年上半年完成初步设计和施工图设计及工程招投标。1995年9月20日动工,1996年9月结构封顶,1999年9月15日全面投入使用。此项目按功能分为A、B、C三区。A区为19层主楼,楼高82.8米,楼顶塔高25米,是芜湖市广播与电视节目采编、制作、播出、调度指挥中心,兼具办公、科研、报纸、音像等多种功能。采用钢筋混凝土筒式结构,地下2层,埋深11米。A区建筑面积为1.74万平方米。B区为演播区,处于用地后部,钢筋混凝土结构。布置有600平方米的大演播厅(单层钢屋架结构)、200平方米集中演播厅、150平方米立体声文艺录音室及电力系统配套技术用房。B区建筑面积为1.08万平方米(五层钢筋混凝土框架结构)。C区为2层裙房,与北侧主楼相连,布置有新闻发布厅、会议厅。C区建筑面积为979平方米。该建筑平面灵活,造型活泼,色调淡雅。主楼与裙房多用弧形,特别是圆塔与方塔的组合加上塔顶的造型变化,还有纵横条窗与方窗的对比,都使建筑造型具有表现力。底部两层的深色

花岗岩使整个塔楼稳定而挺拔。广电部设计院设计,芜湖市第一建筑工程公司施工(图4-2-28)。

20)芜湖市镜湖区政府办公楼(1998—2000)

芜湖市镜湖区政府办公楼位于北京东路北侧,用地形状为不规则的梯形,面积为9751.6平方米。该建筑体现了"建筑是城市的建筑,政府是为居民服务的场所"的设计理念,办公楼前的入口广场不设围墙,完全向城市居民敞开。它是位于城市街头的广场而非通常的政府礼仪广场,体现了政府机构和居民的亲和关系。办公楼采用对称的工字形内廊式平面,主楼6层,两翼4层(不含地下层)。主入口设于楼前上层广场上,而将机动车和自行车停放于广场下部,避免了人车交叉。在办公楼底层的南北两侧还分别设置了停车库的出入口。登上1.8米高的大台阶,通过宽大的门廊进入两层高的门厅,正对面设计了一面镶嵌有"为人民服务"的红色花岗岩照壁,从照壁两侧可进入位于主楼西侧的台阶式大会议厅。整个建筑综合考虑了区一级政府各种机构的相对独立性,功能配置合理便捷,还注重对室外空间的拓展。利用各标高层的屋顶,在二、三、五和七层处形成了屋顶花园平台。此楼造型设计不求宏大,以谦和的姿态来整合与街道空间的关系,不以夸张的形体和色彩来凸显自身,构造视觉的冲击力,在体量和尺度上不与周边的建筑比气势,而是采用了简洁的形体,朴实无华。南北两条四层形体和中部六层的体量,三面围合了二层的广场空间,形态稳定且边界明确。中部的主体突出表现耸立的形象,顶部做了少许出挑以作收头。在建筑的整个外观上强调出变化丰富的中轴序列。一层采用花岗岩贴面形成基座,上部为浅灰色的外墙涂料,配以稍稍收进的中灰色的檐部,使整个体形显得敦实而厚重。较为醒目的色彩是入口处的大门廊,采用了红色磨光花岗岩贴面。此建筑不失为一处较优秀的现代芜湖建筑,

大方、得体又实用（图4-2-29）。芜湖市建筑设计院采用清华大学建筑学院完成的建筑设计方案进行了施工图设计。《建筑学报》2002年第6期对此建筑设计作过专文介绍。

图4-2-28　芜湖广电中心大楼外观

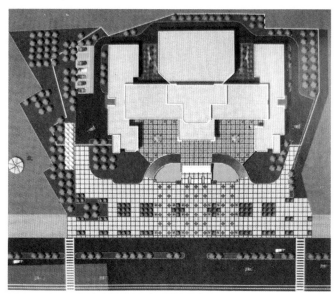

图4-2-29a　芜湖市镜湖区政府总平面图

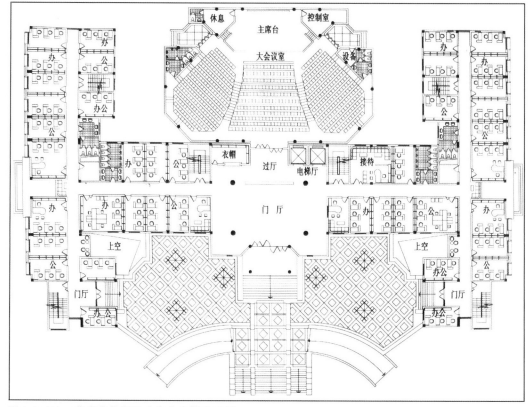

图4-2-29b　芜湖市镜湖区政府办公楼平面图

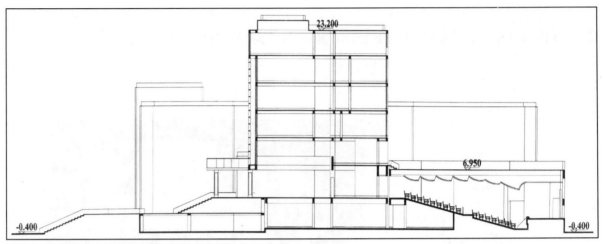

图4-2-29c 芜湖市镜湖区政府剖面图

图4-2-29d 芜湖市镜湖区政府办公楼鸟瞰

图4-2-29e 芜湖市镜湖区政府外观

（四）现代芜湖建筑活动兴盛阶段（1999—2019）

1999年，新中国成立五十周年，中国建筑进入市场开放、多元发展阶段，现代的芜湖建筑活动也进入创作繁荣、发展兴盛阶段。

1.规划与建筑管理

实施招投标管理。为了加强规划和建筑市场管理，贯彻执行《中华人民共和国招标投标法》，这一时期进一步加强了对建设工程的招标投标管理，推动了项目设计和施工市场的逐步规范化。1985年8月，芜湖市建筑工程招标投标管理办公室成立，隶属市建委。1997年4月，芜湖市建设工程交易管理中心挂牌，当年的工程招投标覆盖率就达到85%。自2000年后，招投标覆盖率全

年达100%。这样就有效防止了项目工程交易中任意确定规划、设计和施工单位，规避招投标弄虚作假、转包、违法分包等不法行为。同时，建立了符合建设部要求的工程项目、专业人才、企业状态三大数据库。2002年，对勘察设计单位、造价咨询单位、注册建筑师、注册造价师等筹建建库工作，当时芜湖市招投标专家评委有145名。随着这些网络数据库的建立，芜湖市建设工程交易工作步入现代化管理的轨道。

规划和建筑设计方案审查。按照《中华人民共和国城市规划法》的规定，城市详细规划由城市人民政府审批；编制分区规划的城市的详细规划，除重要的详细规划由城市人民政府审批外，其余由城市人民政府规划行政主管部门审批。芜湖市在项目建设确定设计方案时就把好了第一道

关。一般项目由市规划局有关职能部门审批；重要项目由市规划局组织专家评审后报经市规划委员会审批；重大项目还会将项目的方案设计图片、模型向广大市民公示，广泛征求意见，基本做到了规划和建筑设计方案审定的科学性和民主性。

施工图审查。建设项目方案设计通过后便进入施工图设计阶段，以往完全依靠设计单位自行审查。2000年，建设部颁布《建筑工程施工图设计文件审查暂行办法》，开始对施工图结构安全和强制性标准、规划执行情况等进行第三方独立审查。同年，芜湖市成立了建筑工程项目施工图设计文件联合审查办公室（下文简称"联审办"），负责对全市建筑、市政等工程的施工图进行审查。2001年5月，联审办撤销，成立了建筑工程施工图设计文件审查中心，负责施工图和抗震审查工作，后来又增加了建筑节能设计方面的审查内容。再后来施工图审查也进入市场，经报批，芜湖市成立了多家审图单位，使这一工作更好展开，确保了设计质量。

建筑工程监理管理。为保证建筑工程施工质量，国际上实行建筑工程监理制度。芜湖市组织开展监理工程师培训考试和注册工作始于1994年。当年有一项世界银行贷款项目，必须实行工程监理，由安徽省建设监理公司承担。同年，芜湖市工程建设监理公司（后称正泰监理公司）和芜湖市芜建建设监理公司经安徽省建设厅批准成立，随即开始承接监理业务。1996年《安徽省建筑市场管理条例》颁布实施，规定了强制监理的范围，使监理的覆盖面逐步加大。1999年，芜湖市政府印发了《关于转发〈安徽省建设工程监理管理办法〉的通知》，将应当实行监理的建筑工程细划为九类，增强了可操作性。到2001年，按规定应实施监理的项目受监率达到了100%。到2002年，芜湖市全市经注册的国家级

监理工程师116人，监理企业11家[①]。

2.建筑活动特点

现代芜湖建筑发展到这一阶段已很少像过去那样见缝插针式地单个出现，而多以建筑群的形态出现，更加重视建筑与建筑的关系、建筑与环境的关系。建筑存在的形态趋向多样化，除了单一的建筑个体，更多的是以建筑群体的形态出现，小到成组，大到成街，更大到成片、成区。这一建筑形态的特点是现代芜湖前几个阶段未曾大量出现过的。

1）建筑综合体

随着建筑功能的增多，建筑规模扩大，建筑综合体产生。在芜湖中山路步行街建设过程中，如芜湖南京新百大厦、三泰商城等项目就采取了这种建筑形态。2015年建成的芜湖侨鸿滨江世纪广场，建筑规模甚至达到40万平方米，连建筑的主要使用功能都有好几项。大型的建筑综合体常被称为"广场"，超大型的建筑综合体被称为"城市综合体"。

2）建筑组合

几个单体建筑为了使用和管理方便，或者节约用地，在同一个地块内成组布置。如2014年同时建成的芜湖市博物馆和规划展示馆，就是成组布置在同一个完整的地块内；2010年建成的市政务中心更为典型，市委、市政府、市人大、市政协4座办公楼合建在一起，不仅大大节省了用地，更重要的是大大提高了执政行政和为民服务的效率。采用这种组合式建筑形态的前提是这几个建筑单体的使用功能比较相近，成组布置才能相得益彰。合理的建筑组合在总体的造型处理上能采取协调、对比、关照、相衬等各种创作手法，使其更具形象表现力和艺术感染力。较大型的这种建筑常被称为"中心"。2018年建成并投入使用的"中铁设计广场"，是中铁设计集团旗下两家在芜湖的单位"中铁城市规划设计研究

---

① 芜湖市地方志编纂委员会：《芜湖市志（1986～2002）》，北京：方志出版社2009年版，第250页。

院"和"中铁时代建筑设计院"形成的建筑组合，使得两院对内的交流合作和对外的设计服务都十分方便。

3）建筑成街

新建的商业街常采用这种大型的线状建筑组合，可以总体规划，一期建成或分几期建成。这种建筑活动方式优势明显：在交通组织、人流分配上可统一考虑，在建筑功能整街设置和分布上可通盘布局，在建筑造型和风格上可整体构思，在城市小品等城市设计上可预先谋划，在供电、供气、供水、排水、通信等市政设施绿化配置上也可统筹解决。经过整街建筑统一谋划的建筑形态，不仅可以很快形成，还能保证其建设的合理性、完整性。芜湖市规划设计研究院对此有过多次规划设计实践。2000年建成的凤凰美食街是在城市中心区利用废弃的铁路线建成的，虽然划分了五个部分，但以主街为纽带，衔接自然。一次规划，一期建成，十分完整，得到好评。另一实例是位于青弋江以南的新时代商业街，全长1127米，经过两年施工，2003年年底全街建成，虽建筑层数变化较大，但建筑语言比较统一，且突出了四个街道节点，也是一次有效的建筑成街实践。2010年前后，在芜湖经济技术开发区建设的越秀路也是有益的探索，在整条街的建筑节奏上又有了些变化。

4）建筑成片

这是在房地产开发的新形势下产出的一种规划和建筑形态，在居住建筑的建设中多有出现。初期建设的是功能不完整的住宅组团，后来发展为配套齐全的居住小区。住宅建筑层数也从以多层住宅为主发展为以高层建筑为主。从《2011年芜湖市楼市及地块图》中可知，当时正在开发建设的商住地块就有59处，遍布市区各处，可见成片的商住建筑数量之多。另外，新建或搬迁的完整的中小学校、市区级医院等也大量增加，成片的建筑形态已普遍存在。

5）建筑成区

占地面积大到以平方千米为单位就变成超大规模的成区建筑，这已成为建筑的巨型形态。建筑成区建筑的主要有三类：居住区、工业区、高教园区。居住区如镜湖区的镜湖新城（0.93平方千米），以居住建筑为主，加上其他配套公共建筑；工业区如城北的芜湖经济技术开发区、城南的芜湖高新技术产业区，以及江北产业集中区，以工业建筑为主，加上居住建筑和配套的公共建筑；高教园区如位于城南的芜湖高校园区，以学校建筑为主，加上居住建筑与配套公共建筑。这类区不仅需要有修建性详细规划，还必须首先有控制性详细规划，才能科学、有序地逐步展开建筑活动。

3.主要建筑类别

这一阶段芜湖的建筑活动发展兴盛，在数量、规模、质量上都较前有较大提高。对建筑按功能的划分用"类型"来归纳已不够精准，所以这里提出"类别"的概念，内涵较"类型"有所扩大。数量最多的是居住小区建筑、工业厂区建筑，着重建设的是校园建筑、医院建筑，不断更新的是商业建筑，高标准建设的是大型公共建筑，艺术要求较高的是园林建筑及广场建筑。不论在何处，城市雕塑大有发展，与建筑有了较好的融合。在这一阶段，建筑节能方面有较大进步，建筑风格方面有多种尝试。

1）小区建筑

这一类别建筑以住宅为主，但小区配套公共建筑同样重要。芜湖早期小区都有活动中心，以后发展为会所建筑，成为小区内的标志性建筑，可惜因为管理等方面的原因，现在建的少了。幼儿园是应该配建的，到一定规模还要配备小学甚至中学。有关设计规范还规定要建一些其他配套公建。20年来，芜湖先后建成南瑞新城、世茂滨江花园、镜湖世纪城、左岸生活、圣地雅歌、柏庄观邸、美加印象、中央城、万科城、城市之光、恒大华府等一大批居住小区。

2）厂区建筑

主要建筑是生产车间和管理办公楼，现在还增加了做研发的建筑和三班倒的员工住房。厂房的结构也有变化，除非必要，尽量采用轻型结构，利于改建、扩建。随着企业规模的加大，高、精、尖产品对生产车间的要求越来越高，除尘、隔音、减震、防火、防爆等要求越来越严，这些对厂区建筑都提出了新的要求。

3）校园建筑

从高校来看，芜湖原来设在市区的校园都基本保留，而另在城南的高校园区又设立了新校区，这些新校区都经过了周密的规划，校园设施和环境都有了很大的完善。如高校园区的安徽师范大学、皖南医学院、安徽商贸职业技术学院、安徽机电职业技术学院、芜湖信息职业技术学院、芜湖职业技术学院、安徽中医高等专科学校等。只有安徽工程大学由于位于中心城区的东侧，尚有发展用地，没有入驻高校园区，现在占地面积已达150公顷，设有14个学院，2019年有教职工1400余人，在校全日制本科生2.2万余人，研究生近1000人。安徽师范大学现有城中的赭山校区、城南的花津校区、城北的皖江学院校区，校园总面积198公顷，设有17个学院，2019年有教职工2400余人，全日制在校学生4.6万余人（其中普通本科生2.37万余人、留学生200余人、成人教育学生1.67万余人、研究生5300余人）。至于芜湖的中小学，市规划设计院2000年编制过《芜湖市中小学布点规划》，当时芜湖共有中学39所，总用地7.13万平方米，校舍总建筑面积25.39万平方米；共有小学108所，总用地3.95万平方米，校舍总建筑面积10.76万平方米。规划到2010年共设中学60所，总建筑

面积36.4万平方米；共设小学94所，总建筑面积38.3万平方米。截至2019年年底，芜湖市各级各类学校共有1073所，其中，普通高中47所，中等职业学校22所，初中170所，小学283所，幼儿园545所，特殊教育学校5所，国防教育学校1所[①]。中小学校发展的惊人速度由此可见。芜湖市区内除了原有中小学的原地扩建（改建），也有扩大规模的迁建，如芜湖市第一中学迁至城东，芜湖市第十二中学迁至城南，更多的是居住小区配套建设的中小学的新建，按新一轮市中小学布点规划定点的中小学的新建以及私营中小学的创建。综上可知芜湖市在近20年来建设的各级各类校园建筑数量之大。

4）医院建筑

据查，1999年全市共有医疗卫生机构416个，其中县及县以上医院43个，医院床位数7160张[②]。截至2015年年底，全市拥有各类卫生机构1436个，其中医院78所，基层医疗卫生机构1298所，专业公共卫生机构51所。卫生机构拥有床位18424张，其中医院15933张[③]。仅从床位数扩张到2.2倍就可见医院建筑的发展速度，除了原有医院的改建、扩建，也有新建医院（包括私营医院），还有搬迁后扩大的医院，如第一人民医院从市中心迁至城东，中医院迁至城南。这一阶段较大的单体医院建筑有第二人民医院的门诊、住院大楼，弋矶山医院的门诊、住院大楼以及第五人民医院内的中德芜湖国际康复医院综合体大楼。

5）交通建筑

2000年9月30日，芜湖长江大桥建成通车；2014年12月28日，商合杭铁路长江公铁大桥开工建设；2016年12月，芜宣机场试验段正式开工；2016年12月24日，芜湖轨道交通1号线和2

① 芜湖市党史和地方志办公室：《芜湖年鉴（2020年）》，合肥：黄山书社，第329页。
② 芜湖市党史和地方志办公室：《芜湖年鉴（2000年）》，北京：中国致公出版社，第254页。
③ 芜湖市党史和地方志办公室：《芜湖年鉴（2016年）》，合肥：黄山书社，第401页。

号线一期工程正式开工；2017年城南过江隧道开工建设，还有芜湖多条对外高速公路的开通以及芜申运河的开通，芜湖的交通建设有突飞猛进的发展，交通建筑自然面临着更新换代。2017年5月8日，芜湖市汽车客运南站建成启用；2013年8月20日，芜湖市新火车站主站房动工，东站房2015年11月27日建成启用，西站房2020年建成启用；芜湖宣城机场航站楼2018年12月开工，2020年9月建成；芜湖轨道交通开始的30多个轻轨站，梦溪路站和万春湖路站2019年年底建成；市域内的多个高铁站也陆续建成并投入使用。

6）新型公共建筑

这是指原有的一些公共建筑类型如办公建筑、商场建筑、旅馆建筑、影视建筑、体育建筑等发展到这一阶段都增大了规模，提高了档次，优化了业态，名称也就变成了"中心""广场""某城""某都""某园""某超市"……有的还定了"星级"。在芜湖建成的有政务中心、金融中心、奥林匹克中心、万达广场、华强广场、侨鸿滨江世纪广场、侨鸿国际商城、星隆国际城、华亿环城影城、华亿商之都、赭山购物公园、长江市场园、欧尚超市、沃尔玛超市、八佰伴超市……有的甚至成为城市的标志性建筑。

7）园林建筑

近20年来芜湖的城市绿化发展迅速，城市公园大批建设，园林建筑有了很大发展。早期建成的翠明园，其中的园林建筑已成芜湖的精品建筑。这一阶段建成的滨江公园、中央公园等公园中建成了一大批好的园林建筑，赭山公园、镜湖公园、神山公园等原有的公园也增加了不少园林建筑或建筑小品。有的大型游乐设施，如方特欢乐世界、梦幻王国、东方神画等，在这些景区也出现不少游乐性的建筑。这一类型的建筑与游人亲近，有很大的参与性与观赏性。芜湖市的园林建筑方兴未艾，今后会有进一步的发展。为提高

这类建筑的设计水平，增加其文化内涵，提高其艺术品位，还要做更多的努力。面积较小的城市园林，如街头绿地、小区绿地等，也有小型的园林建筑，如亭、廊等。面积较大的城市园林如城市广场，其中的建筑既可被视为广场建筑，也可作为园林建筑。其规模、类型、风格均可多种多样。有的作为周边的背景建筑，界面建筑，有的作为内部的也有使用功能的景观建筑。如芜湖鸠兹广场，背景建筑有商贸大厦、交通银行等界面建筑。广场建筑有休闲文化长廊和文化艺术展馆等景观建筑。

4.重要建筑实例

1）芜湖市房地产培训中心（1997—2000）

这是市房地产管理局开发建设的一幢综合性建筑，位于大镜湖西侧，系原来房管局办公楼所在地。该项目占地面积4400平方米，建筑面积12650平方米。主楼高6层，平面呈"L"形，两端均有退台处理。退出屋面利于观赏镜湖美景。二层裙房连接主楼两翼，面向镜湖，设有主入口。该建筑按三星级宾馆设计，设有餐饮、美容、桑拿等服务设施，地下有汽车库。造型设计采用欧式风格，中部突起的穹隆顶十分醒目，这是现代芜湖较早采取欧式风格的公共建筑之一。1997年动工，2000年建成（图4-2-30）。一度为芜湖市房地产交易中心。

2）芜湖海螺国际大酒店（2000—2012）

位于镜湖区文化路39号（原北京东路209号），由安徽海螺集团投资1.2亿元兴建。2000年5月18日开业，2001年9月25日正式挂牌四星级，由南京中心大酒店有限公司负责管理。楼高10层，拥有208套各类型客房、中央空调、国际直拨电话、私人保险箱、卫星电视等国际标准的硬件设施。设有19个风格迥异的餐厅，另有健身房、歌舞厅、美容中心、桑拿中心、购物中心等配套设施，还有可容纳200人左右的会议室。2012年23层高的北楼投入营业，海螺国际

大酒店成为一家拥有400套高档客房，可同时接待2000余人就餐，拥有可接待10到650人不同规格会议室，以及先进的健身设施和高档娱乐场所等功能齐全的豪华综合性酒店。海螺大酒店一期工程由东南大学建筑设计院完成方案设计，应业主要求，采用欧式折衷主义建筑风格，但门廊处有现代建筑语言。二期工程延续欧式风格，4层楼高的门廊更突出了这种风格（图4-2-31）。

3）芜湖海螺国际会议中心（2009）

芜湖海螺国际会议中心位于弋江区九华南路1005号，由海螺集团按五星级标准投资兴建，是集客房、餐饮、会议、健身、会展于一体的国际化度假酒店（图4-2-32）。2009年6月开业。楼高7层，有客房252间（套），设有66间功能

图4-2-30a　芜湖市房地产培训中心外观

图4-2-30b　芜湖市房地产培训中心夜景

一期外观

二期外观

全景

夜景（一）

图4-2-31　芜湖海螺国际大酒店

夜景（二）

图 4-2-32　芜湖海螺国际会议中心景观集锦

齐全的 20 到 350 人会议室，450 人学术报告厅，690 人多功能剧院，60 桌大型宴会厅。配套有近万平方米的健身会所，内设八赛道国际四季恒温室内游泳馆，以及保龄球、壁球、射箭、斯诺克、器械健身、乒乓球、动感单车、高温瑜伽等健身场馆。这里先后成功承办国际动漫产业交易会、国际徽商大会、中国建材年会、全国科普产品博览交易会等大型活动。江苏交响乐团、安徽黄梅戏剧院多次来此演出。建筑造型采取较为严谨的对称式、简欧式建筑风格，楼前有建筑三面围合的绿化广场。

图 4-2-33a　铁佛花园沿街景观

4）铁佛花园高层住宅（2000）

铁佛花园高层住宅位于北京西路南侧，是一高层住宅组团，由三幢 18 层独立式大塔楼组成。每幢建筑面积 1.24 万平方米，其中 632 平方米地下室为非机动车库及设备用房。结构形式为钢筋混凝土剪力墙结构。该高层住宅造型简洁，色彩淡雅，是进入 21 世纪以后芜湖最早建成的高层住宅，由芜湖市规划设计研究院设计，由吉成房地产开发有限公司建设（图 4-2-33）。

图 4-2-33b　铁佛花园住宅组团外观

5）中西友好花园（2001）

中西友好花园位于青弋江口沿河路北侧，北靠下二街，西临青山街。用地呈矩形，面积7070平方米，布置有两幢12—16层条式单元式住宅，总建筑面积3.626万平方米。两高层住宅间为组团绿地，设有地下停车库，可停小汽车40辆，非机动车50辆。高层住宅的底层、二层为商店，层高3.6米。三层以上为一梯两户住宅，层高2.8米，十一层与十五层顶层带层高3米的跃层。建筑立面采用欧式建筑处理手法，三段式构图，上下白色，中部大面积墙体采用红棕色，色彩亮丽。陡坡屋顶开有拱形窗和威卢克斯斜窗。该高层住宅由芜湖市规划设计院设计，由伟星房地产开发有限公司建设（图4-2-34）。

图4-2-34a　中西友好花园西南侧外观

图4-2-34b　中西友好花园西北侧外观

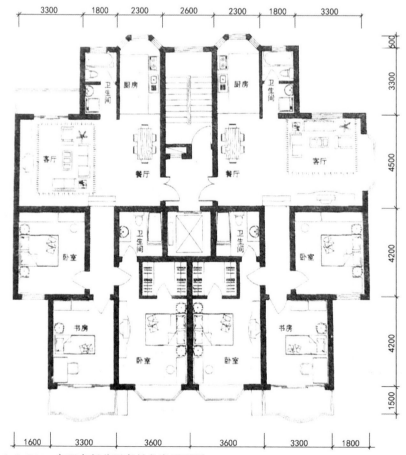

图4-2-34c　中西友好花园高层住宅平面图

6）芜湖市奥体中心（一期，2002）

奥林匹克体育中心位于城南，西沿九华南路、东至芜石路、北临利民路、南至迎客松大道，占地面积30.8万平方米。此项目也称奥林匹克公园，是为迎接安徽省第十届运动会（简称"省十运会"）而建的大型综合性体育设施。一期工程于2000年11月开工，经过日夜奋战，终于在省十运会举办前的2002年10月12日完成主体育场、体育馆、射击馆、广场、道路、绿化等项目，确保省十运会在芜湖的如期举办。

主体育场。可容纳4万人，占地面积10万平方米，建筑面积4.5万平方米。采用世界上少见的不对称看台设计手法，使高69米的主立面更加宏伟壮观（图4-2-35）。主体育场主体结构采用斜向钢筋混凝土框架体系，看台挑蓬为钢管桁架悬索膜结构，看台下设体育用各种功能用房和商业用房。主体育场可满足举办国际单项和全国比赛要求，场地设有弯道8道、直道10道的400米塑胶跑道的标准体育场，内有长105米、宽68米的天然草坪的标准足球场。主体育场的四周均设有大小不一、形式不同的广场，既便于赛时人流的集散，又可作为平时市民的休闲广场。

综合体育馆。可容纳5500人，占地面积6万平方米，建筑面积1.7万平方米。体育馆工程采用钢筋混凝土和大跨度钢桁架屋盖结构组合，空间主管桁架跨度143.5米，是当时体育馆中单跨度最大的钢拱结构的椭圆形建筑，长轴110米，短轴99米，馆内净高25米，观众大厅约7000平方米。比赛场地2200平方米，既可举办篮球、排球、手球、羽毛球、乒乓球等符合国际标准的赛事，也可举办各类大型文艺演出及会展，是一个多功能综合性的体育建筑设施。设计造型优美、飘逸，使建筑艺术的美与竞技体育的力得到有机结合（图4-2-36）。

射击馆。占地面积5000平方米，建筑面积6430平方米，设有10米、25米、50米比赛靶场及130个移动靶位，可以满足国际比赛要求。该馆与西侧映月湖的优美环境有机融合，为参赛射击运动员提供了良好的情绪氛围（图4-2-37）。

位于奥体中心西北侧的映月湖，虽面积不大，但造型似园中明珠，与周边绿化形成的公园，不仅能满足国际体育竞赛标准的比赛场所要求，也是平时市民健身、休闲和文化娱乐的好去处。

图4-2-36　芜湖市奥体中心综合体育馆外观

图4-2-35　芜湖市奥体中心主体育场外观

图4-2-37　芜湖市奥体中心射击馆外观

7）皖南医学院新校区风雨操场（2005—2007）

该建筑位于芜湖市高教园区皖南医学院新校区北侧，西侧有校园北入口，东面为附属医院，南面有室外球场与运动场。建筑为单层，局部2层，钢筋混凝土框架结构，屋顶为钢结构，建筑面积6400平方米。2005年开工，2007年竣工。建筑平面为矩形，东西长97.2米，南北宽52.8米。东侧设主入口，西侧设次入口，南北两侧尚有疏散出入口。1层设有标准篮球场三个、排球场一个以及60米跑道（8道）。西北角设有管理用房及洗手间、淋浴室，南侧设有体育器材室。2层设有乒乓球、武术、体操、健美等教室，教师休息室以及洗手间等。造型设计采用现代风格，通过大挑檐的弧形板状屋顶显现体育建筑的力度与动感。外墙运用虚实对比手法，且显露其框架结构，增加了建筑的现代感，也为北侧的城市道路提供了一个优美的建筑景观。此项目由星辰规划建筑设计有限公司设计（图4-2-38）。

8）芜湖文化创意产业园（2012—2015）

芜湖文化创意产业园位于北京中路与鸠江北路交会处的西北角、安徽工程大学的东南侧。用地面积2.76万平方米，总建筑面积12.58万平方米，其中地上面积9.18万平方米，地下面积3.4万平方米。该项目由文化创意综合楼（17层，5.38万平方米）、创意SOHO及商务酒店（21层，3万平方米）、文化创意交易中心（4层，1.5万平方米）三部分组成，是集文化创意办公、艺术

图4-2-38a 皖南医学院新校区风雨操场景观集锦

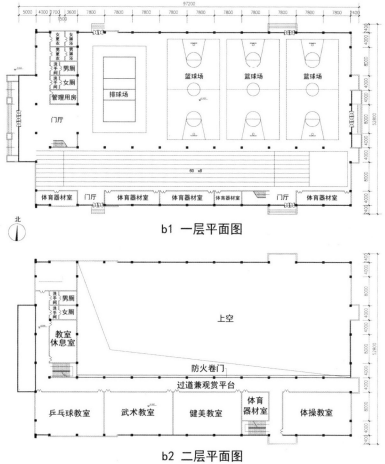

b1 一层平面图

b2 二层平面图

图4-2-38b 皖南医学院新校区风雨操场平面图

展示、交易等功能于一体的综合性文化创意园区，总投资6亿元，2015年1月开园经营。此园区2017年4月被国家工商总局认定为国家广告产业园区，此时已引进企业320家，其中入驻办公122家，标志着芜湖广告业步入集聚发展阶段。这组建筑群组合精当，北侧是一圆弧形17层综合楼，西南端底层联结有一幢方形但两对角有弧形处理的21层办公酒店楼。弧形楼西部通过退台与之关照，弧形楼南侧为圆形平面的4层交易中心。这三个建筑单体互相呼应与围合，成为一组协调、完整的建筑群（图4-2-39）。

9）安徽工程大学图书馆（2014—2018）

安徽工程大学图书馆位于该校教学区南大门西侧，总建筑面积为5.64万平方米，由18层主楼与6层裙房组成。该建筑采用钢筋混凝土框架剪力墙结构，建筑总高度为81.6米，由同济大学建筑设计研究院设计。2015年获"省级建筑业新技术应用示范工程"称号。2018年9月新馆正式投入使用。建筑造型采取竖向塔楼与横向裙楼组合的方式，裙楼东部墙面有后退形成较大的"灰空间"，且通过室外大台阶直接登上平台进入大门厅，主入口处理得十分醒目（图4-2-40）。

图4-2-39a　芜湖文化创意产业园全貌

图4-2-39d　芜湖文化创意产业园酒店

图4-2-40a　安徽工程大学图书馆外观（一）

图4-2-39b　芜湖文化创意产业园综合楼

图4-2-39c　芜湖文化创意产业园交易中心

图4-2-40b　安徽工程大学图书馆外观（二）

10）芜湖科技馆（2005—2008）

芜湖市科技馆位于银湖中路北端的东侧，是市政府落实"科技兴市"和"人才强市"战略决策而投资建设的一项社会公益性重点科普基础设施。2005年12月28日正式开工建设，2008年12月12日建成对外开放。芜湖科技馆以"时代·科学·智慧·体验"为主题，融展示教育、培训教育、实验教育、学术交流等功能为一体。展品涵盖了数学、物理学、电磁学、航天、信息、生物科学等学科，为市民尤其是青少年搭建了一座通向科学之路的桥梁，成为开展科普工作的阵地。芜湖科技馆的平面布局顺畅合理，建筑造型复杂，具有动感，试图以"科学方舟"的寓意体现科学内涵和时代精神，使建筑本身也成为一个大型的科技展品（图4-2-41）。

11）几所公立医院主要建筑

2008年年初，以"医药分开"为突破口拉开了市属8家公立医院深化改革的序幕。从区域卫生规划的角度，对公立医院做了新的布局：将第一人民医院从城中区整体搬迁至城东新区，投资5.7亿元，新建一院新院区；将中医院从城中区整体搬迁到城南新区，投资4.3亿元，新建中医院新院区。所有医院的主要建筑——门诊、急诊、住院大楼都进行了新建或扩建。

芜湖市第一人民医院新院址门诊大楼（2009—2014）（图4-2-42a）。这是芜湖有着悠久人文历史的一座综合性医院，始建于1939年，新中国成立后有很大发展。2003年，新的门诊综合楼（10层）建成投入使用（图4-2-42b）。2009年12月29日，位于新东城区赤铸山东路1

图4-2-41a　芜湖科技馆外景（一）

图4-2-42a　芜湖市第一人民医院新院址外观

图4-2-41b　芜湖科技馆外景（二）

图4-2-42b　芜湖市第一人民医院老院址门诊综合楼外观

号的一院新院区开工建设，2014年12月正式开诊。至2017年12月，一院已完全搬至城东新院址。

芜湖市第二人民医院门诊住院大楼（2008—2010）。该院始建于1953年，是芜湖市人民政府创办的第一所综合性医院，历经50余年，已发展为三甲医院。该大楼位于九华中路与渡春路交会处的西北角，投资4.4亿元建造，2008年年初动工，2010年建成投入使用。5层裙房为门诊部和医技部。23层主楼位于北侧，为住院部，楼高91.7米，为钢筋混凝土框架剪力墙结构。门诊、医技、住院三部分通过"医疗街"连接，使用十分便捷。总建筑面积10.95万平方米，床位数约1200张。造型设计挺拔舒展，建筑风格较为现代（图4-2-43）。

芜湖市中医医院门急诊住院大楼（2008—

2012）。城南新院区位于九华南路东侧，2008年12月18日开工建设，投资4.3亿元。2012年建成开始就诊，2018年3月30日老院区停诊完全搬至新院区。新院区占地7.3公顷，建筑面积11.9万平方米。住院部在北侧，高21层，建筑面积3万平方米。南侧的门诊、急诊和医技大楼5层，建筑面积3.3万平方米（图4-2-44）。还有办公楼、食堂、锅炉房等配套设施。另建有大型停车场，地上、地下可同时停车400多辆。此楼造型简洁，一横一竖、一高一低，对比强烈。功能布局合理，门诊、住院一南一北，医技居中，三者通过"医疗街"连接，使用便捷。

弋矶山医院新住院大楼（2008—2010）。位于弋矶山医院大门内北侧，投资近5亿元，2008年动工，2010年7月28日启动搬迁，投入试运行（图4-2-45）。该楼集急诊、医技、住院部于

图4-2-43a　芜湖市第二人民医院门诊住院大楼东面外观

图4-2-43b　芜湖市第二人民医院门诊住院大楼西面外观

图4-2-44　芜湖市中医医院门急诊住院大楼外观

一体，建筑面积9.6万平方米。主楼23层在南，副楼在北。A区一层设有住院大厅、急诊大厅、药房等，2—4层为医技，5—23层为各科病房。B区在副楼，设影像中心、ICU、消毒供应中心和32间洁净手术室。大楼建成后，医疗设备配置达到省内一流、皖南及皖江地区领先水平。住院床位总数达到2000张，医院社会服务能力得到提升。大楼造型整体感强，正面强调垂直线条，侧面突出垂直线条，在底层出入口、屋顶檐部、建筑角部作重点处理。

芜湖市第五人民医院综合体大楼（2013—2018）。此楼又名"中德芜湖国际康复医院综合体大楼"，位于北京中路北侧。2013年6月28日开工建设，2018年交付使用，投资3.92亿元。总建筑面积6.2万平方米，由一幢20层主楼和一幢7层副楼组成，设床位600张，集医疗、科研、教学、预防、保健于一体。建筑造型简洁，突出垂直线条，每隔几层有一水平线分格。芜湖市第五人民医院是三级康复专科医院，也是安徽省皖南康复医院（图4-2-46）。

12）芜湖国际会展中心（一期2006，二期2012）

早在20世纪80年代中期，芜湖曾每年举办"芜湖市菊花节"，以展会商，开展经贸洽谈活动。1999年9月，又成功举办了"安徽省芜湖市旅游商品交易会"。经国务院批准，2000年12月16—19日中国（芜湖）旅游商品博览交易会在商贸大厦（时为芜湖会展中心）召开，共有1500余家厂商参展，参会客商5000余人，参观者达20万人次，协议成交总额超过15亿元，受

图4-2-45a 弋矶山医院新住院大楼外观（一）

图4-2-45b 弋矶山医院新住院大楼外观（二）

图4-2-46 芜湖市第五人民医院综合体大楼外观

到国内外客商好评。自此，芜湖会展经济兴起，中国（芜湖）国际旅游商品博览交易会、中国（芜湖）国际茶叶博览交易会、中国（芜湖）建材和装饰材料国际博览交易会等大型展会相继年年召开，不断扩大芜湖的影响，提高了芜湖在国内外的知名度。2005年又创办三大品牌展会：中国（芜湖）国际汽车博览交易会、中国（芜湖）国际青少年文体生活用品博览交易会、安徽·芜湖房地产博览交易会，并荣获"2005年度中国新锐会展城市"称号。在这种背景下，芜湖建设大型会展建筑势在必行。2006年在弋江区九华南路西侧建设了芜湖国际会展中心（一期），投资2亿元，建筑面积4万平方米。2012年又完成二期工程，合计建筑面积达到8.5万平方米，可举办3000个标准展位的大型博览会。到2019年，全市举办各类展会72项，展览总面积45万平方米，成交额22亿元，参展商总计6900多家。大型会展主要在此举行。此会展中心综合开发项目涵盖会展中心、五星级酒店、高档写字楼、大型商业及100万平方米的大型居住区，总投资额达20亿元，集大型展览、展示、会议、商务、办公、旅游、休闲、居住等综合功能于一体，是安徽省内面积最大、设施先进、功能齐全的会展中心之一（图4-2-47）。

图4-2-47c　芜湖国际会展中心中轴线外观

图4-2-47a　芜湖国际会展中心一期外观

图4-2-47d　芜湖国际会展中心中轴线南侧外观

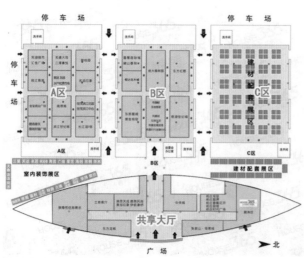

图4-2-47b　芜湖国际会展中心一期平面图

图4-2-47e　芜湖国际会展中心中轴线北侧外观

13）芜湖侨鸿国际商城（2005—2008）

芜湖侨鸿国际商城位于市中心中山北路77号。2004年，南京侨鸿集团投资10亿元，由芜湖侨鸿国际实业有限公司开发建设。2005年开工建设，总建筑面积15万平方米，主楼33层，高138米。1—7层为芜湖侨鸿国际购物中心，于2005年11月投入使用。8—20层为国际标准甲级写字楼，21—33层为芜湖首家五星级侨鸿皇冠假日酒店，于2008年正式营业。起初均由侨鸿国际集团自主经营，2005年11月被南京金鹰商贸集团并购。负1层至5层现名芜湖金鹰国际购物中心，集购物、餐饮、娱乐、休闲等功能服务于一体，店内国际国内名品荟萃，环境优雅舒适，服务功能优越完善。裙楼5层，平面近似于四分之一圆，主楼平面形如等边"L"。整个建筑除垂直线条的玻璃幕墙窗外，所有墙面均采用金黄色金属幕墙墙面，显得金碧辉煌（图4-2-48）。

14）芜湖镜湖世纪城社区服务中心（2011）

此项目位于城东一大型居住区的西端，位于黄山东路北侧，用地近似直角三角形，西大东小（图4-2-49）。总用地面积2.517万平方米，总建筑面积2.505万平方米。该中心由4幢单体

图4-2-48a 芜湖侨鸿国际商城西南面外观

图4-2-48b 芜湖侨鸿国际商城东面外观

图4-2-49a 芜湖镜湖世纪城社区服务中心南面外观

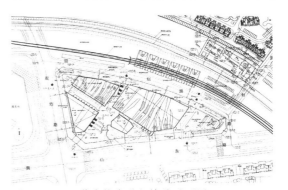

图4-2-49b 芜湖镜湖世纪城总平面图

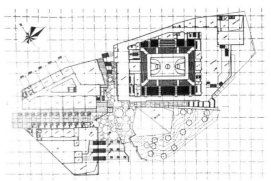

图4-2-49c 芜湖镜湖世纪城二层平面图

建筑组合成一个整体的建筑群，2—4层，除底层各自有单独的出入口外，由一层的屋顶平台尚可互相联通。东北角是体量最大的篮球馆及健身中心，东南角是占地最小的游泳馆，西南角是图书馆、培训及发展中心，西北角是青少年、老年和残疾人活动中心，功能齐全，布局合理。设有124个机动车位和1050个非机动车位，停车方便且人车分流，交通组织较好。建筑造型打破常规，整个构图以标志塔为中心，4幢建筑围绕布置，虽体量不一，但造型相似，建筑表层都采取"折叠"的手法，门窗外形也不求方整，有个性。只是标志塔造型过于呆板，用材标准也较低，没有达到预期效果。

15）芜湖市徽商博物馆（2006—2010）

该馆位于九华中路169-2号，南侧紧邻赭山公园东大门。馆长许苏平一直关注徽商文化，20多年来收集了大量徽州古建筑构件。2006年投资4000余万元，兴建"芜湖市徽商博物馆"，并邀请清华大学教授、著名建筑专家单德启先生主持设计，2010年4月18日正式开馆。此博物馆占地1.1万平方米，东西宽60—80米，南北长约160米，建筑面积约6000平方米。该馆采用中国传统园林和徽派建筑手法，使徽商文物融入其中，充分有效地展示了徽商文化，弘扬了徽商精神。由于与赭山风景区融为一体，该馆成为芜湖一处靓丽的人文景观（图4-2-50）。

馆内设有"徽州古居民""主体展馆"和"随园"三个展区，上万件藏品以徽州"三雕"（石雕、砖雕、木雕）为主，尚有历代名人字画等。除了文字、图片和实物，还有水口、祠堂、当铺、雕花、中药铺、花戏楼等场景布置，形象

展示徽商在芜湖的发展历史。此外，馆内还建有文化会所和临时展馆。2011年12月，许苏平在此又成立了"安徽江南徽商研究院"，以便进一步深入开展徽商研究，开发利用徽商文化资源，不断促进文化产业发展。

图4-2-50a 芜湖市徽商博物馆鸟瞰

图4-2-50b 芜湖市徽商博物馆景观集锦（一）

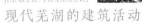

图4-2-50c　芜湖市徽商博物馆景观集锦(二)

16）铁山宾馆桂苑、竹苑客房楼（约2008—2010）

铁山宾馆位于芜湖市中心赭山风景区西南麓，占地面积6公顷，建于1954年，初名"芜湖交际处"，仅有的两幢客房楼是由原英商亚细亚煤油公司的办公楼和小住宅改造而成。后又建造了两幢别墅，达到69个床位，成为接待外宾和重要领导及专家名人等的宾馆。1958年，毛泽东、朱德、刘少奇曾先后下榻于此。1959年又建造两幢客房楼，床位增至101个。"文革"期间改为招待所，1974年恢复铁山宾馆名称。改革开放后新建了紫岚阁及礼堂、餐厅，宾馆达到一定规模。进入21世纪后，对原一栋、三栋进行了重建。2008年宾馆改制为国有独资企业，又相继改建了五栋、六栋，并实施了整体绿化改造，提高了硬件档次，提升了接待能力。现已有豪华套间、商务房、标准房等234间（套），共约1400个餐位的各式宴会厅、包厢23个，会议室、会见厅共15个，商务、购物、停车、休闲等配套设施齐全。总建筑面积达4万平方米。现已成为党和国家领导人来芜视察的首选下榻宾馆以及芜湖市举办重要会议的接待场所。铁山宾馆是安徽省5A级诚信旅游饭店、国家金叶级绿色旅游饭店（图4-2-51）。桂苑、竹苑客房楼，位于莲塘东侧，赭山脚下，杨柳垂岸，秀木扶疏，环境幽静。两幢建筑一气呵成，风格一致，建筑风格既有民族形式的神韵，又有现代建筑的新颖，与周围环境十分协调。

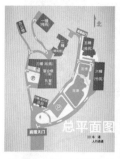

图4-2-51　铁山宾馆总平面图和景观集锦

17）芜湖城东国际大酒店（2011—2013）

芜湖城东国际大酒店位于万春东路与欧阳湖路相交处的西南角，是芜湖城市东端的一处酒店、办公和商业的建筑综合体，是万春商业广场项目的路西部分。此地块用地面积2.16万平方米，建筑面积4.75万平方米。路东部分是万春商业广场的商业街，由A、B两段商业街组成，用地面积3.84万平方米，建筑面积8.09万平方米。

芜湖城东国际大酒店主楼坐南朝北，面对万春路。主楼高20层，建筑总高度为76.7米，建筑面积为2.05万平方米，1层设入口大堂，2、3层为餐厅，4层为大会议室，5—10层为办公用房，11—20层为酒店客房。裙房位于主楼南侧，三层，1、2层为超市，3层为酒店、宴会厅。该酒店造型设计与东侧的五层商业建筑统一考虑，采用现代风格，以简洁的竖向线条为主，简洁中有变化，达到一定的商业建筑效果。此建筑由浙江华洲国际设计有限公司芜湖分公司设计（图4-2-52）。

图4-2-52a　芜湖万春商业广场鸟瞰

图4-2-52b　芜湖城东国际大酒店总平面图和景观集锦

18）高层与低层住宅

芜湖近20年的住宅建设大量向高层发展，少量建设低层，一改住宅开发建设初期芜湖住宅建设以多层为主，少量小高层的做法。高层住宅的建设可以节约用地，提高开发效益，因住宅间距加大，也可增加绿地面积，提高环境质量，所以得到很大发展。低层住宅可以利用良好人工景观或自然景观，提高居住品质，也受到欢迎。因政策规定市区严禁建造别墅，于是连排、合院等形式的低层住宅多有建造。为了优化住区的城市设计，丰富城市景观，完善建筑天际轮廓线，常采用高、多、低层住宅搭配组合的方式来布局，多层住宅也有建造，但已改进为"花园洋房"。如"艺江南"低层住宅（图4-2-53），位于镜湖区银湖中路东侧，方特欢乐世界以南，有20幢

连排或并联低层住宅，2000年始建。"碧桂园"低层住宅（图4-2-54），位于三山区龙窝湖畔，321省道北侧。"伟星和院"低层住宅（图4-2-55），位于鸠江区鸠江北路东侧，云从路西侧，南至神山路，北至园泰路，北有中央公园，西有神山公园，建有一片徽派合院式低层住宅，2015年始建。"世茂滨江花园"高层住宅，位于镜湖区中山北路以南的长江之滨（图4-2-56），2010年始建6幢33到43层板式高层住宅。"芜湖国贸天琴湾"高层住宅（图4-2-57），北临新时代商业街延伸段，东为中山南路，西为滨江大道，2008年左右建有32层板式高层住宅多幢。"长江之歌"高层住宅，位于弋江区中山南路西侧，马仁山西路以南，由13幢椭圆平面高层塔式住宅组成（图4-2-58）。

图4-2-53　芜湖艺江南小区低层住宅

图4-2-54　芜湖碧桂园低层住宅

图4-2-55　芜湖伟星和院低层住宅

图4-2-56　芜湖世贸滨江花园高层住宅

图4-2-57　芜湖国贸天琴湾高层住宅

图4-2-58　芜湖长江之歌高层住宅

19）芜湖轻轨梦溪路站站房（2019）

自2016年12月芜湖轨道交通1号线和2号线一期工程开工到2019年年底，36座车站已有12座完成主体结构，其中2号线东端的梦溪路站已基本建成，并于2019年12月30日进行了试运行（图4-2-59）。梦溪路站至万春湖路站约1.91千米是先导试验段，列车由4节车厢组成，每节车厢长约12米，宽约3米，载客136人。芜湖采用的是连续钢构的轨道梁跨座式轻轨，梦溪路站是全国首座独柱式钢混结构路中高架站，被称为"芜湖之翼"，由中国中铁工程设计咨询集团有限公司建筑院设计。该站采用钢筋混凝土组合结构，共有3层，底层是通透的桥下空间，2层进站厅和3层站台层，采用开放设计，轻盈通透。这是在芜湖出现的新型建筑类型，各轻轨站房如何做到既统一协调又便于区分，很值得关注。

芜湖轻轨高架站房尺度较大，宽20多米，长80~90米，高10多米。站房与有顶天桥形成的整体外观造型与装饰十分重要，对城市景观影响很大，需精心设计。

1. 上天桥

2. 过天桥

3. 进二层进站厅

4. 上三层

5. 进候车厅

图4-2-59a　芜湖轻轨梦溪路站东面外观

图4-2-59b　芜湖轻轨梦溪路站西面外观

6. 乘车

图4-2-59c　芜湖轻轨乘车流程

20）高铁芜湖南站站房（2013—2015）

2015年6月，随着合福高铁的开通，芜湖迈入高铁时代，芜湖境内设无为站和南陵站；同年12月，宁安高铁开通，芜湖境内设芜湖站、弋江站、繁昌西站。2020年6月25日，弋江站更名为芜湖南站。商合杭高铁开通前还建设了芜湖北站、湾沚南站。芜湖高铁站房建设加速。

弋江站高铁站房2012年6月2日完成概念设计，2013年开始建设，2015年11月4日竣工，12月6日开始运营。弋江站为侧下式旅客站房，坐东朝西。建筑面积5980平方米，站台雨棚覆盖面积9450平方米。站房平面为矩形，长130米，宽36米。地上一层，局部二层，地下局部一层。层高分别为：负一层4.1米，一层5.95米，二层4.55米，站房15.2米。站房结构形式为钢筋混凝土框架结构，屋面采用压型钢板与现浇混凝土组合板，基础采用柱下独立基础。站房采用抽象而简洁的造型，运用徽派建筑"马头墙"的元素，以展现地域特色和文化内涵（图4-2-60）。

21）高铁芜湖北站（2019—2020）

此高铁车站地处芜湖市江北新区，位于鸠江区汤沟镇龙塘村，距长江北大堤约8.5千米。站房规模约5000平方米。站房坐南朝北，站型为高架站，站房为线正下布置，两站台四线。芜湖北站是商合杭高铁进入芜湖境内的第一座车站，也是芜湖第七座高铁站，还是芜湖轨道交通2号线二期工程终点站。芜湖北站为线上高架站台，2020年6月商合杭高铁全线开通前建成。建筑造型的设计立意为"两江三城，双翼齐飞"。构图左右对称，形体上大下小，墙面外实内虚。有韵律，有层次，有起伏。寓意芜湖的长江两岸共同发展，共同托举出城市美好的未来。建筑整体显得简洁大方，风格现代。站房南北均有广场。北广场是主广场，两侧布置了长途汽车站和公交车站及出租车场。南广场预留了城市轨道交通线路。此建筑由中铁时代建筑设计院设计（图4-2-61）。

除了以上实例，芜湖还有更为优秀的建筑，如芜湖市新火车站、芜湖市政务中心、芜湖市规划展示馆、芜湖市大剧院、芜湖市奥体中心体育场、芜湖市汽车客运南站、安徽师范大学敬文图书馆、芜湖八佰伴商厦、芜宣机场候机楼等（图4-2-62），将在下章另行详细介绍。

图4-2-60a　高铁芜湖南站外观（一）

图4-2-61a　高铁芜湖北站外观（一）

图4-2-60b　高铁芜湖南站外观（二）

图4-2-61b　高铁芜湖北站外观（二）

现代芜湖十大新建筑

芜湖金鹰国际广场

芜湖八佰伴商厦

安徽师范大学敬文图书馆

芜湖市规划展示馆

芜湖市政务中心

芜湖市奥体中心体育场

芜湖市大剧院

芜湖市新火车站

芜湖市汽车客运南站

芜宣机场候机楼

图4-2-62　现代芜湖十大新建筑

三、现代芜湖建筑的建筑风格

（一）建筑与建筑风格

为什么要研究现代建筑的建筑风格，这要从什么是建筑学谈起。

《中国大百科全书：建筑·园林·城市规划》起始有一篇"建筑学"的概观性文章，对"建筑学"的概念有精准的阐述："建筑学是研究建筑及其环境的学科，旨在总结人类建筑活动的经验，以指导建筑设计创作，创造某种体形环境。其内容包括技术和艺术两个方面。"[①]也就是说，建筑学既涉及科学，又涉及美学。该文对"建筑"的释义是："它既表示营造活动，又表示这种活动的成果——建筑物，也是某个时期，某种风格建筑物及其所体现的技术和艺术的总称。"[②]可见，研究某个时期的建筑，就不能不研究这个时期某个建筑的"风格"。如国外有拜占庭风格、古希腊风格、古罗马风格、文艺复兴风格等建筑，国内有秦汉风格、隋唐风格、明清风格等建筑。再从建筑学研究的内容来看，主要包括建筑设计、建筑构造、建筑历史、城市设计和建筑物理等。其中"建筑设计"包括"设计原理"，自然会涉及建筑风格问题。"建筑历史"包括"建筑理论"，要"探讨建筑与经济、社会、政治、文化等因素的关系；探讨建筑实践所应遵循的指导思想以及建筑技术和建筑艺术的基本规律"[③]，自然更不能回避建筑风格问题。

关于"风格"，一般泛指某种"文艺作品所表现的主要的思想特点和艺术特点"[④]，会涉及某种社会思潮和创作流派。"建筑风格"，可以认为是"特指作为建筑创作结果的建筑所表现出来的形式风貌和艺术特征"，当然也会涉及不同建筑思潮和建筑流派。评价某个建筑的某种风格，自然会有格调问题，会有雅俗和高低之分。

国内一些城市的建筑史研究也有从建筑风格的角度来展开。如《北京古建文化丛书》（近代建筑卷），把北京的近代建筑分为"西洋楼"风格建筑、西洋古典风格建筑、折衷主义风格建筑、中国传统式仿古建筑、其他风格建筑五个部分来——介绍[⑤]。沈福煦、孔键编著的《近代建筑流派演变与鉴赏》一书，则是通过与西方近现代建筑的比较，从上海近代各种建筑流派的角度，——介绍诸多上海近代建筑，最后归结为特有的一种"海派建筑风格"[⑥]。

外国近现代建筑史就是从18世纪下半叶—19世纪下半叶欧美的复古思潮（古典主义、浪漫主义、折衷主义）、19世纪下半叶—20世纪初"新建筑运动"，之后现代建筑派的诞生、普及与发展，一直写到现代主义之后的各种建筑思潮[⑦]。中国现代建筑史则是既写了"中国固有的形式""民族形式""中国的社会主义的建筑新风格"，直到"有中国特色的现代建筑"这一条发展主线，又写了国外现代建筑活动、多种先锋建筑思想（如后现代建筑、解构建筑和各种流派及思潮）对中国的影响[⑧]。

①《中国大百科全书——建筑·园林·城市规划》，北京：中国大百科全书出版社1988年版，第1,7页。
②《中国大百科全书——建筑·园林·城市规划》，北京：中国大百科全书出版社1988年版，第1,7页。
③《中国大百科全书——建筑·园林·城市规划》，北京：中国大百科全书出版社1988年版，第1,7页。
④中国社会科学院语言研究所词典编辑室：《现代汉语词典（第7版）》，北京：商务印书馆2016年版，第388页。
⑤北京市古代建筑研究所：《北京古建文化丛书 近代建筑》，北京：北京摄影出版社2014年版，第1—3页。
⑥沈福煦，孔键：《近代建筑流派演变与鉴赏》，上海：同济大学出版社2008年版，第21页。
⑦罗小未：《外国近现代建筑史》，北京：中国建筑工业出版社2004年版，"前言"第3—4页。
⑧邹德侬，戴路，张向炜：《中国现代建筑史》，北京：中国建筑工业出版社2010年版，第1—8页。

（二）现代芜湖建筑的建筑风格

1.两大时期

《中国建筑史》将现代中国建筑以1978年为界划分为两大时期：自律时期与开放时期①。纵观70年来现代芜湖建筑的发展，其建筑风格、建筑思潮演变，与此是一致的。前30年由于历史环境的原因，经济基础差，只能因陋就简，芜湖的建筑活动更是难言风格，所以留下来的好作品不多。这一时期的建筑大多在以后的房地产开发中被拆除。后40年随着改革开放的不断推进和深入发展，芜湖的建筑思想才逐渐活跃，尤其是近20年来的建筑活动，对建筑风格的探寻与追求才渐有起色并取得一定成果。

2.两条发展线

一条是受外来建筑思潮影响的建筑风格发展线，新中国成立初期国内学习苏联，提倡"社会主义的内容、民族的形式"，批判"结构主义""世界主义"，对芜湖建筑多少会有影响。之后，西方古典主义建筑、现代主义建筑、折衷主义建筑、后现代主义建筑等各种建筑思潮越来越多地影响到中国，芜湖自然也会受到影响。这条是主线，发展态势较强。另一条是在中式建筑、徽派建筑影响下发展起来的建筑风格发展线，受到国内提倡发扬地域建筑风格的思潮影响，在芜湖也得到重视。这条线目前较薄弱，发展尚不充分。

概括起来，可将现代芜湖建筑的建筑风格划分为三大类："欧式"建筑风格（包括西方古典式、西方古典折衷式、简欧式）、"现代式"建筑风格（包括后现代、解构主义、新现代）、"地域式"建筑风格（包括中式、新中式、徽式、新徽式）。在芜湖的不同建筑类型中各有偏重。

3.不同建筑类型的建筑风格

1）工业建筑

芜湖早期工业建筑总体上是随着工厂的分布较为分散地布置，后期随着工业开发区的建设而较为集中地布置。工业区的功能也多样化，虽以工业厂房为主，配套服务的居住建筑和公共建筑也在工业开发区内出现。早期的工业建筑多为预制装配钢筋混凝土结构，有少量的砖混结构。后期结构类型增加，钢结构、轻钢结构增多，夹芯彩钢板在工业建筑中大量使用。工业区中的工业厂房，不仅有专用工业厂房，通用工业厂房也大量增加。工业建筑的面貌有较大变化，也较注重造型设计，现代工业建筑的时代感大大增强，多为"现代式"（图4-3-1、图4-3-2）。

图4-3-1 芜湖经济技术开发区

图4-3-2 芜湖高新技术开发区

2）居住建筑

芜湖早期居住建筑从见缝插针、零星建造，到少量工人新村、居住小区建设，住宅标准不高，多为多层砖混结构，外形简单，整齐划一，无所谓风格。20世纪80年代以后，居住标准有所提高，家电进入家庭，开始注重住宅外观。大力推广墙体改革，空心砖代替黏土砖，普遍采用构造柱，小高层出现。90年代以后，多采用钢筋混凝土框架结构，居住标准明显提高，空调进入家庭，厨卫设备等级提升，注意光照、防火等

---

① 潘谷西:《中国建筑史》,北京:中国建筑工业出版社2004年版,第393—400页。

质量和安全的要求。房地产大规模开发以后，高层住宅逐渐增多，节能设计得到重视，家庭装修标准迅速提高，居住环境大为改善，尤其是对建筑风格的追求成为时尚，开发商对某种建筑风格的标榜甚至成为商品房的卖点。可以说，各种各样的建筑风格在成片的居住建筑中都有采用，居住建筑成为建筑风格最为多样化的建筑类型。刮起的所谓"欧陆风"延续甚久，至今不衰（图4-3-3—图4-3-8）。笔者对"欧陆风"在芜湖的盛行可以理解，但不赞赏。可以理解的是，开发商以此可以宣扬住区的高档和住宅品位，这也迎合了一些购房者的心理需求。这类住宅在细部设计、材料使用和施工质量都有值得认可的地方。不赞赏的是，这是不恰当追求"异域情调"，对中国文化和地方文化不够自信的表现。芜湖也有些房地产开发商进行了有益的探索，采用"现代式""简欧式""新中式""新徽派"等建筑风格，这是值得鼓励的（图4-3-9—图4-3-15）。

图4-3-3　香樟花园住宅

图4-3-4　香格里拉住宅

图4-3-5　兆通大观花园住宅

图4-3-6　圣地雅歌住宅

图4-3-7　颐景湾畔住宅

图4-3-8　东方蓝海住宅

图4-3-9　东部新城住宅

图4-3-10　熙龙湾住宅

图4-3-11　左岸生活住宅

图4-3-12　美加印象住宅

图4-3-13　中央城住宅

图4-3-14　平湖秋月住宅

图4-3-15　芜湖艺江南住宅

3）其他公共建筑

芜湖办公建筑设计一向中规中矩，"方盒子"较多。进入21世纪以后，在建筑规模和体量组合上都有了不少变化。"现代式"风格较多，如市政务中心、镜湖区政府办公楼、市交警指挥中心、市国税局办公楼（图4-3-16）等，像鸠江区政府办公楼、育红小学那样采用"仿欧式"的较少。商务办公楼的新类型有所发展，如电讯大楼（图4-3-17）、万达广场（图4-3-18）等，建筑风格多较"现代"。商业建筑有大发展，先后建成的有沃尔玛超市、欧尚超市（图4-3-19）、星隆国际城（图4-3-20）、南翔万商国际商贸城（图4-3-21）、瑞丰商品交易博览城（图4-3-22）、八佰伴商厦等，建筑造型变化多样，现代，时尚，给城市带来很大人气和活力。旅馆业在芜湖历来兴盛，早期建成的鸠江饭店、芜湖饭店、铁山宾馆等已经过多次改造升级，重新内外装修。而新建的高级宾馆、酒店则尽量追求新颖、前卫、高雅甚至豪华，如星光普利酒店（图4-3-23）、汉爵阳明人酒店（图4-3-24）以及2008年芜湖首家五星级酒店"侨鸿皇冠假日酒店"也已开业。这类建筑的风格更为现代、前卫、高雅。金融建筑发展也快，各银行都新建了"现代式"的高标准高层建筑，只有稍后新建的中国人民银行芜湖中心支行高层大楼采用了"简欧式"建筑风格（图4-3-25）。而一些金融办公建筑则倾心于简洁与高雅，如伟星·时代金融中心（图4-3-26）。

科教文卫类建筑发展更快，尤其是学校建筑，数量大为增加，质量有很大提升，大多采用简洁明快的"现代式"，而小学、幼儿园建筑则活泼、轻快，也少量采用了"欧式"或"简欧式"，如育红小学（图4-3-27）。其他如交通建筑、展览建筑、体育建筑等在新材料、新技术、新结构的应用方面更有进步，建筑风格更为新颖、大气，具有一定的文化内涵，如芜湖新火车

站东广场汽车站（图4-3-28）。

总之，芜湖的公共建筑风格多样，色彩纷呈，在一定程度上改善和美化了城市面貌，提高了城市的文化品位。

（三）现代芜湖建筑创作简评

1.有提高

（1）建筑设计的创作队伍逐步形成。1954年，芜湖市成立第一家建筑设计院。20世纪70年代初，学过建筑学专业且工作多年的专业人员陆续来到芜湖，80年代中期以后，又一批年轻的建筑师进入芜湖，高级建筑师队伍也开始建立。90年代中期以后，以及进入21世纪以后，又有两批更年轻的专业技术人员加入进来，国家一、二级注册建筑师队伍在芜湖得到成长。

图4-3-16 芜湖市国税局办公楼

图4-3-17 电讯大楼　　图4-3-18 万达广场

图 4-3-19　芜湖欧尚超市

图 4-3-20　芜湖星隆国际城

图 4-3-21　南翔万商国际商贸城

图 4-3-22　瑞丰商品交易博览城

图 4-3-23　星光普利酒店

图 4-3-24　汉爵阳明大酒店

图 4-3-25　中华人民银行芜湖市中心支行

图 4-3-26　伟星时代金融中心

图 4-3-27　育红小学

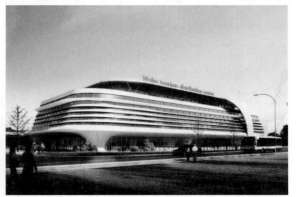

图 4-3-28　芜湖新火车站东广场汽车站表现图

（2）建筑设计的创作思想日趋活跃，尤其是改革开放后四十年，设计思想日益放开，设计手法日趋多样，设计理念日渐明晰，有新意的建筑作品时有出现。

（3）建筑设计的优秀成果不断产生。这主要是由于建筑设计市场的放开，外地的甚至境外的建筑设计队伍参与了芜湖一些较大的项目设计竞标，带动和促进了芜湖建筑设计水平的提高，出现了一批较为优秀的建筑设计作品。

2.有不足

（1）芜湖建筑艺术风格较杂，没有形成明显特色。总体上一直受"现代主义之后"的建筑思潮影响，但"后现代""新现代"均发育不够，"徽派建筑"也未成气候，"欧陆风格"之风时有刮起，芜湖建筑的地方风格没有真正形成。

（2）历史文物建筑保护、利用不够，研究更是欠缺。近20年来有所重视，芜湖古城保护的规划和设计有所加强，但还有很多工作需要去做。

（3）建筑设计创作思想不够放开，少有创新。建筑设计特点不够鲜明，群众参与力度不够，建筑评论未能展开，学术活动较少举行。有的作品建筑语言过简、过露或过杂，有的缺少对人文的关怀和对环境的关注，有的迎合业主或开发商的意图。这些都应该引起重视并加以改进。

第五章　现代芜湖城市与建筑文化遗产的保护与利用

广义的文化遗产包括物质文化遗产和非物质文化遗产。城市文化遗产一般包括文物古迹、历史建筑、传统街区、工业遗产区以及历史性城镇等①；建筑文化遗产"不仅包括品质超群的单体建筑及其周边环境，而且包括所有位于城镇和乡村的具有历史和文化意义的地区"（《阿姆斯特丹宣言》，1975）。

文化遗产既具有无法复制的不可再生性，又凝聚深厚丰富的文化内涵。其不可再生性要求我们必须妥善而有效地予以保护，其文化价值又要求我们积极而合理地加以利用。实践证明，对于文化遗产，继承是最好的保护，利用是最有效的弘扬。要妥善保护就需要合理利用，合理利用是为了更好地保护。保护是第一位的，只有在妥善保护的前提下，才谈得上合理利用。有了城市与建筑文化遗产的妥善保护和合理利用才能保有特定的城市文脉和彰显有个性的城市风貌。

保护文化遗产是城市现代化的必要内容，是建设美好城市特色的最低成本的捷径，是城市可持续发展战略的基础环节，也是衡量城市综合竞争力的愈显关键的指标②。

一、芜湖古城的保护与利用

（一）芜湖古城保护概况

我国文化遗产保护从20世纪初至今100余年来，经过古迹保存—文物保护—历史文化名城保护的历史进程。1906年，清政府拟定《保存古迹推广办法》；1916年，北洋政府颁发《保存古物暂行办法》；1928年，南京国民政府颁布《名胜古迹古物保存条例》；1930年，颁布《古物保

---

① 全国城市规划执业制度管理委员会：《科学发展观与城市规划》，北京：中国计划出版社2007年版，第243页。
② 王景慧：《城市规划与文化遗产保护》，《城市规划》2006年第11期，第57页。

存法》；1931年，国民政府又颁布《古物保存法施行细则》。但是由于时局动荡，这些法规基本上没有得到有效执行。这一时期芜湖古城不仅没有得到妥善保护，而且1932年为了开辟环城马路还开始拆除老城墙。

1949年以后，芜湖和全国一样，经历了文化遗产保护的三个阶段。

第一阶段：20世纪50—70年代。1961年，国务院发布《文物保护管理暂行条例》，同时还公布了第一批180处全国重点文物保护单位，开始建立重点文物保护单位保护制度。1963年颁布了《文物保护单位保护管理暂行办法》，初步建立起我国的文物保护制度。"文革"期间，国家刚刚建立起来的文物保护制度以及文物古迹遭到严重破坏。芜湖的天主堂、城隍庙、大成殿等历史建筑遭到破坏。

第二阶段：20世纪80—90年代。1980年，国务院发布《关于强化保护历史文物的通知》，1982年全国人大常委会通过《中华人民共和国文物保护法》，标志着我国文物保护制度的真正建立。1982年2月8日，国务院批转国家建委等部门《关于保护我国历史文化名城的请示》，批准公布了北京等24个有重大历史价值和革命意义的城市为国家第一批历史文化名城。为了促进文物保护工作同城市规划的结合，1980年国家建委制定《城市规划编制审批暂行办法》，1983年城乡建设环境保护部公布《关于加强历史文化名城规划工作的通知》。1984年颁发的《城市规划条例》对保护城市历史建筑作出规定，要求将保护措施纳入城市规划。1994年建设部、国家文物局颁布《历史文化名城保护规划编制要求》，进一步明确了保护规划的内容、深度和成果，促使保护规划编制及规划管理向规范化迈进。1996年6月，召开了历史街区保护（国际）研讨会，会议指出"历史街区的保护已成为保护历史文化遗产的重要一环"。1997年，建设部发文明确指

出"保护单体文物、历史文物保护区、历史文化名城"是一个完整的保护体系。这一阶段芜湖在单体文物建筑保护方面有成果，确定了一些省市级重点文物保护单位，如1981年广济寺塔被列为安徽省重点文物保护单位（2019年升为全国重点文物保护单位），1982年中江塔被列为市级重点文物保护单位（2004年升为安徽省重点文物保护单位），同年大成殿也被列为市级重点文物保护单位（2012年升为安徽省重点文物保护单位）。但近代建筑的保护尚未得到重视，笔者在20世纪80年代中期对芜湖尚存的优秀近代建筑进行了调查研究，并在1988—1989年的《芜湖日报》上连续发表了十篇"芜湖近代建筑漫话"系列文章，分别介绍与评价了英驻芜领事署、芜湖天主堂、芜湖圣雅各中学教学楼、芜湖海关关廨大楼（以上四项2013年、2019年分别被公布为全国重点文物保护单位）、弋矶山医院病房大楼、中国银行芜湖分行大楼（以上二项2012年被公布为安徽省重点文物保护单位）、益新面粉厂制粉大楼（2012年被公布为芜湖市重点文物保护单位，2019年进入中国工业遗产保护名录）、明远电厂老发电厂房、芜湖科学图书社旧楼、青年剧场（以上三项后被拆除）等10个芜湖优秀近代建筑，为芜湖文物建筑的保护尽了一分力量。这一阶段芜湖进行了"改造旧城、建设新区"，尤其是20世纪80年代九华山路的贯通和90年代初的"长街改造"，把芜湖明代古城分隔成东大西小的两部分，古商业街"十里长街"被拆光重建得面目全非，使芜湖的文化遗产保护工作受到重创。1986年安徽省的亳州、寿县、歙县入选第二批国家历史文化名城名单，1994年又公布了第三批国家历史文化名城名单，芜湖皆榜上无名。之后，安庆与绩溪也成为国家级历史文化名城，凤阳、桐城、黟县、蒙城、涡阳、潜山、和县、贵池、宣州都成为省级历史文化名城，而芜湖仍然未加入历史文化名城的

行列。

第三阶段：21世纪10—20年代。2002年《中华人民共和国文物保护法》全面修订，进一步规范了保护与利用的关系：保护和抢救是首要的、第一位的；利用是以保护、抢救为前提的，是在合理范围内的利用，是有限制的利用。强调"正确处理经济建设、社会发展与文物保护的关系，确保文物安全。基本建设、旅游发展必须遵守文物保护工作的方针，其活动不得对文物造成损害"。2005年发布并实施的《历史文化名城保护规划规范》，对确保保护规划的科学合理和可操作性，对各地制定相应的保护政策和实施措施，具有规范作用和指导意义，明确要求历史文化名城保护应"纳入城市总体规划"。2008年7月1日施行的《历史文化名城名镇名村保护条例》，第一次在全国范围内明确提出要保护"经省、市、县人民政府确定公布的具有一定保护价值，能够反映历史风貌和地方特色"的"历史建筑"，即文物保护单位和登记不可移动文物以外的建筑物、构筑物。要求地方政府确定并公布历史建筑清单，对历史建筑设置保护标志，建立档案，意义十分重大。关于芜湖文化遗产保护的规划，主要有：2005年编制的《芜湖市历史文化遗存保护规划（2005—2020）》，编制单位是芜湖市规划设计研究院，协编单位是芜湖市文化委员会。该规划明确了历史城区、历史文化街区、文物保护单位和文物古迹点，划定了保护区、建设控制地带和环境协调区范围。规划确定了四个历史文化街区（花街—南门湾—南正街，东内街—十字街，儒林街，米市街—薪市街）和长街传统商业风貌保护区，总保护面积35.9公顷。此规划纳入了《芜湖市城市总体规划（2006—2020）》。规划中的古城范围西面未能划到环城西路，考虑似有不周。2016年编制的《芜湖市历史文化名城保护规划》，编制单位是安徽省城乡规划研究院，协编单位是芜湖市文物局。该规

划分为历史文化名城、历史文化街区、文物保护单位及历史建筑三个层次。历史城区划定了古城、赭山、滨江三个片区，合计144.27公顷。划定了两个历史文化街区（花街—薪市街—南门湾—南正街，东内街—萧家巷—儒林街），文物保护单位在市域范围内明确了856处不可移动文物。此规划对芜湖市申报省级乃至国家级历史文化名城有积极意义。关于芜湖文化遗产保护的管理，2012年制定了《芜湖古城规划导则》，2015年编制了《芜湖古城保护技术要求与参考图集》，成为芜湖古城保护的重要指导性文件和技术性文件。关于芜湖文化遗产保护的实施：2000年启动"芜湖古城保护恢复工程"，2007年成立芜湖市古城项目建设领导小组（下设办公室），并成立了芜湖古城建设投资公司；2013—2014年组织了《芜湖古城整治保护规划》设计方案竞赛，并完成了中选方案的优化设计；2017年通过国有建设用地公开招标，选中芜湖古城一期工程实施单位，于2020年年底建设完成并正式开放，二期工程也开始实施。遵照国务院《关于开展第三次全国文物普查的通知》，2007—2011年芜湖市开展了历史上规模最大的普查，共登录不可移动文物223处，其中新发现128处，复查70处，消失文物25处。2020年芜湖开展了对历史建筑的普查和认定，这一工作对加强历史建筑的保护力度，充分保护历史文化遗产具有重要意义。

（二）芜湖历史文化名城保护规划的编制

作为"长江巨埠、皖之中坚"的芜湖，拥有3000多年的建城史，境内至今仍有868处文物古迹，其中有全国重点文物保护单位9处，省级重点文物保护单位29处，市级（含县级）文物保护单位142处。市域内众多的文物古迹，城区内成片的历史建筑，古城的传统格局和肌理仍在，抓好历史文化名城保护规划并认真实施，芜湖完全具备成为历史文化名城的条件。对照《历史文

化名城名镇名村保护条例》，具备下列条件的城市可以申报历史文化名城：①保存文物特别丰富；②历史建筑集中成片；③保留着传统格局和历史风貌；④历史上曾作为政治、经济、文化、交通中心或者军事要地……；还应当有两个以上历史文化街区。可见芜湖只要"亡羊补牢"，抓好古城历史文化遗产保护，申报历史文化名城大有希望。

2016年编制的《芜湖市历史文化名城保护规划》，明确了"整体性、真实性、永续性、多样性"的规划原则。规划重点放在"历史城区内的物质文化遗产，主要包括古城格局及其周边的山水环境、历史文化街区、文物保护单位和历史建筑"。

关于历史城区的格局，确定为三大片区（图5-1-1）：①古城片区（图5-1-2）。用地范围为环城道路围合而成的区域，面积为37.77公顷。内有9处重点文物保护单位，其中5处省级重点文物保护单位，4处市级重点文物保护单位），66处不可移动文物。此片区功能定位为："一座集文化、商业、居住、旅游、展示、休闲为一体的具有特殊地域特色的历史古城。"功能结构划分为核心区、传统风情区、配套服务区三大功能区。建筑高度控制以不超过4层为主，局部不超过5层，核心区有更高要求。规划在此片区还要保护48处优秀历史建筑。②赭山片区（图5-1-3）。主要是自然景观和人文景观的相互融合，范围内有6处重点文物保护单位（1处省级，5处市级），2处不可移动文物。用地面积为35.19公顷。规划要求建筑高度以不超过2层为主，局部不超过4层。要保护好山体轮廓线。③滨江片区（图5-1-4）。内有8处文物保护单位（3处国家级，4处省级，1处市级），3处不可移动文物，

其他历史建筑正在认定。用地71.66公顷。文物建筑主要集中在范罗山、狮子山以及弋矶山上。建筑高度以不超过4层为主，局部不超过6层。这一片区的文物建筑尤其要处理好保护与利用的关系。

关于历史文化街区，确定为两大历史街区：①花街—薪市街—南正街历史文化街区（图5-1-5）。内有文物保护及历史建筑36处，总长度约240米，是历史遗存相对连续集中的区域，也是芜湖最古老的商业街之一。②东内街—萧家巷—儒林街历史文化街区（图5-1-6）。内有文物保护及历史建筑32处，总长度约800米，是以行政管理、生活居住、文化交流为主要职能，集中体现芜湖历史人文风貌的历史文化街区。两个街区都划分了核心保护区和建筑控制地带。

历史文化名城保护规划的编制和历史文化名城的申报，对满足芜湖文化建设的需要，塑造城市特色，留住城市记忆，进而推动芜湖市经济社会的协调发展，将发挥重要作用。

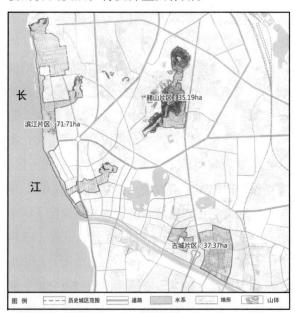

图5-1-1 芜湖历史城区范围划定图

1圣雅各教堂　6西内街任氏住宅　11堂子街12号民居　16皖南行署　21模范监狱附属用房　26钟家庆故居
2牧师楼　7洪公馆　12堂子街14号民居　17公署路郑宅　22模范监狱　27潘家大六屋
3芜湖杂货同业公会　8西内街2号　13索面巷18号民居　18井巷18号民居　23东寺街将军楼　28俞宅
4清真寺　9堂子街崔府　14索面巷26号民居　19黄公馆　24华牧师楼　29衙署前门
5上菜市2、4号民居　10堂子街6号民居　15淳良里16号民居　20模范监狱瞭望塔　25段谦厚堂　30米市街47号民居

九华山路

青弋江

31十字街交叉口民居　41南门湾商铺
32城隍庙戏楼　42南正街商铺
33河洞巷4号民居　43望火台
34潘家"宫保第"　44东内街民居
35正大旅社　45萧家巷民居　51"小天朝"
36花街44号民居　46项家钱庄　52雅积楼
37伍刘合宅　47张勤慎堂　53儒林街民居
38清末官府　48丁字街民居　54柯宅
39花街小学内民居　49官沟沿民居　55水产网线厂　58环城南路7号民居
40花街商铺　50大成殿　56环城南路27号民居　59县学记碑
　　　　　57环城南路42号民居　60油坊巷8、10、12号住宅（补注）

图例　■国家级文保单位　■市级文保单位　■推荐历史建筑　●古墓碑　----历史城区范围
　　　■省级文保单位　■未定级文保单位　□道路　水系　地形

图5-1-2　芜湖古城片区现状图

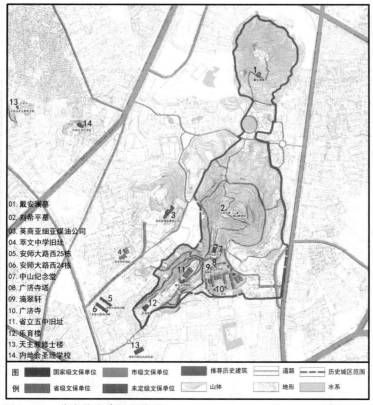

01. 戴安澜墓
02. 刘希平墓
03. 英商亚细亚煤油公司
04. 萃文中学旧址
05. 安师大路西25栋
06. 安师大路西24栋
07. 中山纪念堂
08. 广济寺塔
09. 滴翠轩
10. 广济寺
11. 省立五中旧址
12. 乐育楼
13. 天主教修士楼
14. 内地会圣经学校

图 5-1-3　芜湖赭山片区现状图

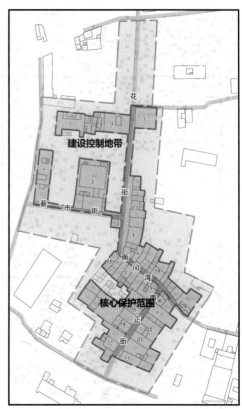

图 5-1-5　芜湖古城花街—南正街保护区划图

01. 老芜湖医院
02. 医院专家楼
03. 医院院长楼
04. 沈克非陈翠贞故居
05. 基督教牧师楼
06. 王稼祥纪念园
07. 基督教中国主教公署
08. 基督教外国主教公署
09. 圣雅各中学
10. 英商太古洋行旧址
11. 英商怡和洋行旧址
12. 天主教圣母院
13. 天主教主教公署
14. 芜湖老海关
15. 英驻芜领事署
16. 芜湖海关税务司署
17. 芜湖海关税务司职员宿舍
18. 天主堂
19. 神父楼
20. 英驻芜领事官邸
21. 内思高级工业职业学校
22. 中江塔

图 5-1-4　芜湖滨江片区现状图

图 5-1-6　芜湖古城萧家巷—儒林街保护区划图

（三）芜湖古城南北主轴线上的商业街区实例

芜湖古城实施的一期保护工程，北临环城北路，南抵青弋江边，南北长约700米，东西宽100—200米，占地约8公顷（图5-1-7）。经过前期准备，2018年开工，至2019年年底基本完成花街—南门湾—南正街历史商业街区的工程，2020年年底一期工程全部完成，商户、住户都已有入住。2021年元旦，商业街区正式对外开放，迎来第一批游客。

1. 商业街区实施概况

（1）功能结构与建筑风貌：

这一历史文化保护区由两部分组成。其功能结构，北部为以商业、饮食业为主的配套服务区，南部以花街—南门湾—南正街古商业街为主的核心保护区。两部分结合处的同属于核心保护区的衙署和城隍庙复建项目正积极筹建，已完成前期准备。从保护层次看，南部属"历史文化街区"，北部属"历史文化风貌区"。从建筑风貌与保护方式看，南部以维护传统风貌为主，对原有的历史建筑采取较严格的保护方式；北部以新建、仿建为主，保护要求相对略低，建筑风格仍需与核心保护区建筑风貌协调。

（2）规划布局与重要节点：

北入口广场：是一沿路展开的不规则平面广场。整个北立面在设计上采取了现代建筑风格与中国古建筑、徽派建筑的混搭，古朴中有新意（图5-1-8）。正中主轴线上立有石牌坊（图5-1-9），小部分石构件采用了原位于北门（来凤门）处的"双忠庙牌坊"（建于明崇祯年间，1995年倒塌）。

北部商业街区：长约100米，其中心广场南侧局部为下沉式。东侧保留有文物建筑徽派民居

郑宅（图5-1-10），西侧是从衙署西侧原址移至此的历史建筑皖南行署办公楼（图5-1-11）。这一街区其他新建的建筑多采用有新意的中西合璧式"洋门脸"（图5-1-12、图5-1-13），也有较时尚的开敞式建筑（图5-1-14）。

谯楼广场：谯楼是衙署前门，也是县衙中仅存的文物建筑。门楼的石砌高台基座是宋代遗构，2004年被评为安徽省重点文物保护单位（图5-1-15、图5-1-16）。通过十字街，向东与古城二期工程有很好的衔接。

花街：长近200米，始建于北宋初年。原有建筑多已不存，仅保留正大旅社与潘家宫保第（1860年建）。民谣曰："花街半里路，尽是篾匠铺。"现已复建的店铺仍为徽派建筑或中西合璧式建筑（图5-1-17、图5-1-18）。开设了灯笼铺（图5-1-19），还恢复了几家篾器店（图5-1-20）。

南门湾：不长，仅约40米。因要连接正对衙署的花街和正对长虹门的南正街，所以在此拐了一个弯。现在按原状修复了两侧的店铺（图5-1-21）。此街向东连接儒林街。

南正街：长约80米，始建于明万历三年（1775），是古城内保存最好的商业街。街内曾有各色店铺，其中胡开文的徽墨店尤其著名。南正街与南门湾、花街一样都恢复了条石板路面（图5-1-22—图5-1-24）。街口与长虹门之间也设置了小广场（图5-1-25）。

长虹门：这是按古城保护规划在原址上复建的芜湖古城南城门。因在青弋江防洪墙顶标高处设置了高架的休闲平台，长虹门底座标高相应加高，城楼也采用了重檐歇山式，从建成后的效果看是较为恰当的（图5-1-26）。长虹门的恢复，不仅使这一历史区段更加完整，也成为芜湖古城的一处标志性景观。长虹门前的休闲平台成为市民与游客观景的好场所。

公署路

人文住区

九华山路

太平大路
华牧师楼
段谦厚堂
钟家庆故居
谯 楼

谯楼广场
俞 宅

米市街民宅

花 街
潘家宫保第

伍刘合宅

清末官府

南门湾
能仁寺
南正街

沿河路

长虹门城楼
滨江休闲平台

青弋江

环城北路
入口牌坊

皖南行署
郑宅

衙署

城隍庙

东大街

新建建筑
正大旅社

人文住区

保留建筑
儒林街

保留建筑

望火台
环城南路

保留建筑
现状建筑
周边现状

图 5-1-7　芜湖古城南北主轴线上的商业街区总平面图

图 5-1-8　芜湖古城北入口广场景观

图 5-1-9　北入口石牌坊

图 5-1-10　徽派民居郑宅

图 5-1-11　皖南行署办公楼

图 5-1-12　"洋门脸"店面（一）

图 5-1-13　"洋门
脸"店面（二）

图 5-1-14　开敞式
竹篷

图 5-1-15　衙署谯楼东北面

图 5-1-16　衙署谯楼南面

图5-1-17　花街入口景观

图5-1-18　花街中西　图5-1-19　花街灯笼铺
合璧式店面

图5-1-20　花街篾器店

图5-1-21　南门湾商铺　图5-1-22　南正街商铺　图5-1-23　南正街石板路　图5-1-24　南正街街口

图5-1-25　南正街街口小广场　图5-1-26　长虹门

2.对芜湖古城一期保护工程的几点思考

（1）现已完成的芜湖古城一期保护工程，给芜湖古城的整体保护开了个好头，探索出了一条符合芜湖实际的古城保护与利用的路径。花街—南正街历史文化街区的恢复为芜湖文化历史名城的申报创造了一个好条件，随着二期保护工程的完成，芜湖历史文化名城的创建会大有希望。

（2）这是一个芜湖文化遗产保护的重大工程，对芜湖古代文化遗产的科学展示和永续利用作出了有益尝试，既保存了芜湖古代的一些历史信息，又形象地展示出它的历史、科学、艺术价值，也将取得一定的经济效益（图5-1-27—图5-1-32）。

（3）除了维护核心保护区的传统风貌外，可以在配套服务区采用一些新概念、新思路、新手法，但大可不必再建"假古董"。必须坚持芜湖古城的总体协调和完整风貌，因此要掌握好尺度和分寸。

（4）要注意古城肌理的保护。笔者认为古城南北主轴线应定在公署路—衙署、城隍庙—花街、南正街—长虹门，现在为了迁就现状将轴线北段东移是个遗憾。

（5）要处理好物质和非物质文化遗产的关系，进一步重视非物质文化遗产的保护。

（6）要加强交通组织，优化旅游路线。现在从环城北路进入，南行至长虹门后又返回从环城北路走出的路线不够合理，应予改进。建议从北入口进入后仍可南行，至长虹门后可向西转至薪市街、河洞巷（古名河鲀巷）景点从古城西侧离开景区，或向北经过太平大路、公署路回到环城北路，避免走回头路。

（7）回顾芜湖古城保护所走过的路，有两点值得反思：一是沿环城路外侧未能合理控制好建筑高度，使古城氛围受到影响（图5-1-33）；二是先迁出古城原居民，建筑大部分被拆除，留下的保护建筑因长期空置，难以进行保护，古城人气也大减。因操之过急，走了弯路。

图5-1-27　芜湖米市展示　　图5-1-28　芜湖浆染展示　　图5-1-29　芜湖吹糖人展示　　图5-1-30　芜湖糖画展示

图5-1-31　芜湖竹器展示　　图5-1-32　芜湖灯笼展示　　图5-1-33　从长虹门城楼看芜湖古城

二、芜湖历史文物建筑的保护与利用

作为建筑文化遗产，历史文物建筑是城市文化遗产的重要组成部分，对其保护与利用的关系要有明确认识。保护是第一位的，同时利用也十分重要，尤其是文物建筑，不仅具有历史的、文化的诸多价值，还具有使用价值。这是它和其他文物不同的地方，也是建筑文物独特的价值所在，所以大部分历史建筑都处于使用状态。对建筑文物保护的目的最终还是利用，合理利用是一种积极的保护。实践证明，合理、适度、科学利用，不仅不会妨碍保护，而且有利于保护。

（一）芜湖历史文物建筑保护与利用概况

回顾芜湖历史文物建筑保护与利用的历程，与芜湖古城的保护一样可以概括为三个阶段。

第一阶段为1949年至1979年。对于遗留下来的芜湖古代建筑与近代建筑，起初只是尽量加以利用，还不知要如何保护。而1954年以后芜湖城隍庙大殿两旁廊庑及十殿被拆除，1962年以后芜湖城隍庙大殿被拆除，反映出当时人们对历史文物建筑认识模糊，把老建筑当作旧社会与旧制度的产物，采取漠视、排斥甚至否定的态度，尤其是"文化大革命"时期，芜湖大量文物古迹遭受破坏。

第二阶段为1980年至1999年。1982年《中华人民共和国文物保护法》颁布，标志着中国以文物保护为中心的文化遗产保护制度形成。芜湖开始重视文物建筑的个体保护。如1981年广济寺塔被列为安徽省重点文物保护单位，1982年滴翠轩被公布为市级文物保护单位，1983年广济寺被国务院公布为全国重点保护寺庙。进入20世纪90年代以后，芜湖建设步伐加快，大规模房地产开发，大面积旧城改造，出现一些"建

设性"破坏，如"长街改造"的失误，导致"十里长街"古商业街历史风貌的丧失，芜湖科学图书社、安徽会馆、钱业公所、张恒春国药店等一批优秀历史文物建筑不复存在。芜湖优秀近代建筑芜湖中山纪念堂（1943年建）、芜湖大戏院（1902—1906年建）、英商亚细亚煤油公司小住宅（1920年建）、明远电厂老发电厂房（1925年建）等也未能幸免。

第三阶段为2000年至2019年。进入21世纪以后，党和国家把提高文化遗产保护意识，加强历史文化遗产保护，保持民族文化的传承，摆在了更加突出的位置。芜湖历史文物建筑的保护工作也很有成效，2001—2012年王稼祥纪念园、英商太古轮船公司旧址、萃文中学旧址、皖江中学堂暨省立五中旧址、芜湖清真寺、芜湖中国银行旧址等被公布为市级文物保护单位，2004—2019年中江塔、衙署前门、老芜湖海关、老芜湖医院、芜湖圣雅各教堂、芜湖模范监狱、小天朝、大成殿、内思高级工业职业学校、皖江中学堂暨省立五中旧址等被公布或升格为省级重点文物保护单位，2013—2019年芜湖天主堂、芜湖圣雅各中学、英驻芜领事署、芜湖内思高级工业职业学校等被公布或升格为国家级重点文物保护单位。2007—2011年芜湖市第三次全国文物普查，共调查登录不可移动文物223处，为芜湖市加强文物保护、整合文物资源、建设文化强市，起到了积极作用。这一阶段芜湖的历史文物保护取得一定成果，在历史文物建筑合理利用方面还有待进一步提高。一些市、省级文物保护单位，甚至国家级重点文物保护单位，如英驻芜领事署、老海关、皖江中学堂暨省立五中旧址等尚未得到有效的合理利用。不仅要注意保护已经定级的重点文物保护单位，还要注意保护尚未定级而确有价值的历史建筑（包括现代时期的建筑），芜湖还有很多工作要做。2010年开始的芜湖市历史建筑普查与认证的工作才开了个头，今后对

历史建筑的保护与利用将会使芜湖的建筑文化遗产保护工作推进到一个新的阶段。

（二）雨耕山文化产业园——内思高级工业职业学校的保护与利用

1.雨耕山文化产业园实施概况

（1）项目实施要保护与利用的历史文物建筑：项目所在地雨耕山地块西临长江中路，东临青山街，北面鹤儿山上有全国重点文物保护单位芜湖天主堂，东面范罗山上有全国重点文物保护单位英驻芜领事署等建筑。项目用地内也有3项全国重点文物保护单位（图5-2-1）。一是天主教神父楼，1887年始建，4层，主体为矩形平面，清水青砖墙，四坡顶（原为瓦楞铁皮屋面），内廊式，建筑面积约5000平方米。二是英驻芜领事官邸，1887年始建，2层，方形平面，清水青砖墙，四坡顶（原为瓦楞铁皮屋面），外廊式，建筑面积约713平方米。三是内思高级工业职业学校，1935年竣工，4层，局部5层，清水青砖墙，两坡顶，山墙为马头墙，主体为双内院"日"字形平面，内廊式，建筑面积为11481平方米。

（2）雨耕山文化产业园项目建设情况：神父楼、领事官邸、内思楼三座历史文物建筑，在新中国成立以后，先后为芜湖电力学校、芜湖机械学校、安徽机电学院使用。2011年学院完全迁出后，由芜湖市镜湖区政府接收管理，2012年对原有保护建筑进行了修缮，筹建酒文化创意产业园，开始进行总体规划设计（图5-2-2）。作为芜湖市重点文化产业，雨耕山实业有限公司总投资13亿元，经过两年的建设，"中国雨耕山文化产业园"于2014年10月23日正式建成开放。园区占地55亩。总建筑面积约7万平方米（其中地下1.5万平方米）。园区以文化为灵魂，以产业和商业为骨肉，打造了集商业、旅游、文化、产业（创意生活、酒类、婚庆等）于一体的综合性

文化产业园区。现已成为4A级旅游景区，安徽省级文化产业园区，安徽省特色文化街区，国内较大的酒文化产业链服务平台，安徽省中小企业公共服务平台，安徽省现代服务业集聚区（图5-2-3—图5-2-5）。

（3）雨耕山文化产业园总体布局：该产业园区东入口处由新建的A、B两座楼围合而成毕加索广场，形成一个较大的开放式活动空间，拾级而上可进入地势较高的中部雨耕山顶主要活动空间；西入口处南侧由原有的6幢商务楼围合而成马约广场，形成一个内敛式活动空间，从北侧经过一个纵深式的西班牙广场直抵雨耕山西麓，北面是神父楼，南面是葡萄酒馆，经过宽阔的大台阶正对山顶的领事官邸。中部的雨耕山顶是产业园主要活动区，南面是这座产业园区的主楼内思楼，北面是文创产业孵化基地。整个布局流线合理，十分紧凑（图5-2-6—图5-2-16）。

2.雨耕山文化产业园项目建设的几点思考

（1）位于园区东西中轴线上的三座历史文物建筑处理得十分显要突出，在功能上都得到了合理使用，原有的地形受到了应有的尊重，周边的环境得到了很好的保护，东入口处新建的两幢建筑虽采用了现代的建筑风格，但还是协调的，对比中有统一，有时代感。

（2）这次历史文物建筑的保护与利用实践是及时的、有效果的，旅游和产业的结合是有机的、有效益的，值得进一步总结和推广经验。

（3）规模宏大的内思楼，作为芜湖优秀的近代学校建筑，又是文化产业园的主要建筑，在功能上感觉安排得不够完整，内部空间特色未能充分展现，使用上显得有些零碎。

（4）西入口沿街景观缺乏表现力，和滨江公园吉和广场的景观也未能很好结合。今后若能通过天主堂前高架平台的建设，让城市交通从平台下穿过，文化产业园得以与吉和广场融为一体，状况会大为改观。

a1. 芜湖天主堂（1889年始建，20世纪初摄）

c. 英驻芜领事官邸（1889年建，1911年摄）

a2. 芜湖天主堂（1895年建成，约1934年摄）

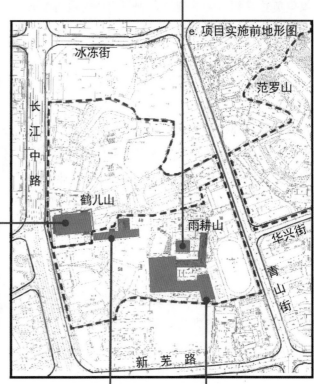

e. 项目实施前地形图

冰冻街
长江中路
范罗山
鹤儿山
雨耕山
华兴街
青山街
新芜路

b. 神父楼（1887年建，1893年摄）

d. 内思高级工业职业学校（1935年建，20世纪末摄）

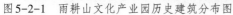

图5-2-1　雨耕山文化产业园历史建筑分布图

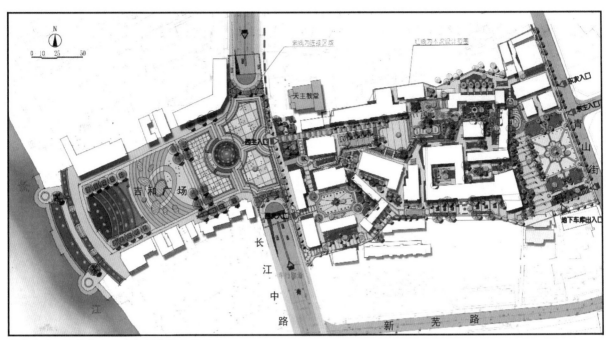

图5-2-2　雨耕山文化产业园规划总平面图

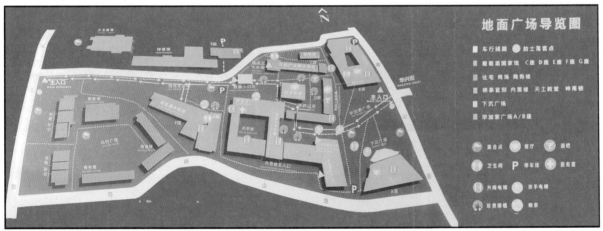

图5-2-3　雨耕山文化产业园地面广场导览图

图5-2-4　雨耕山文化产业园鸟瞰

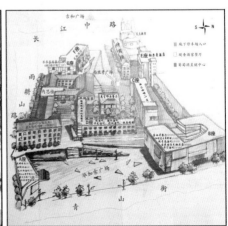

图5-2-5　雨耕山文化产业园消费导览图

图 5-2-6　雨耕山文化产业园西入口

图 5-2-7　西班牙广场大台阶

图 5-2-8　神父楼

图 5-2-9　英驻芜领事府邸

图 5-2-10　内思楼全景

图 5-2-11
内思楼南入口

图 5-2-12　地下酒窖与酒吧

图 5-2-13　A 座楼东面景观

图 5-2-14　D 座楼南入口

图 5-2-15　B 座楼东面景观

图 5-2-16　雨耕山文化产业园东入口

三、芜湖工业建筑遗产的保护与利用

工业建筑遗产，是指具有历史价值、技术价值、社会意义的工业文化遗存。工业建筑遗产作为建筑文化遗产的组成部分，同样应该得到保护与利用，它也是现代城市更新的重要内容。2006年，中国工业遗产保护论坛在无锡举行并通过了《无锡建议》，提出要注重经济高速发展时期的工业遗产保护，标志着我国将工业遗产保护正式纳入议事日程。同年国家文物局下发了《关于加强工业遗产保护的通知》，2007年开始进行第三次全国文物普查，将工业遗产纳入调查范围，工业遗产成为新发现遗产的重要内容。2010年城市规划学会成立工业遗产研究会，同年中国建筑学会成立工业建筑遗产学术委员会。至此，工业遗产保护的浪潮席卷全国。中国工业发展三个重要的历史时期，一是清末民初近代工业萌芽和发展时期（1840—1949），二是"文化大革命"以前的工业发展时期（1950—1966），三是改革开放以前的工业发展时期（1967—1978）。这三个时期遗留下来的工业建筑，构成了中国工业建筑遗产的主体。

（一）芜湖工业建筑遗产保护与利用概况

广义的工业遗产包括古代工业，芜湖在冶炼、浆染、陶瓷等方面都有佳绩。芜湖的近代工业在安徽省处于领先地位，产生过一些有影响的近代工业遗产。1949—2019年芜湖工业遗产的保护与利用，可概括为三个阶段。

第一阶段从新中国成立初期到改革开放前。这30年一方面是过去遗留下来的较大的企业得到了真正的快速发展，如创建于1890年的益新面粉厂、创建于1906年的明远电厂、创建于1916年的裕中纱厂等；另一方面是"一五"至"四五"期间建设起来的新型工业，如1954年兴建芜湖造船厂、1958年兴建芜湖钢铁厂、东方纸版厂、灯芯绒厂、丝绸厂、冶炼厂、张恒春制药厂、锅炉厂、红旗机床厂等，1971年以后又先后筹建了铜网厂、印染厂、白马山水泥厂等，这些都是芜湖现代珍贵的工业遗产。

第二阶段为改革开放的初期。这20年一方面是20世纪80年代芜湖现代工业的蓬勃发展，同时开始了对芜湖近代工业建筑遗产要进行保护的关注，有学者对益新面粉厂、明远电厂、裕中纱厂、日本制铁株式会社建筑群、日商吉田榨油厂等优秀近代工业建筑进行了调研；另一方面是20世纪90年代芜湖现代工业继续发展，同时芜湖的近代工业遗产除了益新面粉厂还在继续生产，其他项目几乎无存。不仅如此，芜湖"一五"至"四五"期间发展起来的现代工业厂区，也因企业改制、迁出城区等情况，尽被拆除而做了房地产开发。像重型机床厂（前身是红旗机床厂）这样有着完整规划和成套高大厂房的厂区也被拆，很可惜。这反映出对工业建筑遗产的认识还是不够。

第三阶段是进入21世纪以后。这20年随着国内对工业遗产保护的日趋重视，芜湖的工业遗产保护也有了起色。虽有芜湖钢铁厂的整体拆除，但也有芜湖造船厂停产后的整体保留，还有留下益新面粉厂印记的大砻坊科技文化园的创建。如今，芜湖市历史建筑普查与认定工作已经起步，芜湖造船厂14幢建筑已被认定进入第一批芜湖历史建筑名单。同时，芜湖市工业遗存调研的课题已经开展。芜湖将要做的工作，一是很快确定《芜湖市工业遗产保护名录》，二是尽早编制《芜湖市工业遗产保护规划》，三是逐步制定《芜湖市工业遗产保护管理办法》。可以预见，芜湖的工业遗产保护工作将会进入一个新的阶段。

（二）大砻坊科技文化园——益新面粉厂的保护与利用

1.大砻坊科技文化园实施概况

（1）项目实施要保护与利用的历史文物建筑：项目所在地北至砻坊路，南至青弋江，东至袁泽桥，西至金马门消防站。1890年浙江吴兴人章维藩来到芜湖，创办芜湖益新米面机器公司，先选址青弋江口，受阻后改在金马门外大砻坊一片沿河滩地建厂，1894年建成投产，成为安徽省内最早的民族资本企业，也是我国最早开办的机器面粉厂之一（图5-3-1—图5-3-4）。现存四层制粉大楼原为三层，是一场大火烧毁后于1916年在原址重建，生产面粉直到1989年，可见使用寿命之长。多层工业厂房采用砖木结构，平面为"日"字形，主要为砖墙承重，局部由木柱承重，墙体厚度由底层的0.72米，逐层减薄，顶层减至0.42米，结构处理十分合理。北端五开间为制粉车间，南端三开间为清麦车间，阁楼层为设备车间，生产流水线自上而下，工艺流程也十分科学。清水青砖墙，共带有12个老虎窗的双坡屋面，层间有水平跳转线条，檐墙上有女儿墙，山墙顶部线条下有仿斗拱形装饰，窗砖拱上设有弧形跳转线，很有特色。东面原设有木外廊，廊内两端分层交错，设置木楼梯，方便了生产中的层间联系。这些建筑设计手法使得这幢近代工业建筑具有很高的建筑艺术与技术价值。2012年该建筑被公布为市级文物保护单位。

（2）项目建设情况：2008年芜湖市镜湖区政府开始酝酿这一历史建筑的复兴计划。2011年5月组织编制《青弋江工业创意园——益新面粉厂地区及周边地段综合利用规划》（图5-3-5、图5-3-6）。2013年12月正式启动项目建设，由安徽砻坊科技发展有限公司建设并运营，总投资为3.2亿元，总规划面积10万平方米。一期工程占地35亩，成为2015年芜湖市十大重点工程之一，并被列入安徽省861重点计划项目。2015年12月23日大砻坊科技文化园建成开园，现已打造成以都市智造、新文创、互联网信息技术等业态为核心的创新创业集聚高地，集科技、文化、旅游于一体的科技文化旅游景区，先后获得国家小型微型企业创新示范基地、全国创业孵化示范基地、国家级科技企业孵化器等荣誉。

（3）总体布局：园区总平面呈大致东西走向的长条形，沿砻坊路设有东端主出入口和西端次出入口。主出入口正对益新面粉厂修旧如旧的老制粉大楼（图5-3-7—图5-3-12），其东侧新建有2幢建筑，西侧新建有5幢建筑，分别围合有东庭院和西庭院。其中6幢皆为三层清水青砖墙两坡顶建筑，仅西端1幢为清水红砖两坡顶建筑（图5-3-13—图5-3-18）。

2.大砻坊科技文化园项目建设的几点思考

（1）益新面粉厂老制粉大楼作为历史文物建筑，在大砻坊科技文化园得到很好保护与利用。虽只保留了这一幢主体建筑，其他建筑都是新建的，但厂区的总体建筑布局脉络仍在，建筑功能与风貌仍有体现，收到较好的综合效益。

（2）益新面粉厂老制粉大楼仅底层作为铁画陈列空间对外开放，而二层以上为内部办公用房不能参观，使历史文物建筑未得到充分利用。

（3）益新面粉厂老办公大楼，两层，两坡顶，清水青砖墙，九开间，中间五开间有凹廊。此楼有保留价值，拆掉可惜。若能得留，一东一西，一厂房一办公，相互呼应，相得益彰。

图5-3-1　益新面粉厂东南面沿河景观

图5-3-2　制粉大楼北面景观　图5-3-3　制粉大楼西面景观　　　图5-3-4　益新面粉厂老办公楼

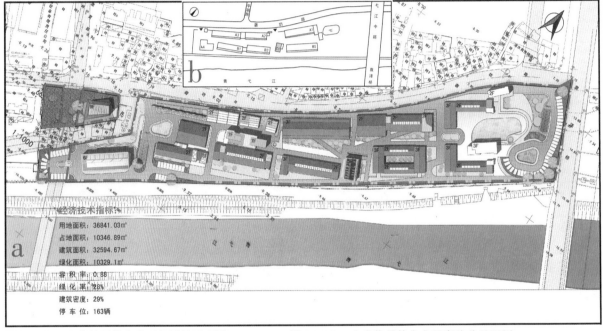

图5-3-5a　大砻坊科技文化园规划总平面图　　　图5-3-5b　大砻坊科技文化园实施总平面图

图5-3-6a　大砻坊科技文化园规划鸟瞰　　　图5-3-6b　大砻坊科技文化园鸟瞰

图 5-3-7　大砻坊科技文化园主入口景观

图 5-3-8　制粉大楼顶部景观

图 5-3-9　制粉大楼西北面景观

图 5-3-10　制粉大楼西南面景观

图 5-3-11　制粉大楼东南面景观

图 5-3-12　制粉大楼东北面景观

图 5-3-13　东庭园景观

图 5-3-14　西庭园景观

图 5-3-15　从西庭园看制粉大楼

图 5-3-16　西庭园沿河建筑景观

图 5-3-17　西入口广场建筑景观

图 5-3-18　砻坊路建筑景观

第六章　现代芜湖的规划设计、园林景观、建筑创作精粹

建筑、园林、城市规划三者的关系十分密切。《中国大百科全书》80卷中，专门编有约160万字（包括插图、索引）的"建筑·园林·城市规划"卷，足可证明。戴念慈、齐康在"建筑学"的卷首概观性文章中首先指出，"建筑学是研究建筑物及其环境的学科，旨在总结人类建筑活动的经验，以指导建筑设计创作，创造某种体形环境。其内容包括技术和艺术两个方面。传统的建筑学的研究对象包括建筑物、建筑群以及室内家具的设计，风景园林和城市村镇的规划设计。随着建筑事业的发展，园林学和城市规划从建筑学分化出来，成为相对独立的学科"。汪菊渊在"园林学"的卷首概观性文章中指出，"园林学是研究如何合理运用自然因素（特别是生态因素）、社会因素来创造优美的、生态平衡的人类生活境域的学科"，并指出园林学涉及生态学、建筑学、城市规划、社会学、心理学等多方面的知识。吴良镛在"城市规划"的卷首概观性文章

中更有明确的阐述：这三个学科的内容，在古代均属于建筑学的范畴，虽然现已相对独立，但关系密切。城市规划是建筑和园林建设的前提，并为所需的空间做准备条件，城市规划研究的进展也为建筑学和园林学的开拓提供了前所未有的广阔天地。规划师与建筑师、园林设计师的工作目标是一致的。随着人类社会的发展，这三个学科的有机结合和协同创造，势必将体形环境的建设推向更高的境界。

现代芜湖的建筑活动、园林建设、城市规划正是在协同发展中取得了巨大的成绩。本书第二章对现代芜湖的城市规划和园林建设虽有简要介绍但并未深入展开，第四章对现代芜湖的建筑活动虽有多方面介绍但对其中优秀的建筑创作也有意留在本章再作详细介绍。这样的著述安排正是想把现代芜湖的规划设计、园林景观、建筑创作精粹集中起来，分别挑选出了10个项目，一一向读者作出较为详细的介绍。

首先，笔者将入选现代芜湖"十大优秀详规设计""十大新景观""十大新建筑"的条件，也可以说是标准，分别说明如下。

现代芜湖"十大优秀详规设计"的入选说明：①现代芜湖市区内较为优秀的修建性详规设计和控制性详规偏重于规划管理和控制，各种专项规划设计又过于专业，都不在考虑之列。②入选项目类别尽量求得广泛性。如居住区、校园、医院、商业街、城市广场、城市公园等各种类型的详规设计尽量兼顾。③数量较大的类别要选择其中有代表性的项目。如居住小区详规数量最多，仅入选了4项，分别位于城东、城中和滨江。校园详规数量也不少，入选了3项，分别选自大学、中小学和幼儿园。医院详规也很多，但大多在原址改建、扩建，受现状条件限制较大，而选址新建的医院则容易创造出较为理想的现代新型医院环境，所以选择了第一人民医院为代表。同理，以中山路步行商业街详规、鸠兹广场详规分别代表各自的门类。④个人主观判断与大众客观取舍尽量求得统一，其原则是"坚持导向，兼顾大众"。这方面最难掌握，也是容易引起分歧、难达共识的地方。

现代芜湖"十大新景观"的入选说明：①早已形成且已完整的历史景观不再考虑。1999年芜湖市曾评定过"芜湖新十景"，皆为有了新内涵的原有十个历史景点。时过20年，现在要评定的"十大新景观"才是在新时代背景下产生的名副其实的新景观。"芜湖新十景"加上"十大新景观"，更能全面地反映出芜湖现代富有地方特色的城市景观。②芜湖"十大新景观"以市区中出现的城市新景区为主。这些新景观或在原有自然景观的基础上有较大的发展，或在利用自然景观的同时又营造了一些生态化的人造园林景观。③入选项目类别以园林景观为主，尽量求得多样性。如"芜湖长江三大桥"（2000年建成的首座芜湖长江大桥，2017年建成的芜湖长江公路二桥和2020年建成的芜湖长江三桥），大型跨江桥梁属大型构筑物工程，是拥江城市的标志性新景观，最能反映芜湖城市的大发展和城市建设的新成就。又如"方特旅游区"（"欢乐世界""梦幻王国""水上乐园""东方神画"）作为大型游乐园，是芜湖一道靓丽的城市风景线。再如"鸠兹古镇特色街"，作为旅游景点，也受到了大众的欢迎。

现代芜湖"十大新建筑"的入选说明：①以芜湖市区内较有影响的大型市级公共建筑为主。因芜湖尚未出现公认的较优秀的大型工业建筑与居住建筑。②兼顾各类公共建筑，以体现大型建筑的多样性。如交通类公共建筑入选了3项（芜湖市新火车站、芜湖市汽车客运南站和芜宣机场候机楼），教育类公共建筑入选了2项（安徽师范大学敬文图书馆和芜湖市规划展示馆），商业类公共建筑入选了2项（八佰伴商厦和芜湖金鹰国际广场），艺术类、体育类、办公类公共建筑各入选了一项（芜湖市大剧院、芜湖市奥体中心体育场、芜湖市政务中心）。③所选建筑作品在满足实用性、安全性的前提下，力求设计思想有所创新，建筑风格较为现代，建筑造型较为新颖，建筑技术较为先进。缺乏特色或过于怪异的建筑，以及有较大争议的建筑不予考虑。以期对芜湖今后的建筑创作能起到促进作用。

以上三个十大项目的选择纯属个人看法，之所以归纳出来，是想从写"史"的角度对现代芜湖的城市建设和建筑活动加以总结，肯定成绩，宣传芜湖，为芜湖今后的更大发展提供借鉴。因个人水平有限，难免会有所疏漏甚至偏颇。好在可以抛砖引玉，提出一个方案供大家一起来进一步探讨。

"十大优秀详规设计""十大新景观"和"十大新建筑"的位置分布详见图6-0-1。

△ 十大优秀详规设计	○ 十大新景观	□ 十大新建筑
1.中山路步行商业街	1.芜湖长江三大桥	1.芜湖市新火车站
2.芜湖鸠兹广场	2.芜湖滨江公园	2.芜湖市政务中心
3.安徽师范大学花津校区	3.芜湖方特旅游区	3.芜湖市规划展示馆
4.芜湖市第一中学新校区	4.芜湖鸠兹古镇特色街区	4.芜湖市大剧院
5.芜湖碧桂园学校	5.芜湖中江公园	5.芜湖金鹰国际广场
6.芜湖市第一人民医院新院区	6.芜湖雕塑公园	6.芜湖市奥体中心
7.芜湖世茂滨江花园小区	7.芜湖九莲塘公园	7.安徽师范大学敬文图书馆
8.芜湖左岸生活居住社区	8.芜湖西洋湖公园	8.芜湖市汽车客运南站
9.芜湖国贸天琴湾小区	9.芜湖莲花湖公园	9.芜湖八佰伴商厦
10.芜湖恒大华府小区	10.芜湖大阳埠湿地公园	10.芜宣机场候机楼

图6-0-1　现代芜湖"十大优秀详规设计""十大新景观""十大新建筑"位置分布图

一、现代芜湖十大优秀详规设计

（一）中山路步行商业街详规设计（1999）

中山路形成于1902年，由窄巷变成大马路。1912年孙中山先生视察芜湖时在此演讲，1925年更名为中山路。从1950年的老地图中可以看出，当时的中山路北接北京路、南通中山桥（图6-1-1a），其道路走向至今未变。1951—1952年，中山路进行改造，两侧集中建设了多家商业门店，逐渐发展成为芜湖的商业中心。

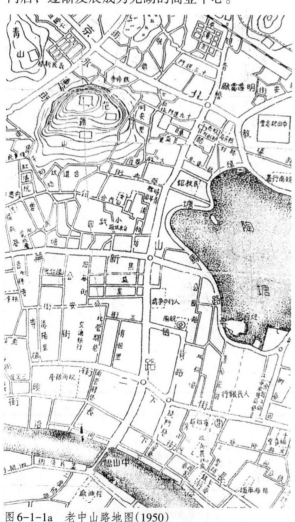

图6-1-1a　老中山路地图（1950）

1. 中山路步行商业街建设简况

芜湖中山路步行商业街建设始于1992年至

1998年的中山路商业街拓宽改造（从18米拓宽至30米），首先拆除了邻近中山桥和北京路的原有建筑，在1993年同时开工建设了南京新百大厦、银座大厦和商贸大厦。随着中山路沿街原有建筑的不断拆除，1995年开工建设伟基大厦，1996年开工建设三泰大厦和大众影都，之后又相继开工建设了华联广场、粤海大厦等商业建筑。为了疏解车行交通，拓宽改造了位于中山路西侧的中和路，1998年10月1日开工，1999年7月10日竣工。中和路全长854米，路宽由20米拓宽至24米，为中山路的步行化创造了条件。2008年临江桥建成，长江路被打通，2018年10月初，中山桥新桥建成以后，上桥匝道得到进一步优化，车行交通干扰得到彻底解决。

影响中山路步行商业街建设质量的关键是规划设计水平，为此，市里举行了步行街规划设计方案招标。1999年2月10日，中山路步行商业街改造领导小组主持召开了规划设计方案评审会，特邀了上海、南京、合肥等地的专家担任评委，市有关部门的负责人也参加了评审。会议分别对参加竞标的上海市政工程设计研究总院、东南大学建筑设计研究院、合肥工业大学建筑设计研究院和芜湖市规划设计研究院的四个规划设计方案进行了认真评审。与会专家认为，四个方案各有特色，但也都存在不足。芜湖市规划设计研究院的总体布局，东南大学建筑设计研究院的广场设计，上海市政工程设计研究总院的道路连接设计，合肥工业大学设计院的环境设计呈现出各自特色。评审会最后决定"综合芜湖市规划设计研究院和东南大学建筑设计研究院的两个方案，再行修改"。会后，芜湖市规划设计研究院很快完成了《中山路步行商业街综合改造规划》。

由于市领导的重视和广大市民的支持，这一项目得以高速度建设、高质量完成。1999年2月24日，市委、市政府召开会议，并向市城建重点工程指挥部6位顾问征求了意见，做出了果断

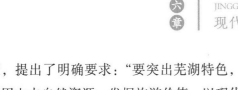
决策，提出了明确要求："要突出芜湖特色，充分利用山水自然资源，发掘旅游价值，以现代风格为主要特征，要立足于长远发展，设计尽量考虑周全，努力建成经典作品，尽快使中山路繁荣起来。"随后，又征求了市人大常委会和市政协以及市内各方面专家的意见，并将设计方案进行公示，同时发出了一万余份"征求意见表"，又邀请了近30位市民代表召开征询意见座谈会，收集了很多好的意见和建议，全市上下达成的共识对步行商业街建设起到了积极的推动作用。芜湖市规划设计研究院根据大家的意见，很快完成了中山路步行商业街的扩初设计和施工图设计。中山路步行商业街工程共拆迁各类房屋6.23万平方米；铺装花岗岩4.48万平方米；敷设各类地下管线共27种，累计长度近50千米；安装各类灯具1000盏；栽植各类植物18万株，绿化面积5000多平方米。步行街建设总投资1.43亿元。1999年5月1日开工，经过日夜奋战，9月28日竣工，9月29日晚举行了隆重的开街仪式，数十万市民拥入步行街，共同庆祝这·美好时刻。

2.中山路步行商业街规划设计简介

1) 规划理念

通过步行商业街的建设，充分发挥其购物、旅游、休闲、文化、餐饮等综合功能，为广大市民创造一个安全、方便、优美、舒适的步行商业文化场所，形成一处湖街一体、环境宜人、国内一流、独具特色、富有现代气息的城市公共空间。

2) 规划布局

中山路步行商业街规划范围北起北京西路，南至二街，西临中和路，东至镜湖边，南北全长690米，东西宽160～180米。从北至南可以分为五个区段：北部入口区—北段休闲购物区—中心休闲广场区—南段休闲购物区（含和平音乐广场）—南部入口区。

北部入口区。入口广场中，前设汉白玉"中山路步行街"街碑，上刻有碑文和详细规划图，其后设置有斜面的"世纪花钟"（直径9米），盘内盆栽鲜花可随季节更换，电脑控制的花钟，可变换多种音乐报时，钟声悦耳，令人舒心。

北段休闲购物区。中间10米宽的休闲带上，28棵棕榈树分两行相对而立，夹道欢迎着人们的到来。树下置有座椅和鲜花，在喧嚣的闹市中营造出一片绿荫和宁静，东侧商业建筑现为"华联广场"，西侧建有"金鼎大厦"和"中山大厦"。

中心休闲广场区。这是步行街的核心区。现名为"世纪广场"的广场面积达一万平方米，对称分布的四块草坪占地3000平方米，原中央设置有一座大型雕塑已拆除，靠近大众影都处现安放有纪念孙中山先生1912年视察芜湖的雕像。广场规划最大的亮点是面对镜湖的一侧完全开放，既"揽湖入街"，又"引街入湖"，真正形成了"湖街一体"。每当湖中的大型音乐喷泉在音乐中喷起时，真令人心旷神怡。

南段休闲购物区。设计手法与北段相似，只是绿化配置有了些变化。这里还设置了一个"和平音乐广场"。其东侧原为和平大戏院，现在也有了升级新建。该广场为下沉式广场，具有综合演艺功能，市民可随广场音乐在此进行歌舞、健身及时装表演等活动，丰富了步行街的功能。

南部入口区。利用中山路与二街的地坪高差布置了一组叠泉，象征着芜湖作为皖江商埠的历史源远流长，也活跃了景观。人流可从叠泉两侧的台阶、坡道进入步行街。

芜湖中山路步行商业街在国庆五十周年前夕，与著名的北京王府井商业街和上海南京路步行街相继开街，都一样受到了国内外游客的青睐。芜湖中山路步行商业街后被国家商业部评选为中国十大著名步行商业街，该规划设计获得安徽省优秀规划设计一等奖，之后又获得2000年度建设部全国优秀规划设计三等奖。

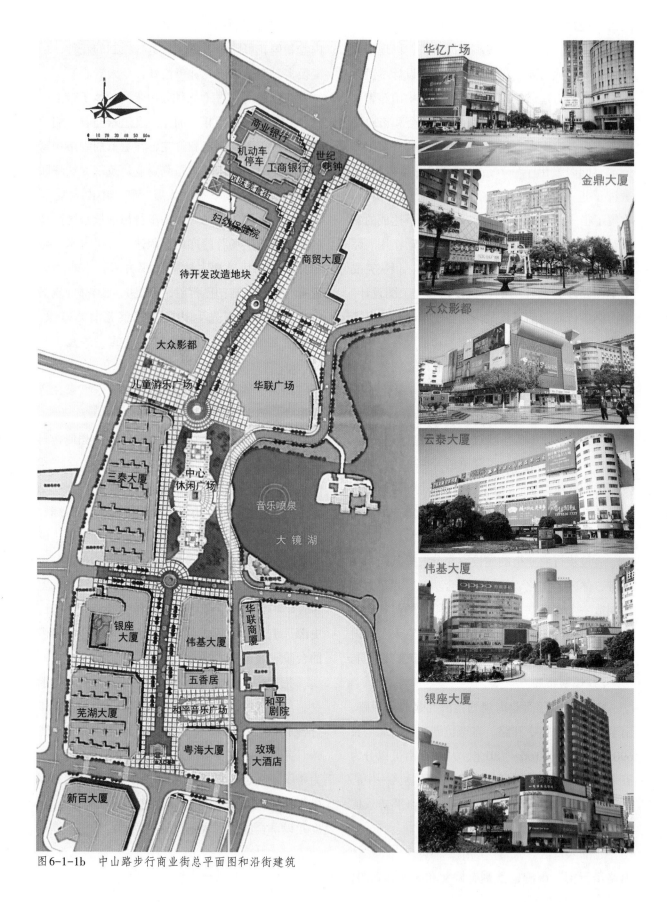

图6-1-1b　中山路步行商业街总平面图和沿街建筑

北入口

北段棕榈树阵

孙中山雕像

雕塑小品"奔小康"

和平音乐广场

南入口叠泉

世纪广场全景

图6-1-1c 中山路步行商业街景观集锦

（二）芜湖鸠兹广场详规设计（2000）

鸠兹广场位于芜湖市中心，南临镜湖，北近赭山。这里原是市政府机关及市总工会等办公所在地，让出这一"宝地"，却并不用于商业开发，而是为市民建设城市广场，"把最好的地方让给人民"，充分体现了决策者的远见卓识。

1.芜湖鸠兹广场建设概况

城市广场是提供给广大市民的充满生活情趣的公共活动空间。此前，芜湖已有的广场都不是综合性广场，如五一广场、新市口广场等只是城市道路交叉口广场，两站广场、和平广场等只是建筑前的广场。真正能满足市民游憩要求的市民广场，是一种能避开干扰的、带有绿化的、人们在其中可以悠然自得的城市公共活动空间。"城市中心广场"更是重要，不仅代表着城市的形象，还体现着城市的品位。1978年、1993年分别编制的两轮城市总体规划均在原市政府一带地块划定了"城市中心广场"的位置。当时，国内已经建成了一批受到广泛欢迎的市民广场，如大连星海广场、上海人民广场、哈尔滨建筑艺术广场、成都府南河音乐广场等，芜湖市的中心广场建设势在必行。人们亲切地称之为"城市的客厅"。1997年芜湖市规划设计研究院曾提出过"芜湖市市中心广场"的规划设计构思，位置即选在今鸠兹广场，当时规划广场面积仅3.6万平方米，采用"中轴线北入口"对称式布局（图6-1-2a）。

2000年年初，芜湖开始征集芜湖市市中心广场规划设计招标方案，2月25—26日召开了方案评审会，对应征的五个方案进行了认真评审，其中芜湖市规划设计研究院提供的五号方案排名第一，被选为实施方案（图6-1-2b）。芜湖市规划设计研究院中选方案，摆脱了"中轴线北入口"的思维定式，当时院总建筑师提出"转折轴线，西北方设主入口"的设想，院领导果断拍板定案，最终得以在方案招标中脱颖而出。

图6-1-2a　芜湖市市中心广场规划图（1997）

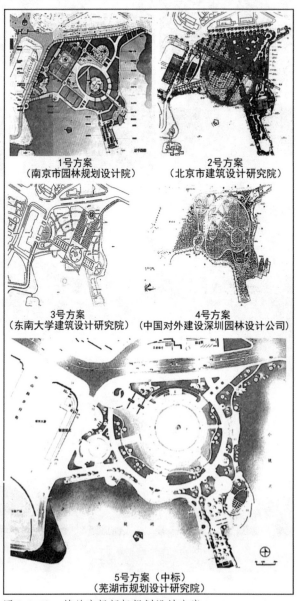

1号方案
（南京市园林规划设计院）

2号方案
（北京市建筑设计研究院）

3号方案
（东南大学建筑设计研究院）

4号方案
（中国对外建设深圳园林设计公司）

5号方案（中标）
（芜湖市规划设计研究院）

图6-1-2b　鸠兹广场招标规划设计方案

广场建设时定名为"鸠兹广场"，2000年4月开工，2001年5月建成开放，为江城增添一处新亮点。广场占地6.78万平方米，总投资1.2亿元。在广场建设过程中，规范操作、精心运作，确保了工程建设质量。广场建成后，先后荣获2001年度安徽省建设工程"黄山杯"优质工程奖，"全国市政工程金杯示范奖"和2001年度安徽省优秀城市规划设计一等奖，后又荣获全国优秀城市规划设计二等奖。2008年鸠兹广场荣获全国人居环境"广厦奖"。

2.芜湖鸠兹广场规划设计简介

1）规划理念

以芜湖悠久的历史文化为底蕴，体现"以人为本"的规划思想，保护环境，优化环境，营造人与自然和谐相处的生态环境。高度概括城市的过去、现在与未来，集游憩、文化、休闲等多功能于一体，体现市民广场应有的地域性、观赏性、休闲性、舒适性、文化性和时代性。

2）构思创意

广场平面形态处理，采用较为规则均衡的构图手法处理广场中部主要功能区，用不均衡的构图手法处理广场外围的几个次要功能区，以形成有多空间层次、多空间结构、主次分明、生动活泼的广场结构形态。广场平面形态构成，以"圆"与"弧"为平面构图的基本元素，围绕中心圆形主广场及中心主题雕塑，用一螺旋形环状主路，结合弧形柱廊布置系列雕塑，展现从芜湖几千年的历史发展中提炼出的最具代表性的闪光点。

3）功能结构

"一主两副"：一个主功能区，即中心主广场；两个副功能区，即音乐活动区和文化艺术展馆区，均是以"动"为主的功能活动区。"一环两带"：一环，即环绕中心主广场的螺旋形游览休闲道；两带，即临大镜湖和小镜湖的两条近水休闲带，均是以"静"为主的功能活动区。不同功能的活动空间，动静分区，互相穿插，过渡自然，都能突出"文化"和"休闲"两大主要功能。

4）系列雕塑

"鸠顶泽瑞"主题雕塑。直径达119米的中心主广场中央，矗立着高达33.94米，重99吨的青铜巨型雕塑，由美术大师韩美林设计，以古代芜湖图腾"鸠鸟"为题材，顶部托一金球，寓意深刻。环绕主题雕塑，设有电脑控制的音乐和喷泉，气势宏大。历史文化长廊系列浮雕。位于主雕塑北侧的长廊长84米，宽8.5米，高11.2米，24根廊柱的前廊柱上布置了抱柱式的12块浮雕，分别镌刻着繁昌人字洞、大禹导中江、南陵古铜冶、干将莫邪铸剑、吴楚长岸之战、李白与天门山、沈括与万春圩、芜湖浆染业、芜湖铁画、芜湖米市、渡江第一船、芜湖长江大桥，反映了古城芜湖灿烂的历史。历史文化长廊的设置也隔开了北侧城市道路的喧嚣。此外，主入口尚有装饰性雕塑；环道旁有四尊反映芜湖古代生产力发展最高水平的圆雕，亲水平台上弧形排开的6根浮雕塑柱，记录了12个历史典故；在文化艺术展馆两侧还有张孝祥雕塑，纪念这位芜湖唯一的状元、南宋词人"捐田造湖"的事迹。这些雕塑大大增加了鸠兹广场的历史文化内涵。

5）广场绿化及其他配套服务设施

广场绿化面积与花岗岩铺地面积相同，达3.78万平方米，其中有大乔木376棵，小乔木1171棵，各种花卉近7万株，还有草坪。广场地下设计有近两万平方米的停车场、商场、快餐店。

鸠兹广场突显了芜湖深远的历史文化底蕴，为芜湖广大市民和外地游人提供了一处人与自然和谐共生的全新空间。

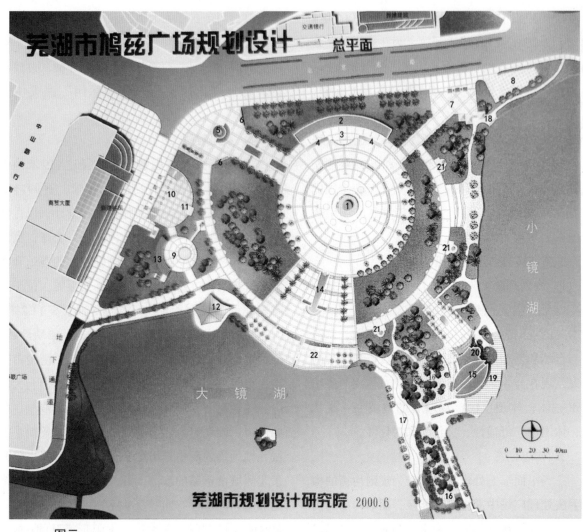

图示：

1. 主题雕塑	2. 休闲文化长廊	3. 室外表演舞台	4. 涌泉	5. 主入口雕塑	6. 浮雕壁
7. 次入口	8. 非机动车停车场	9. 音乐广场	10. 下沉式广场	11. 地下商场入口	12. 膜蓬露天咖啡吧
13. 音乐看台	14. 涉水池	15. 文化艺术展馆	16. 休闲林区	17. 临水休闲带	18. 滨水亭廊
19. 露天茶座	20. 公共厕所	21. 雕塑小品	22. 戏水广场		

图 6-1-2c 芜湖鸠兹广场规划设计总平面图

图 6-1-2d 芜湖鸠兹广场全景鸟瞰

"鸠顶泽瑞"主题雕塑

主入口雕塑

繁昌人字洞　　大禹导中江

南陵古铜冶　　干将铸剑

历史文化长廊

张孝祥雕像

文化艺术展馆

历史典故浮雕望族

图6-1-2e　芜湖鸠兹广场景观集锦

（三）安徽师范大学花津校区详规设计（2002）

安徽师范大学前身省立安徽大学，1928年始建于安庆，1946年改名为"国立安徽大学"。1949年10月学校迁址至芜湖，与位于赭山南麓的省立安徽学院合并成立新的安徽大学。之后学校名称多次变更，1972年12月始称"安徽师范大学"，赭山校区一直是学校的主校区。2002年开始筹建位于城南的花津校区，2005年位于城北的芜湖师范专科学校并入安徽师范大学，设立了皖江学院校区。三个校区合计占地面积达198.43万平方米，总建筑面积达95.07万平方米。

1.安徽师范大学花津校区建设概况

2002年安徽师范大学在校生总数已超过1.5万人，赭山校区的建筑物已经接近饱和，新校区的开辟势在必行。同年5月11日，为了建设位于城南的芜湖市高教园区，成立了芜湖市高教园区规划建设领导小组，同时成立了高教园区筹建办公室。此时安徽师范大学新校区率先进入芜湖市高教园区顺理成章。芜湖市高教园区位于当时城南的马塘区，东至九华南路，西至长江南路，北至大工山路，南至峨山路，规划总面积4.85平方

千米。安徽师范大学新校区选址定在高教园区的东部，位于花津南路以东，地块呈梯形，北边宽700米，南边宽1000米，南北长1600米，面积约2400亩（图6-1-3）。2002年8月28日召开安徽师范大学新校区总体规划方案设计招标会，10月29日至11月1日举行评标。评议结果A方案中标，此方案分区明确，布局合理，尤其是活泼有变化的环形校内主干道设计受到一致好评。会后，中标设计单位华南理工大学按评审意见进行了调整。随后，由芜湖市规划设计研究院进一步深化，完成了《安徽师范大学新校区校园详细规划》，包括总平面图等16幅详细规划图，其中主要技术经济指标更加实用化。建筑密度为11.2%，容积率为0.52，绿地率为48%，规划总建筑面积为80多万平方米，其中教学办公用房44万平方米，学生公寓30万平方米，生活服务用房6万平方米。芜湖市规划局于2003年3月10日划定了安徽师范大学新校区的用地红线，用地面积确定为150.44万平方米。

2002年11月7日成立了由一位副校长为组长的花津校区建设领导小组，开始了新校区的建设。2003年3月25日，先征地711.8亩，一期工程正式启动。4月20日至5月19日，先后召开了

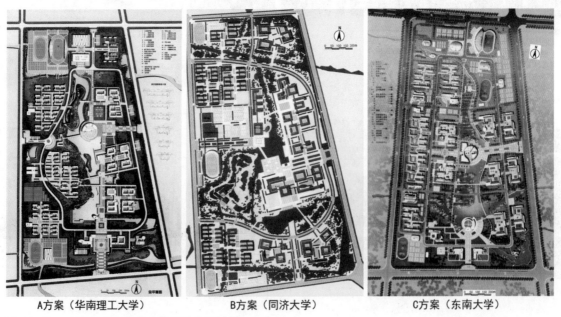

A方案（华南理工大学）　　　　B方案（同济大学）　　　　C方案（东南大学）

图6-1-3a　安徽师范大学花津校区总体规划投标方案

花津校区学生宿舍、学生食堂和教学楼施工单位招标和开标，确定了施工单位，5月28日隆重举行开工典礼暨奠基仪式。至2005年4月底，共完成建筑工程18项，建筑面积共14.55万平方米。至2004年年底，花津校区近1万名学生入住。至2007年底，前四期建设项目全部完成，各类用房建筑总面积达47万平方米，办学功能基本具备，初步满足了1.5万名学生学习、生活和10个学院以及学校机关迁入办公的需要，一个园林式、生态型的现代化大学校园初具雏形。花津校区的建成将成为容纳3万名学生的大学本科教育基地，与赭山校区、皖江学院校区共同构成了功能互补、资源共享、一校三区的校园体系，为学校的可持续发展奠定了良好的基础。

2. 安徽师范大学花津校区详细规划简介

1）规划原则

规划科学，布局合理，因地制宜，功能齐全，配套完整，高起点、可发展，体现个性、整体协调、风格独特的园林式、生态型、智能化、现代化的大学校园。

2）功能分区

整个校园共分四个功能区。教学办公区位于校园中、东部，行知楼（教学大楼）位于校园中部，由7栋5至6层的单体建筑组成，主要用于公共课教育。各学院教学办公区位于校区东侧，由南向北分为4个组团，主要用于专业教学、实验教学和行政办公。学生生活区位于校园西侧，学生公寓由南向北分为三个区域，并合理布置了食堂、活动中心、洗理中心等各种生活服务设施。体育运动区布置于校园南北两侧，占地230亩。南侧运动场地，主要用于公共体育教学；北侧运动场地，主要用于专业体育教学，设施较为完备，同时面向主城区，与市奥体中心邻近，便于向社会开放，资源共享。环境景观区主要位于学生生活区和教学办公区之间，有利于充分发挥环境育人的功能。这样的功能布局，基本清晰合理。

3）交通组织

校园内主干道宽达18米，连接各个功能区，并通过校园七个出入口与四周城市道路很好连通。校园东大门是主要出入口，直通教学办公区，校园西大门直通学生生活区，校园南、北大门直通体育活动区和环境景观区。

4）校园规划结构

"一环、两轴、一心、四区、八点"："一环"即内环主干道；"两轴"指南北向水系生态轴与东西向建筑景观轴；"一心"即位于两轴线交会处的图书馆，成为校园建筑群的标志性建筑；"四区"即校园的四个功能片区；"八点"指校园景观设计所确定的八个景观节点。

5）建筑风格

校园建筑以现代风格为主，如图书馆、风雨操场。只有主教学楼（行知楼）、学生食堂等少量建筑采用了坡屋顶的中式建筑风格。校园内的

图6-1-3b　安徽师范大学花津校区航拍景观

大量绿化景观，主要采用中国传统的园林设计手法。

校园总体规划在实施的过程中进行了具体的深化，也有适当且更为合理的调整。

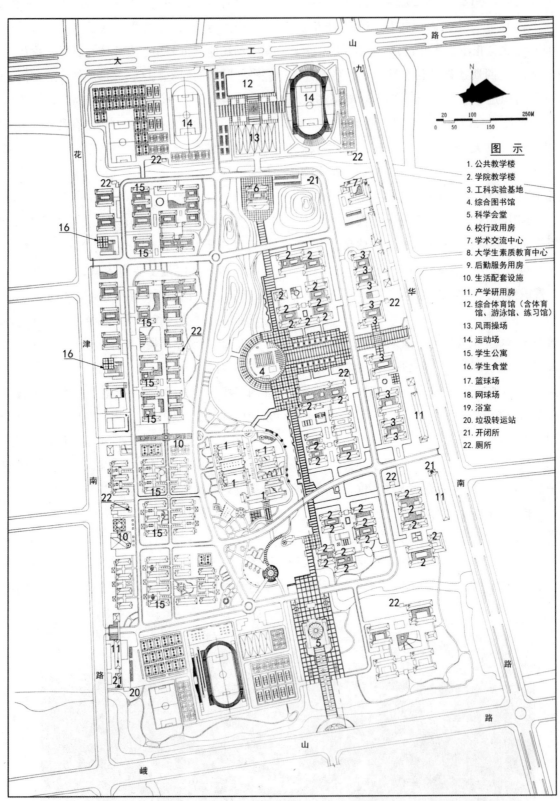

图示

1. 公共教学楼
2. 学院教学楼
3. 工科实验基地
4. 综合图书馆
5. 科学会堂
6. 校行政用房
7. 学术交流中心
8. 大学生素质教育中心
9. 后勤服务用房
10. 生活配套设施
11. 产学研用房
12. 综合体育馆（含体育馆、游泳馆、练习馆）
13. 风雨操场
14. 运动场
15. 学生公寓
16. 学生食堂
17. 篮球场
18. 网球场
19. 浴室
20. 垃圾转运站
21. 开闭所
22. 厕所

图6-1-3c 安徽师范大学花津校区详规总平面图

图6-1-3d 安徽师范大学花津校区景观集锦

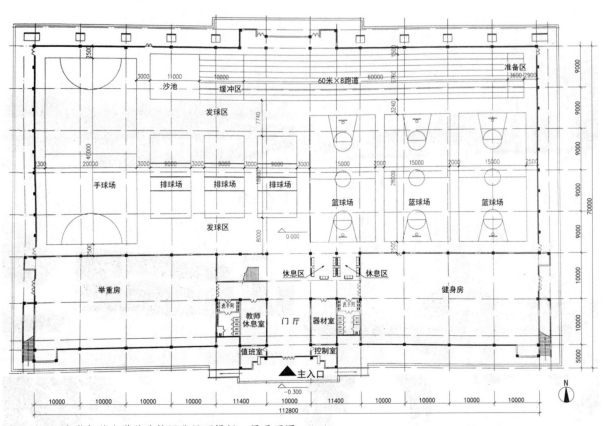

图 6-1-3e　安徽师范大学花津校区北风雨操场一层平面图

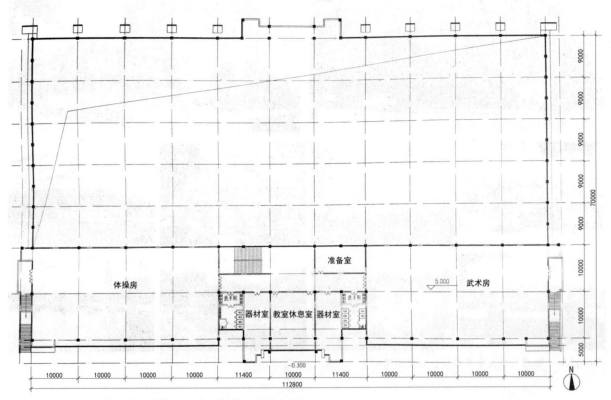

图 6-1-3f　安徽师范大学花津校区北风雨操场二层平面图

透视图

实景

鸟瞰图

图6-1-3g　安徽师范大学花津校区北风雨操场

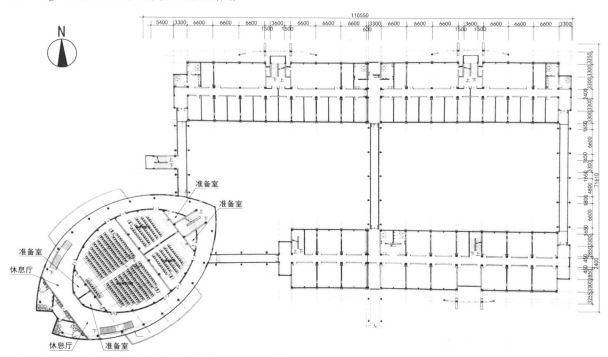

N

准备室

准备室

准备室

休息厅

休息厅　准备室

图6-1-3h　安徽师范大学花津校区学院南楼二层平面图

图6-1-3i　安徽师范大学花津校区学院南楼鸟瞰

（四）芜湖市第一中学新校区详规设计（2009）

芜湖市第一中学是一所百年老校，由清代的中江书院（1765）、皖江中学堂（1903）、省立第五中学、省立第七中学、省立芜湖高级中学沿革至今。新中国成立后，改为芜湖市立中学，1952年9月定名为安徽省芜湖市第一中学。1953年、1959年和1978年三次被列为省重点中学，2000年3月被省教委批准为首批省级示范高中。

1.芜湖一中新校区建设概况

芜湖一中老校区位于黄山路，占地约10万平方米，教学用房及辅助用房建筑面积仅3万平方米，生活用房约1.5万平方米。据2002年数据，芜湖一中高中30个班，在校学生1147人，由于老校区发展空间受限，更出于优质教育资源合理分布考虑，2009年市里决定在城东新区建设一中新校区。通过新校区规划设计方案招标，2009年1月7日评标选定了合肥工业大学建筑设计研究院的规划设计方案。芜湖一中新校区位于芜宣高速南侧，中江大道东侧，占地16万平方米（图6-1-4）。地块近似矩形，南北长约356米，东西长约855米。2009年7月1日动工建设，2010年9月建成投入使用，总投资为4.06亿元，

办学规模为90个班，共4500名学生寄宿学习。总建筑面积为13万平方米，其中教学楼1.586万平方米，实验楼1.446万平方米，艺术楼0.39万平方米，学生公寓5.175万平方米，食堂1万平方米，风雨操场3600平方米，游泳馆2000平方米。还建有世界上为数不多的天文观察设施——太阳塔，可以为学生提供全方位的天象观察条件。该校硬件设施建设处于国内同类学校前列。其他主要技术经济指标为：校园建筑密度20.9%，容积率0.87，绿地率39%，汽车停车位180个，自行车停车位1800个。

2.芜湖一中新校区规划简介

1）规划指导思想

体现注重素质教育及能力培养的现代教育思想，以科学合理的功能分区及明确流畅的交通组织，满足教学、办公等要求；塑造富有特色的整体校园环境，创造丰富多彩的活动空间，满足学生的心理行为需求；注意建筑造型的美观和环境的优美，充分体现现代化学校的建筑特色；因地制宜，注重生态保护，创造与自然环境相互融合的校园空间。

2）功能分区

整个校园用地东西较长，所以从西到东分布体育运动区、教学实验区、综合办公区和生活服

图6-1-4a　芜湖一中新校区鸟瞰

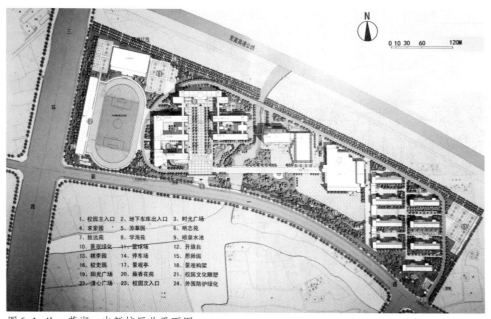

1、校园主入口 2、地下车库出入口 3、时光广场
4、求索园 5、芳草园 6、明志苑
7、致远苑 8、学海苑 9、喷泉水池
10、景观绿化 11、篮球场 12、升旗台
13、楼孝园 14、停车场 15、恩师园
16、校史园 17、景观亭 18、景观构架
19、阳光广场 20、麻香花苑 21、校园文化雕塑
22、清心广场 23、校园次入口 24、外围防护绿化

图6-1-4b　芜湖一中新校区总平面图

务区共四个功能区，各区既相对独立又有机联系。教学实验区位于校园中部，布置有5层教学楼3幢，5层实验楼2幢和3—5层艺术楼1幢，各楼之间有连廊连接并围合形成教学广场，正对学校主入口大门，形成校园建筑中的主体建筑群；综合办公区位于教学实验区东侧，有水系相隔，平桥相连，布置有图书行政楼（11层）和报告厅（1层），位置适中，使用及管理皆方便；校园东部是生活服务区，布置有两组建筑，一是食堂（3层）和浴室（4层），一是带有小超市的8幢学生宿舍（6层），还设有篮球场等室外活动场地；校园西部是体育运动区，避免了西侧城市主干道对教学区的干扰，该区设有带3000人看台的400米跑道标准运动场，还有5个篮球场和风雨操场。各个功能区都有很好的绿化和景观设计。

3）道路交通组织

校园中部设有主入口，东部设有次入口。主入口正对教学实验区，次入口靠近生活服务区，两入口通过校园内北侧环道沟通。主入口西侧设有地下车库入口，不影响校园的几个功能区，与人流分开。校园南侧规划有步行主干道，很好地沟通了几个功能区。尚有绿化小道，充分考虑了

学生的使用。

4）建筑设计

11层的图书行政楼是校园的标志性建筑，高耸挺拔；5层的教学楼、实验楼是校园的主体建筑，新颖简洁；艺术楼采用了弧形形体处理，活泼生动；学生宿舍采用了多元化的生活院落模式，亲切宜人；宽阔的运动场加上看台和风雨操场等界面建筑，令人振奋。整个校园用了相似的建筑语言，一气呵成，有很强的整体感。

校园建筑统一使用灰色调三色面砖和局部的白色外墙涂料，统一和谐。校园建筑在周边绿化的映衬下和各色雕塑的点缀下十分突出。笔者只是感到作为优质学区虽然可以显示其严谨与气势，但对于中学生而言建筑色彩还是明亮些更好。

图6-1-4c　芜湖一中新校区学校大门

图 6-1-4d 芜湖一中新校区景观集锦

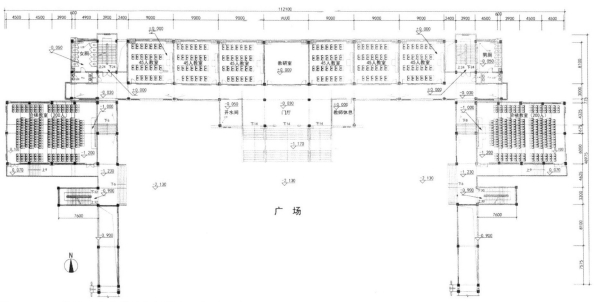

图6-1-4e　芜湖一中新校区主教学楼一层平面图

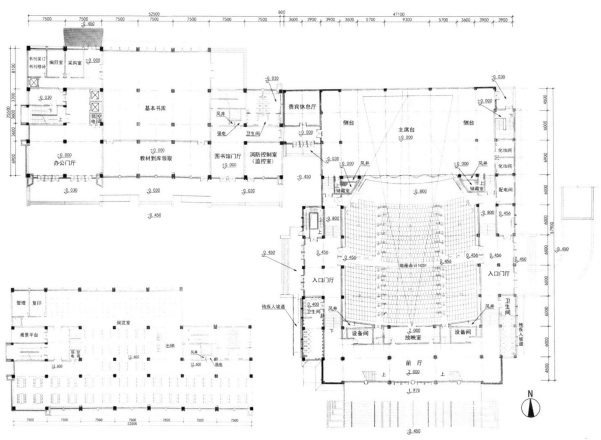

f2　图书行政楼四层平面图　　　　　　　f1　图书行政楼、报告厅一层平面图

图6-1-4f　芜湖一中新校区图书行政楼、报告厅平面图

（五）芜湖碧桂园学校详规设计（2009）

芜湖市中小学和幼儿园的学校建设和全国一样主要有两个途径，一是按城市的中小学、幼儿园布点规划通盘考虑有规划地建设，二是随着房地产开发中居住小区的建设而配套建设。碧桂园学校的建设即属于后者。

1.芜湖碧桂园学校建设概况

芜湖碧桂园位于三山区龙窝湖畔，规模较大，占地193.867万平方米，总建筑面积达330万平方米。规划总户数为1.4万户，已达居住区的规模。2006年开始操作，2008年开盘出售，2014年成立社区，入住3000户，常住人口达到1万多人。开发商为碧桂园旗下的芜湖晋智房地产开发有限公司，物业管理单位为广东碧桂园物业管理有限公司芜湖分公司。

芜湖碧桂园学校很有特色，是从幼儿园、小学、初中直到高中的15年"一站式教育"。学校位于芜湖碧桂园的东南角，西距居住区的南主入口较近。学校总用地8.77万平方米，总建筑面积5.33万平方米（图6-1-5），总容积率为0.607（中学0.695，小学0.448，幼儿园0.588），机动车停车位118个，非机动车停车位2285个（地面540个，架空层1745个）。以上是芜湖市规划设计研究院2009年9月完成的《芜湖碧桂园学校修建性详细规划》的数据。

2010年5月26日，三山区政府与安徽师范大学教育集团举行了合作办学签字仪式，2011年学校建成后于9月8日正式开学。中学成为安徽师范大学附属中学碧桂园分校（现称芜湖市第五十中学），小学成为安徽师范大学附属小学碧桂园分校。

2.芜湖碧桂园学校规划简介

芜湖碧桂园学校规划布局合理、紧凑、完整、有序。用地形状呈反"L"形，北部布置中学，南部布置小学和幼儿园。考虑主要入学人流

方向，主入口设于南部的西端，进入校园后，正对育才广场（此处是整个学校的枢纽），西北侧是幼儿园建筑的主入口，东南侧是小学建筑的主入口，东北侧是中学建筑的主入口。北侧有集中的机动车停车场。

幼儿园：用地0.7万平方米，建筑面积0.41万平方米，规模为12个班。建筑2至3层，围绕内庭院布置，幼儿活动单元（活动室与寝室）位于南侧，管理服务用房位于北侧，音体室位于西南角。建筑形体组合灵活，色彩鲜明，造型活泼。室外活动场地位于建筑的西南侧，且有建筑底层架空的活动场地。由于靠近学校的主入口，幼儿接送十分方便。

小学：用地2.82万平方米，建筑面积1.27万平方米，规模为36个班。建筑为4层，东边两排教学楼呈"口"字形布置，西边一排为办公楼。这组建筑的西南角通过连廊连接有两层综合楼，

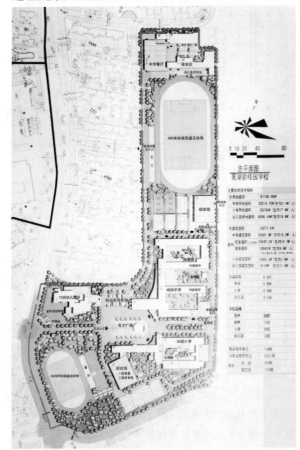

图6-1-5a　芜湖碧桂园学校总平面图

1层是食堂，2层是体育用房。小学校园的西部是运动区，设有带看台的200米跑道塑胶运动场，还有2个篮球场和4个羽毛球场，小学室外尚设有生物园地和地理园地。

中学：用地5.25万平方米，建筑面积3.65万平方米（其中校舍2.56万平方米，宿舍1.09万平方米），规模为48个班（其中高中30个班，初中18个班）。教学楼为5层，由南北两个"口"字形平面组成。南"口"是初中部，275座的合班教室在其东南角；北"口"是高中部，600座的合班教室在两"口"之间的西端。除普通教室外还设有数字化教室、理化生实验室、音乐舞蹈教室等各种先进的专用教室。4层办公楼位于初中部的西端，靠近中学教学区的主入口，教学区以北是运动区，设有带看台的400米塑胶跑道的标准运动场（中有足球场），还有风雨操场、2个篮球场和4个排球场。运动区以北是宿舍区，设有2幢6层学生宿舍和1幢2层餐厅。

总之，芜湖碧桂园学校位于居住区的一角，中学、小学和幼儿园集中布局，既节约用地又便于使用和管理，几部分有合有分，互不干扰。建筑群的几个部分都采用现代化的建筑风格，既统一协调又各有特点。芜湖碧桂园学校详细规划不失为一个有特色的、较优秀的详细规划。

图6-1-5b　芜湖碧桂园学校建筑景观集锦

图 6-1-5c1　芜湖碧桂园学校中学一层平面图

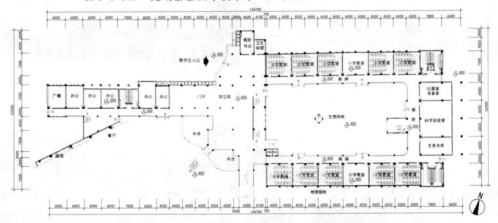

图 6-1-5c2　芜湖碧桂园学校小学一层平面图

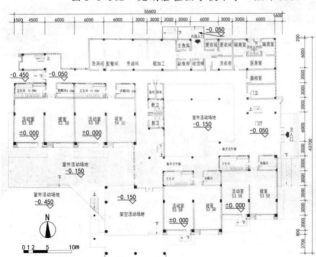

图 6-1-5c3　芜湖碧桂园学校幼儿园一层平面图

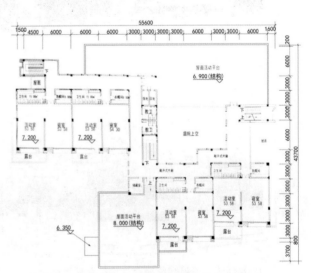

图 6-1-5c4　芜湖碧桂园学校幼儿园三层平面图

（六）芜湖市第一人民医院新院区详规设计（2009）

芜湖市第一人民医院前身是1946年12月迁来的安徽省立芜湖医院，最初是1939年设于土龙山的一处诊所。1949年6月21日，刚解放的芜湖将省立芜湖医院改名为芜湖市立医院。1950年2月，又改名为芜湖市人民医院，床位250张，职工280人。1953年12月1日，再次易名为芜湖市第一人民医院。之后，向路对面的原天主教的圣母院一带发展。1969年3月一度撤销芜湖市第一人民医院，下放农村。1973年3月，芜湖市第一人民医院迁回，恢复了门诊。到1979年，床位恢复到250张。2000年12月，开工建造新的门诊大楼，医院有较大发展。到2002年，开设病房床位达420张，职工已有510人，年门诊量达9.3万人次。

1.芜湖市第一人民医院新院区建设概况

芜湖市第一人民医院为谋求更大的发展空间，在优化市区医院布局的背景下，2008年筹划向城东新区发展，编制了新院区的总体规划方案。经过评审、报批手续后，2009年6月由北京联华建筑事务有限公司完成了芜湖市第一人民医院新院区的规划和建筑设计。当年12月29日动工建设，2014年12月一期工程初步建成，芜湖市第一人民医院新院区开诊。2017年年底，一期工程完成，医疗区总建筑面积已达到12.47万平方米（图6-1-6）。择地新建的芜湖市第一人民医院采取一次规划、分期实施的做法。2017年12月28日，位于镜湖区吉和北路19号的老院区完全搬迁至位于鸠江区赤铸山东路1号的新院区。现在床位数达875张，较老院区翻了一番，随着芜湖市第一人民医院新院区的进一步发展，作为一家综合性三级甲等医院，芜湖市第一人民医院将成为城东新区的主要医疗卫生中心。

图6-1-6a1　芜湖市第一人民医院新院区功能分区分析图

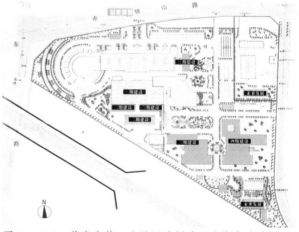

图6-1-6a2　芜湖市第一人民医院新院区分期实施计划图

图6-1-6b1　芜湖市第一人民医院新院区一期鸟瞰图

图6-1-6b2　芜湖市第一人民医院新院区总体鸟瞰图

2.芜湖市第一人民医院新院区详规简介

（1）设计指导思想：贯彻"以人为本，以病人为中心"的理念，集医疗、科研、预防、保健、120急救于一体，既为病人创造优美舒适的就医环境，又为医护人员提供良好方便的工作环境。

（2）总平面布局：医疗总用地17.44万平方米（其中医院15.44万平方米，120急救中心2万平方米），位于赤铸山东路与徽州路交叉口的东南角。基地平面近似于直角三角形，东边宽，西边窄。120急救中心位东北角，有单独出入口。医院主入口临北侧赤铸山路。医院的总体布局以医技区为中心，其北侧长达200米的医院主体建筑从东到西布置有急诊区、门诊区和行政科研区，门诊区正对医院主入口。医技区东侧和南侧布置分四期建设的住院区。各部分都用连廊连接，联系便捷，且围合成一个个有变化的中国合院式的院落空间。培训中心位于相对独立的东南

隅。医院的功能分区十分明确、合理。

（3）建筑设计：主体建筑为医疗综合大楼，3—10层，总建筑面积达11.99万平方米。平面布局上以三层通高空间的门诊大厅（32米×40米）为枢纽，通过医疗街与各区联系，东通急诊区、急救区，西通儿科门诊、体检中心及行政科研区，南通医技区和住院区，还充分考虑了"洁污分区、医患分流"，十分科学合理。建筑造型上采取了一气呵成的处理，有完整统一的构思，整体感很强，同时具体布局上有疏有密，有高有低，平面组合有变化，立面轮廓有起伏，建筑形象较为生动。建筑风格上考虑"能和老院区圣母院形象遥相呼应"，"运用欧洲古典建筑的语汇，并融入中国式合院建筑的内蕴，以中西融合为基调……创造出与众不同的建筑形象"（引自设计说明），能够理解，但笔者认为具体处理得还不够十分令人信服。

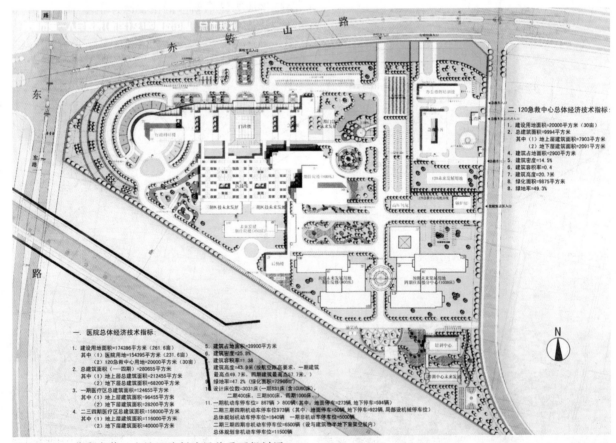

图6-1-6c 芜湖市第一人民医院新院区总平面规划图

主入口

门诊部

儿童医学中心

体检中心

行政楼

急诊部

一期住院楼西南面外观

一期住院楼东北面外观

图6-1-6d　芜湖市第一人民医院新院区景观集锦

（七）芜湖世茂滨江花园小区详规设计（2009）

此居住小区位于旅游码头南侧的滨江地带，东侧临健康路（今名滨江路），南侧临健康二马路（今名太古路）。这一地块正处当年芜湖近代租界区的中部，南北侧即当时的二马路、三马路，东侧即当时的中马路。世茂滨江花园小区的开发建设给这里带来了巨大变化。

1.芜湖世茂滨江花园小区建设概况

上海世茂集团致力于我国长江沿江城市滨江地带的开发建设，2006年进入芜湖以后，立即选中了这一地块（时称2#地块），并定位为"高档居住项目"，要在芜湖首次建设超高层住宅。首先面临的问题是如何对待原有的租界建筑，今天回顾起来，仍觉留有遗憾。这一地块当年曾是太古租界，1905年建有英商太古洋行办公楼，2004年芜湖市人民政府公布此建筑为市级文物保护单位，2008年拆除易地重建时并未采用原来的建筑材料，使文物价值有所下降。原太古洋行仓库虽在原地改建，但仍未能保存原来的结构（如大跨度屋架）。

此小区2010年建成。之后，北侧与东北侧地块尚有世茂高层住宅陆续建设。青弋江口北侧又建设了世茂滨江中心与世茂希尔顿酒店。

2.芜湖世茂滨江花园小区规划简介

（1）总体布局：小区用地近似长方形，南北长约300米，东西宽120—150米，总用地只有4.13万平方米（图6-1-7）。浙江大学建筑设计研究院进行此项规划设计时，思路十分清晰，放三排高层住宅，北面两幢均为33层三单元板式高层住宅，南面一排为两幢43层二单元板式超高层板式住宅（高度超过百米）。高层住宅的朝向取南偏西10—30度，户户均可欣赏最佳江景。

三排高层住宅楼间的距离很大，形成了两个近一万平方米的绿化空间。小区内部空间既有围合又很空透。

（2）配套建筑：因小区面积较小，住户仅1088户，中小学、幼儿园均未配置，其他配套公建均按规范设置，商业建筑沿东侧道路布置，小区南部偏西建有带室外泳池的会所，能较好满足住户的需求。

（3）交通组织：小区东侧偏南设置了主入口，正对花园绿地及会所；小区西侧偏北设置了次入口，方便住户通向滨江公园。小区绿地下基本是满铺的地下汽车库，停车面积达2.12万平方米，可停车545辆，地上尚有108个停车位。小区内部设有三处地下车库出入口，小区道路与消防道路有很好结合。步行道路采用曲线，路线设计结合景观布置，做到步移景异。

（4）建筑风格：小区建设均采用简约的现代主义风格，和谐统一。住宅采用高级外墙涂料，局部花岗岩饰面。商业建筑干挂花岗岩饰面，局部玻璃幕墙，会所采用面砖饰面。

（5）景观设计：主要营造两个花园绿地，与树木花草、水系、小建筑有很好结合。以音乐为主题的6个黄铜色玻璃钢雕塑，尤有特色。

（6）主要技术经济指标：用地面积为4.13万平方米，总建筑面积为17.21万平方米（不含地下建筑面积）。建筑密度为21.43%，容积率为4.17，绿地率为35.72%。

3.芜湖世贸滨江花园小区发展预期

该小区已于健康路西侧建成四排三四十层的高层住宅，而健康路东侧北部仅建成一排类似高层住宅。如健康路东侧南部地块在条件具备时再建设三排类似高层住宅，将会使小区显得更为完整，很值得期待。

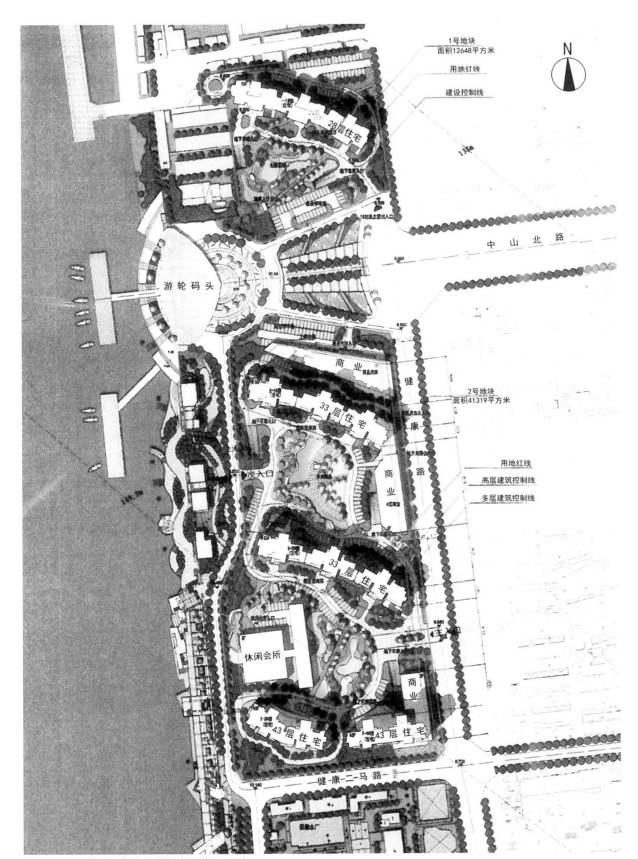

图6-1-7a　芜湖世茂滨江花园小区总平面图

入口景观

儿童游乐场

绿化景观（三）

绿化景观（二）

莫扎特雕像

贝多芬雕像

弹钢琴雕塑

小区沿街景观

水系景观

会所西入口

图6-1-7b　芜湖世茂滨江花园小区景观集锦

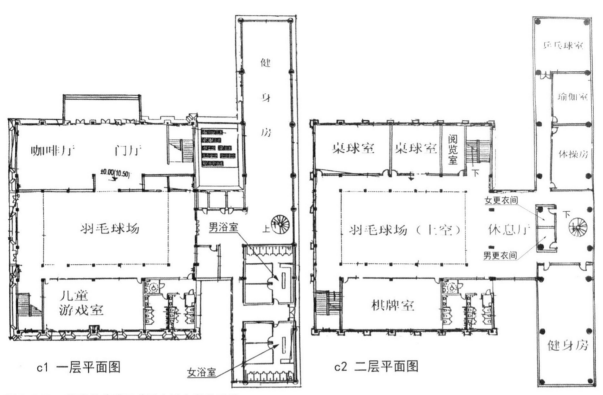

c1 一层平面图   c2 二层平面图

图6-1-7c 芜湖世茂滨江花园小区会所平面图

图6-1-7d 芜湖世茂滨江花园小区会所鸟瞰

（八）芜湖左岸生活居住社区详规设计（2004）

2000年2月，中国伟星集团和浙江伟星房地产开发有限公司在芜湖投资组建房地产企业，2002年经战略性调整和资源整合，成立了芜湖市伟星置业有限公司，开发建设了香格里拉花园小区等项目，受到好评。2006年更名为安徽伟星置业有限公司。该公司在芜湖开发了不少精品楼盘，左岸生活居住社区是其具有代表性的优秀开发项目。

1.芜湖左岸生活居住社区建设概况

芜湖左岸生活居住社区地处芜湖市中心城区，位于北京中路（原名营盘山路）以南，中间另有一条东西向的东郊路穿过，还有两条南北向的道路，把这一居住社区分为六个部分，总用地面积为24.55万平方米（图6-1-8）。规划设计单位为上海建筑设计研究院有限公司，合作设计单位为上海拓维都市设计顾问有限公司。2004年6月完成规划设计，2006年建成一期工程（A区），第一批住户入住。后经8年的精心开发，2012年全部建成。因其精心的规划设计，精细的施工质量，精良的物业管理，深受住户和市民的好评。

（1）精准的开发定位：以高层住宅为主，适当配以小高层住宅和多层住宅，同时配套齐全的商业设施。在这样一个大尺度的住区，基地又被城市道路分隔成六个区域，如何将用地整合至关重要。六个区块中A、B、C三区面积较大，采取的统一规划手法是：建筑尽量沿周边布置，中间都形成一个2万平方米左右的巨型中心花园。D、E、F三区面积较小，原来规划有多种功能，实施过程中有变化，现在都是以居住功能为主。住宅模式采用了一梯多户，减少每户的分摊面积，使购房者获得更多的实用空间，并以小户型为主，适当设置大户型。住区标准的定位是中偏高档，这样的开发定位是有针对性的，近人宜人，实为美好住区。

（2）公共服务设施建设：左岸社区的公共服务设施建设很有特点，尤其是商业街的布置。住区西侧的东郊路原来就是一条较为兴盛的商业街，住区内将其延伸段仍开辟为商业街是顺理成章之事，现已成为很有人气的住区内商业街，布置有连续的2至3层商业建筑，方便了住区内居民购物，也活跃了住区内的生活氛围。此外，沿北侧的城市道路和内部的两条南北向道路，也布置了商业建筑，使商业街店面有了连续。住区内还配置了菜市场、2000平方米的会所、两所12班幼儿园等配套设施。这些公共服务设施大多沿街布置，使各区块内形成了宁静的宜居氛围。

图6-1-8a　芜湖左岸生活居住社区规划总平面图（2004）

（3）技术经济指标：总用地面积24.55万平方米，总建筑面积约70万平方米，其中住宅建筑面积约60万平方米，公共服务设施面积约10万平方米。谷枳率2.85，绿地率55%。地下停车位共3000个。居民总户数约6000户，约2万人。各区块用地面积为：A区块6.96万平方米，B区块5.8万平方米，C区块5.78万平方米，D区块2万平方米，E区块1.8万平方米，F区块2.21万平方米。

2.芜湖左岸生活居住社区A区规划简介

（1）空间形态：西部以板式小高层住宅为主，点缀以塔式高层住宅、形成颇具韵律感和秩序感的室外空间，而局部用折板型高层住宅围合空间，形成了强烈归属感和领域感的室外空间。中部大面积的不规则的中心绿地更是点睛之笔，水面、草地、小桥、曲径、小品建筑通过精心景观设计创造了充满生活气息的室外空间环境。

（2）建筑形态：建筑布局上尽量沿用地周边布置；体量上采取18层折板型高层住宅、11层小高层住宅和塔式高层住宅的组合，有对比、有变化；风格上采用简化后的新古典主义，简洁、流畅，在现代中透露出人文意蕴，在规整中显现出变化，给人以舒展、典雅之感。建筑外饰面材料以深暖色面砖为主，取以浅灰色线脚，深色花岗岩基座，浅绿色玻璃，白色塑钢窗框等，不同的色彩和材料通过建筑体量竖向的变化相互穿插组合，在立面上形成层次感。细部构件，如空调百叶板、玻璃阳台板等，在整体的控制下精心组织，传达出浓厚的人文情调。

（3）景观环境：利用基地现状

地形多达12米的高差，使住宅顺应地形走势，使景观有起伏变化，景观设计采用中西结合的自然风景园林手法，以大面积绿化配以现代人文气息的座椅、灯饰、小雕塑以及环境小品，以创造出一个现代、人文、自然的花园式居住区。

（4）交通组织：对外布置北、西、东三个出入口，外观以环形道路为车行道，使内部步行化，使车流和人流严格分开，使车流对小区的影响减小到最低程度。

（5）A区主要技术经济指标：用地面积6.96万平方米，建筑面积18.16万平方米，其中住宅面积17.23万平方米，公共服务设施面积9300平方米。容积率2.61，建筑密度21.29%，绿地率61.28%，停车位510个，居住户数1276户，居住人口4466人。

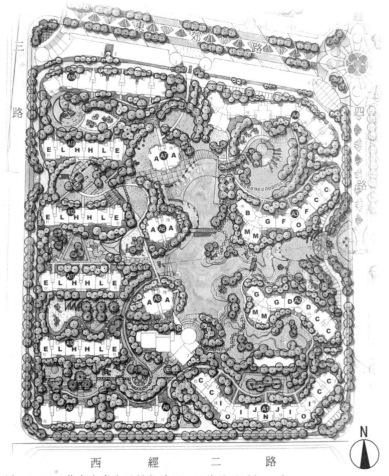

图6-1-8b　芜湖左岸生活居住社区A区总平面图（2012）

图6-1-8c　芜湖左岸生活居住社区景观集锦

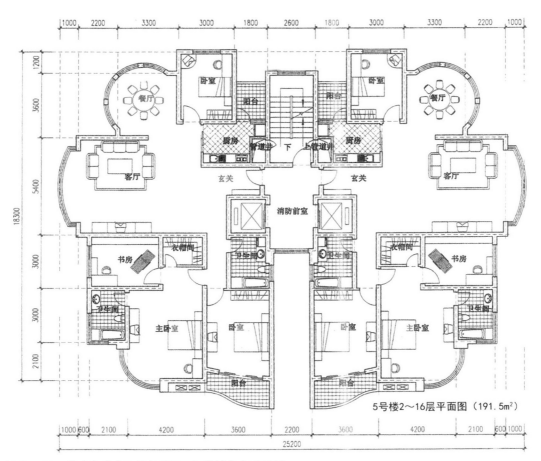

5号楼2~16层平面图（191.5m²）

图6-1-8d 芜湖左岸生活居住社区A区塔楼住宅平面图

10号楼中间户（123m²）

e1 平面图一

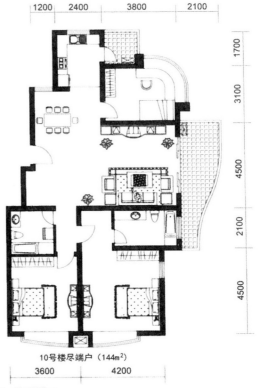

10号楼尽端户（144m²）

e2 平面图二

图6-1-8e 芜湖左岸生活居住社区A区板楼住宅平面图

（九）芜湖国贸天琴湾小区详规设计（2010）

进入21世纪以后，芜湖城南地区有较快发展，尤其是沿江地带新建了一批居住小区，从北到南建设有长江长现代城、国贸天琴湾、华仑港湾、伟星长江之歌等。这些项目的东侧是中山南路，西侧是滨江大道及滨江公园（二期），都充分利用了最为稀缺宝贵的长江江景资源。

1.芜湖国贸天琴湾小区建设概况

2009年11月，芜湖国贸地产有限公司竞拍取得该地块的开发使用权，占地面积为7.45万平方米，用地性质为商业、居住（图6-1-9）。位于中山南路与利民路交会处的西北角，西临滨江大道，北临新时代商业街延伸段。该小区由澳大利亚柏涛（墨尔本）建筑设计亚洲公司、安徽星辰规划建筑设计有限公司承担规划与建筑设计。设计方案2010年4月15日经过专家评审，5月18日通过市规划委审批，6月完成规划与建筑设计优化。经施工建设，2011年开始有住户入住。物业管理单位为重庆凯美物业公司。

2.芜湖国贸天琴湾小区规划简介

（1）总体布局：该小区用地呈梯形，北宽约190米，南宽约310米，南北长约370米。此用地的容积率指标定为1.3，所以住宅层数为32—33层，尽可能减少住宅幢数，且沿用地周边布置，以增加楼间绿化空间。此基地西侧紧邻长江，且用地沿江展开面较大，对难得景观资源的充分利用是规划设计的首要考虑，规划力求一线江景住宅单元数量最大化，9幢共19个单元的高层住宅有4幢8个单元沿江依次排开，体现了这一想法。高层住宅的朝向没有按照常规的正南正北向处理，而将建筑朝向采取南偏西20度，让住户能够更好地享受江景。这样的排列组合，在滨江大道上形成极富韵律感与节奏感的4幢短板高层住宅，对城市沿江景观也十分有利。其他住宅单元也大多采取了这种建筑朝向，争取到尽可能好的二线江景。

（2）交通组织：东侧中山南路是主人流方向，设置了主入口；南侧沿利民西路，面宽较宽，设置了人流次入口；西侧临滨江大道，设置了一处机动车出入口，方便小区居民利用城市干道出行。区内车行系统尽可能简洁，为此，东侧除了在小区主入口南侧设置了机动车出入口，在小区东北角也设置了一处机动车出入口，这样三个机动车出入口之间形成了小区内的半环，且地下车库的三个出入口也都安排在小区出入口附近，做到了人车分流。为方便住户搬家及消防等特殊需要，部分内部道路一侧带有硬质绿地，特殊情况下可以通行机动车。绝大多数停车位分布在地下，地下车库几乎满铺基地，在用地东北角独立商业区有若干临时地面停车位。

（3）景观设计：最大特点是因高层住宅的斜向布置，形成了南北向的斜向景观主轴；由于主入口在东侧，斜向进入小区又形成了一条与其垂直的东西向的斜向景观轴。这也打破了出入口垂直进入的常规做法。柏涛设计公司做景观规划时改变了总体规划时有规则的绿化广场式处理手法，景观主轴将几个大面积的园林式集中绿地串联起来，形成了完整的富于变化的绿化系统。大草坪的设置及雕塑设计也很有特色。

（4）建筑设计：户型设计中注意南北通透，尤其是客厅、餐厅的通畅明亮，大面积的落地门窗和凸窗，进深1.95米的观景阳台，双卫生间皆直接采光，都是设计亮点。建筑形象追求简洁典雅，采用简约的古典建筑风格并引入一些现代元素，使建筑富有生气。主入口的商业内街处理营造了亲切的氛围。

（5）主要技术经济指标：用地面积7.45万平方米，总建筑面积22.36万平方米。容积率2.99，建筑密度15.13%，居民户数1764户，机动车位1750个（其中地下1649个）。

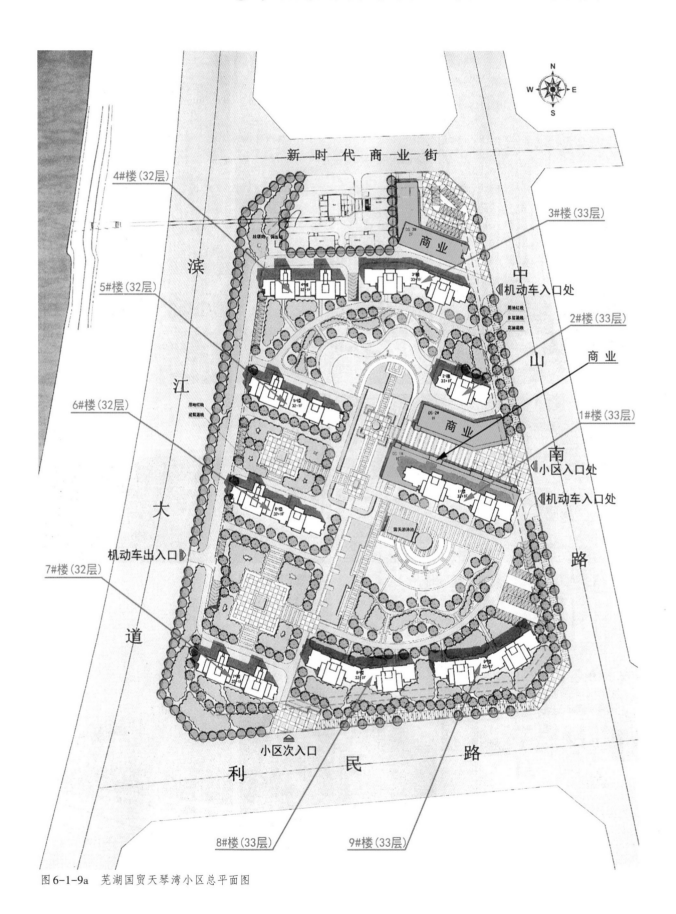

图6-1-9a　芜湖国贸天琴湾小区总平面图

入口（一）

入口（二）

商业街

草坪（一）

草坪（二）

儿童游乐场（一）

儿童游乐场（二）

从滨江公园平台看小区

图6-1-9b　芜湖国贸天琴湾小区景观集锦

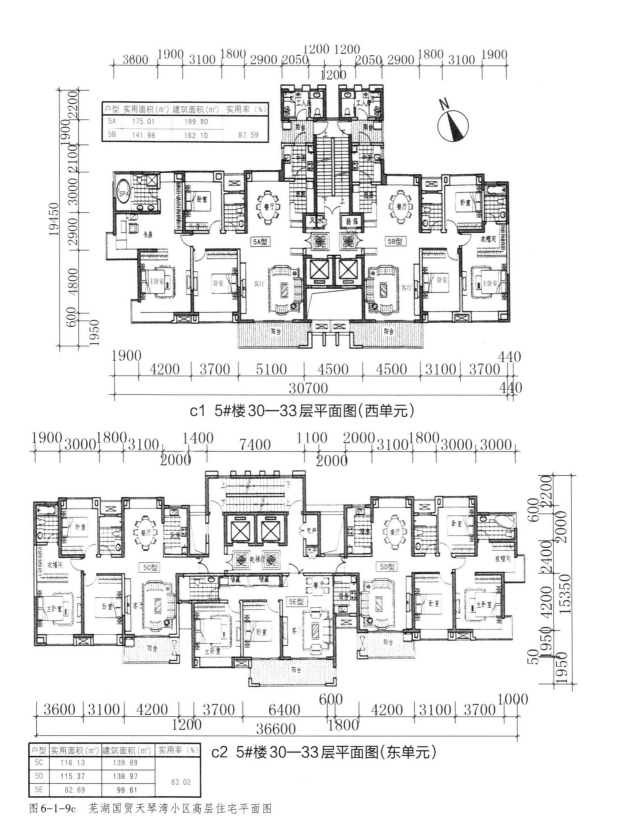

c1 5#楼30—33层平面图(西单元)

户型	实用面积(m²)	建筑面积(m²)	实用率(%)
5A	175.01	199.80	
5B	141.98	162.10	87.59

c2 5#楼30—33层平面图(东单元)

户型	实用面积(m²)	建筑面积(m²)	实用率(%)
5C	116.13	139.89	
5D	115.37	138.97	83.02
5E	82.69	99.61	

图6-1-9c 芜湖国贸天琴湾小区高层住宅平面图

（十）芜湖恒大华府小区详规设计（2011）

恒大华府的开发建设单位是芜湖恒大置业有限公司，规划设计单位是中铁合肥市政工程设计研究院有限公司。

1.芜湖恒大华府小区建设概况

芜湖市从2005年开始编制了一系列建设城东新区的规划，尤其是2010年市政务中心的建成，加快了城东新区建设的进程。一批居住小区，如兆通大观苑、苏宁城市之光等小区相继建设。恒大华府小区2011年6月完成规划与建筑设计，也投入开工建设（图6-1-10）。此小区位于赤铸山中路与鸠江北路交会处的东北角。同时开发建设的东有万科城，西有伟星城。如何在城东新区众多的房地产开发项目中独树一帜，做出特点，值得思考。在建设单位与设计单位的共同努力下，小区建成的效果是基本成功的。

2.芜湖恒大华府小区规划简介

（1）规划构思：原用地基本平坦，现状水系较多，面积也较大，充分利用现有大水面和水系是这一规划设计首先要解决的问题，事关规划设计的成败。该规划借鉴生态园林中"效法自然"的生态理论，运用现代园林的造景手法，将西侧水系作了整合，中部大水面作了修整，保留水面达4.71万平方米，创造出了一个生态化的宜人宜居的绿色居住环境，充分体现了海绵城市规划建设理念。

（2）总体布局："一主轴、二组团"。规划精心营造了贯穿小区南北以水景为主的景观主轴线，南端是小区大门和临水中心广场，北端是高层住宅和亲水平台，中间有弧形廊桥与木栈道，既划分了空间又连接了两岸。倒"T"字形大水面所形成的空间尽显开阔与气派。小区划分为东、西两个居住组团，各自设有较大面积的中心绿地。

（3）交通组织：该小区南、西、北三面临城市道路，西侧水系隔离了城市主干道，南侧中部设置了小区主入口，北侧偏东设置了小区次入口。小区内部有环形车道，采用沥青路面，在局部地段用不同色彩的铺装材料形成富有变化的道路景观。步行道与休闲小广场依据不同的功能要求，采用不同的铺地材料并形成图案。机动车停车场地以地下停车库为主。

（4）景观设计：在突出景观主轴的基础上，用各种设计手段精心营造连续多变的滨水景观，在组团中心绿地、宅间绿地、零星绿地中，注意乔木、灌木、草地全方位和多样化的组团配置，增强绿地的可视性和可达性。小区中还配置有喷泉、雕塑、亭榭、凳椅、儿童游乐场及群众健身场地，各种卡通形象的垃圾箱也随处可见，做到了景观与功能的兼顾。

（5）建筑形态：住宅以15层住宅为主，南侧与东南部建有11层住宅。住宅以简约风格为主，设有大面积飘窗。配套公建均布置在南侧，大水面的东侧设有4层5200平方米的会所，西侧设有社区医疗、物业管理等用房，东南角布置有3层1.16万平方米的剧场（底层为商业用房），西南角布置有3层2710平方米的9班幼儿园，均采用有欧风的现代简约主义建筑风格。

（6）绿色建筑"三星"措施：这是该居住小区规划设计的一个亮点。在节地与室外环境、节能与能源利用、节水与水资源利用、节材与材料资源利用、室内环境质量、运营管理六个方面有各种措施，2012年通过住房城乡建设部组织的绿色建筑三星设计标识评价。在智能化系统设计方面考虑了智能控制系统、安防系统、小区物业管理系统、综合信息服务系统、车辆管理系统等。

（7）主要技术经济指标：小区总用地面积21.83万平方米，总建筑面积39.82万平方米（包括地下9万平方米），总容积率1.799，建筑密度17.73%，绿地率47.28%，机动车停车位2841个，非机动车停车位3505个，居住总户数1858户，居住总人口5946人（户均3.2人）。

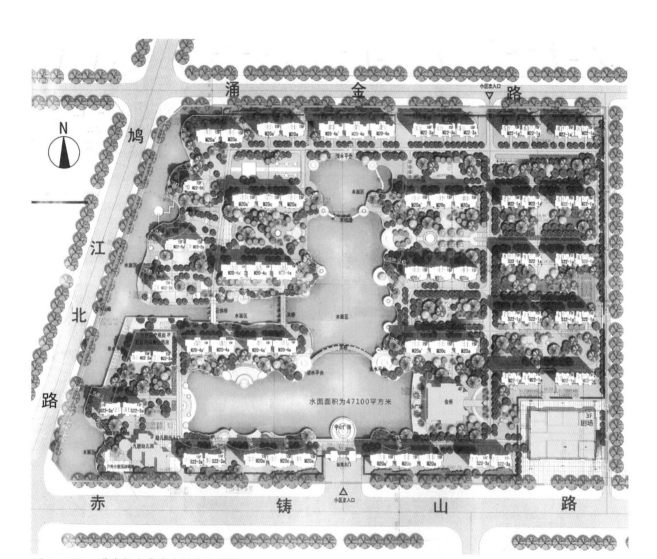

图6-1-10a 芜湖恒大华府小区总平面图

图6-1-10b1 芜湖恒大华府小区大门

图6-1-10b2 芜湖恒大华府小区雕塑

远看会所

喷泉雕塑(二)

喷泉雕塑(三)

木栈道

远看廊桥

会所

森林小道

廊桥

喷泉雕塑(一)

儿童游乐场

桃树下的小亭

图6-1-10c 芜湖恒大华府小区景观集锦

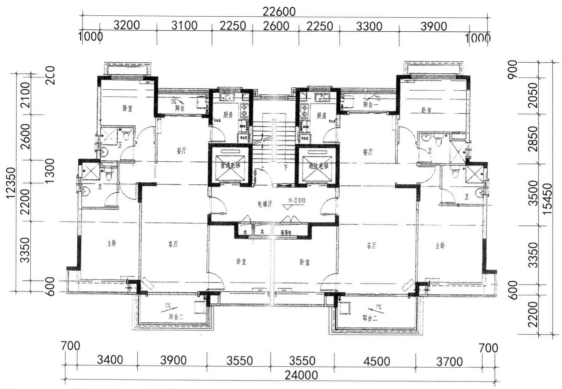

图6-1-10d1　芜湖恒大华府小区高层住宅标准层平面图

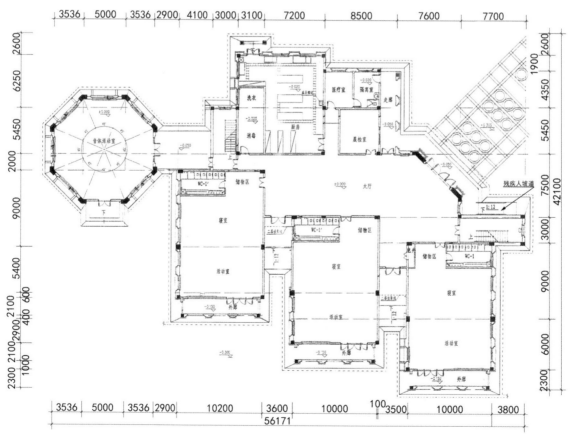

图6-1-10d2　芜湖恒大华府小区幼儿园平面图

二、现代芜湖"十大新景观"

（一）"长桥飞跨"——芜湖长江三大桥

芜湖近代由临河城市发展为滨江城市，现代特别是进入21世纪以后更进一步跨越长江而成为拥江发展的大城市。相继建成的飞跨长江的芜湖三座大桥如同三道彩虹，成为现代芜湖的一处标志性新景观（图6-2-1）。这属于城市特大型工程景观，是以桥梁交通工程所体现出来的、颇具影响力的、涉及城市形象的现代化景观。

从景观形象上看，这三座芜湖长江大桥都是双塔双索面斜拉桥，芜湖长江大桥、芜湖长江三桥同为双层公铁两用大桥，芜湖长江公路二桥为单层公路专用大桥。从桥塔造型上看，芜湖长江大桥是各自独立的一对塔，芜湖长江三桥是门形塔，芜湖长江公路二桥是高达262米的人字形塔，各有特色。双索面的高强钢丝斜拉索犹如竖琴的琴弦，也极具美感。

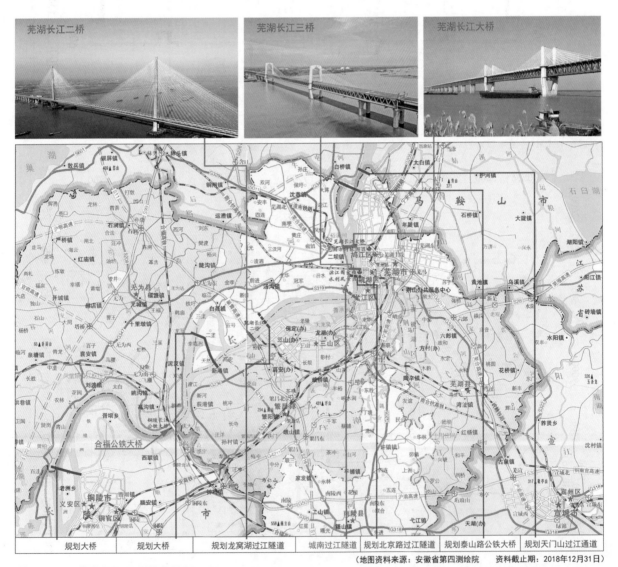

（地图资料来源：安徽省第四测绘院　资料截止期：2018年12月31日）

图6-2-1a　芜湖长江三大桥位置图

1. 芜湖长江大桥（1997—2000）

这是在世纪之交横空出世的芜湖第一座长江大桥，1997年正式开工，2000年9月30日正式通车，实现了芜湖人的"大桥梦"，也改变了皖江南北两岸一江分隔的局面，天堑变通途。

芜湖长江大桥位于广福矶，采用低塔斜拉桥结构，是全国第一座公铁两用斜拉桥。主跨312米，边跨180米。公路在上层，四车道；铁路在下层，双线。铁路桥长10616米，公路桥长6078米，其中跨江正桥长2193.7米。两端公路接线长23.2千米，其中南岸7.32千米，北岸15.88千米。主塔自公路桥面以上塔高仅为一般斜拉桥主塔高度的一半，即33.2米。大桥首次采用板桁结合新技术，使桥面钢筋混凝土板和钢桁架共同受力，节省了钢材，降低了桁高，缩短了引桥长度。在施工工艺上首次采用了深水覆盖层大直径泥浆护壁钻孔桩新技术；主跨桥墩基础采用直径30.5米双壁钢围堰结构，其抽水深度达50米，是我国桥梁建设史上抽水最深的水下基础。大桥建设中采用新结构、新材料、新技术和新工艺，使全国公铁两用桥梁设计、制造、安装水平，跨上一个新台阶。此工程由中铁大桥勘测设计院有限公司

勘测、设计，2002年获国家科学技术进步奖一等奖，同年还获全国第十届优秀设计金奖，2009年被中国建筑协会等12家行业协会评选为"百项经典建设工程"。

芜湖长江大桥建成后，使南北方向津浦、京九、京广三大铁路动脉与长江南岸铁路网得以沟通，芜湖铁路枢纽功能因此得到更大拓展，并大大缩短了华北、华中地区至华南、东南沿海地区的铁路运输里程。此外，对沪宁、沪杭、浙赣线上日益增长的客货运输量起到分流作用，从而减轻上述铁路和上海、杭州铁路枢纽以及南京长江大桥的运输压力，也使华东地区公路结构得到调整，有效发挥了合芜、芜宁、芜杭高速公路以及沿江高等级公路的作用，进一步完善了国家干线公路网络。

芜湖长江大桥的建设带动了城市的快速发展。芜湖长江大桥经济开发区从2001年的9.71万平方米起步，2009年用地扩大到新港镇高安等地区，面积扩大到约43.7万平方米。1993年经国务院批准设立的芜湖经济技术开发区更是得到飞速的发展。

图6-2-1b　芜湖长江大桥雄姿

2.芜湖长江公路二桥（2011—2017）

这是芜湖建成的第二条过江通道，也是安徽省第八座长江大桥，2011年开工建设，2017年12月30日建成通车。

芜湖长江公路二桥位于三山区，是采用双分肢柱式塔分离式钢箱梁全漂浮体系的斜拉桥，是八百里皖江之上唯一一座完全由省内技术人员自主设计完成的大桥项目，是百分之百的"安徽智造"。大桥为双向六车道，设计时速为100千米。路线全长约55.5千米，跨江主引桥长约14千米，跨江主桥长1622米，主跨806米，索塔高262米。南岸和北岸公路接线各长约21千米。

芜湖长江公路二桥是国家高速路网徐州至福州高速公路的跨江通道，建成后有效完善了区域高速公路网络，优化了芜湖过江通道布局，缓解了芜湖长江大桥的过江交通压力，进一步夯实了芜湖全国性综合交通枢纽的城市地位，使市内跨江交通的环路系统建设得以实现。

3.芜湖长江三桥（2014—2020）

这是芜湖建成的第三座跨江大桥，也是皖江建成的第十座长江大桥，2014年12月28日动工，2020年6月商合杭高铁全线贯通前建成。

芜湖长江三桥位于弋矶山北侧，距地处其下游的芜湖长江大桥约3.5千米，是双塔双索面高低塔钢箱钢桁组合梁斜拉桥。主跨588米，北岸塔高155米，南岸塔高130.5米。集客运专线、市域轨道交通、城市主干道于一体。大桥上层为双向八车道城市道路，下层为两线客运专线和两线按城际铁路（预留）标准建设的市域轨道线四线铁路。

芜湖长江三桥是商合杭高铁的控制性工程，商合杭高铁是有效连接中原、江淮与长三角重要的交通干线，被誉为"华东第二高铁通道"。芜湖长江三桥的建成，不仅完善了芜湖的公路交通网络，缓解了道路交通的压力，使芜湖的"北上"和"南下"之路更加便捷，为加速融入长三角更高质量一体化发展战略提供了更多便利，也为芜湖长江南北地区的沟通带来更大方便，为与芜湖城南隧道形成城市内部交通的"内环"提供了条件。

（二）"十里江湾"——芜湖滨江公园

芜湖是一座山水城市，更是一座滨江城市，滨江空间是芜湖城市最重要的滨水空间，滨江景观自然是芜湖的标志性景观。芜湖也是一座历史上饱受洪水灾害的城市，仅新中国成立以来就经历了1954年、1969年、1985年、1991年、1998年等几次大洪灾。防洪堤建设虽给城市带来了防洪方面的安全，却也阻隔了城市与长江的亲密关系。芜湖人难见长江，一直是个遗憾。进入21世纪以后，建设有创意的滨江公园，"引江入城、推城入江"，提上日程（图6-2-2）。2002年12月28日，北京、上海、广州等地专家，对荷兰环境设计院、芜湖市规划设计院、中国城市规划

图6-2-1c　芜湖长江公路二桥雄姿

图6-2-1d　芜湖长江三桥雄姿

设计院、北京建学设计研究院以及东南大学、同济大学的设计研究院等6家设计单位提供的《芜湖市城市滨江公园规划设计方案》进行了评审，认为全部参选方案都符合任务书提出的要求，其中荷兰环境设计院、芜湖市规划设计院的方案尤佳。评审会要求在符合国家和地方对该地段江堤的防洪排涝要求的前提下进一步强化芜湖的自然景观中人文资源特色。会后进行了公示，广泛征求群众意见和建议。经过两年的规划优化和项目筹划，2005年芜湖滨江公园一期工程动工建设，政府性投资约13亿元，2009年6月底基本建成，工程获得"安徽省人居环境范例奖"。2008年1月6日通车的临江桥获得"全国市政金杯示范工程奖"。2011年11月，水利部正式批准芜湖市滨江水利风景区为国家级水利风景区。

滨江公园一期工程北起芜湖造船厂，南至中江塔，长2.3千米，为集防洪、文化、休闲、旅游等功能于一体的景观风景区。该公园主要特点：一是将防洪墙不露痕迹地隐藏在绿坡与观景平台下，畅通了观江与观城的视野，使江与城有了很好的融合；二是临江面采用有变化的三层平台式设计，合理应对了不同水位时的使用；三是通过中江塔、老海关大楼、天主教堂、太古洋行等历史建筑的保护利用和反映芜湖历史文化的十多个雕塑，使沿江的自然生态与芜湖的人文历史得到很好的结合；四是精心打造了多个景观节点，如中江塔游园、吉和广场、大剧院观景大平台、公园北入口休闲活动区、旅游码头区以及带形沿江游览区。

滨江公园二期工程北起青弋江口，南至澛港大桥，长7.2千米，面积252万平方米，此段正是长江流经这里的转弯

之处，所以有"十里江湾公园"之称。这段滨江公园强调生态修复，尽量还原大自然原貌。计划投资2亿元，2016年动工，2019年基本建成。设有13处出入口，6处停车场（560个停车位），6座公共厕所，在水源保护区设置了1.1千米的玻璃幕墙隔断，只可观景，不可逾越。从大堤到江边共打造了三个风貌区：江堤景观风貌区、生态湿地风貌区、滨江滩涂风貌区。

滨江公园三期工程从澛港大桥沿S321省道一直向南延伸，正在规划中。

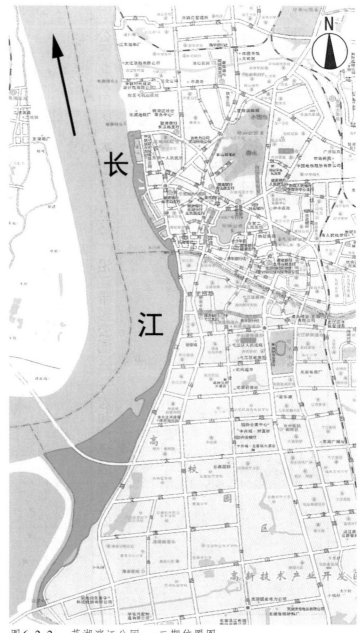

图6-2-2a 芜湖滨江公园一、二期位置图

旅游码头区

沿江带形公园区

公园北入口区

大剧院平台区

沿江带形公园区

吉和广场区

宾馆区

中江塔游园区

旅游码头

入口景区

大剧院

中江塔游园

青弋江口

N

0 20 40 60 80 100m

注释：
1. 游船码头
2. 老海关大楼
3. 芜湖大剧院
4. 天主教堂
5. 中江塔

长

江

图 6-2-2b　芜湖滨江公园（北段）总平面图

北入口标志

老海关大楼

扶栏观景

中江塔游园

大剧院平台

三级平台

近水平台

吉和广场

"一家三口"

昔日米市

船上人家

图6-2-2c　芜湖滨江公园景观集锦

（三）"欢乐梦幻"——芜湖方特旅游区

芜湖方特旅游区是深圳华强集团在芜湖投资兴建的主题公园项目，是一个包括主题公园、主题演出、度假酒店等相关配套设施的综合性休闲旅游区。项目建设始于2007年，经过十年的发展日趋成熟，已先后建成"欢乐世界""梦幻王国""水上世界""东方神画"四个公园（图6-2-3）。2016年芜湖方特旅游区进入国家5A级旅游景区榜单，并被国际主题景点业内权威组织定

为全球主题乐园第5位。芜湖方特旅游区属大型游乐类景观。

1."欢乐世界"（2008）

2007年10月18日开始试营业，2008年4月18日正式开园。位于银湖北路东侧，主入口正对景观大道（今天柱山路）。用地总面积125万平方米，其中陆地53万平方米，水面72万平方米。属华强旅游城的一部分，项目投资超过15亿元，这是一个从设计到制造，从软件到硬件，从管理到运营完全由中国人掌握的主题公园项目。

图6-2-3a　芜湖方特欢乐世界旅游项目布局图

该园采取现代计算机、自动控制、数字模拟与仿真、数字影视、声光电等高科技手段，并通过与艺术表现的完美结合，在飞越极限、太空历险、星际航班、恐龙危机、神秘河谷、海螺湾、火流星、聊斋、西游传说等15个主题项目区，让游客体验太空之旅，重返恐龙世界，经历奇幻探险，感受科幻神奇，观赏影视，从而享受一场难得的欢乐盛宴。

2."梦幻王国"（2010）

2010年12月8日开始营业。位于城东新区芜湖华强科技产业园，西侧临徽州路，南侧临赤铸山东路。用地面积70万平方米，总投资18亿元。该园利用动漫卡通为表现手段，采用高科技诠释特色主题，融入大量中国文化元素，将中国传统文化与国际时尚娱乐技术精妙融合，创造充满幻想和创意的神奇天地，精品项目有魔法城堡（大型跟踪式魔幻表演）、猴王（超大型原创舞台剧）、水漫金山（国际顶尖高科技水灾难表演）、飞翔之歌（大型原创梦幻秀）等，还特别打造了"熊出没主题专区"，成为方特旅游区新亮点，是亲子旅游的首选。

图6-2-3b　芜湖方特梦幻王国旅游项目布局图

3. "水上乐园"（2014）

2015年5月30日正式开园，位于"梦幻王国"东侧。这是我国华东地区占地面积最大的，首座以水景为特色，水活动为内容，游乐项目最为丰富的水上度假乐园。主要项目有飞驰极限、彩虹滑道、爱琴湾、飓风湾、熊出没水寨、丛林探秘、天旋地转等大型精品项目，集世界尖端游乐设施和大型演出于一体，是国内最具世界水准的水上乐园之一。

4. "东方神画"（2015）

2015年8月16日开园营业，位于水上乐园东侧。该园分综合项目区、民间传说区、民间戏曲区、经典爱情传奇区、神秘文化区、杂技与竞技区、民间节庆区、民间工艺区等八大分区。精品项目有千古蝶恋、九州神韵、女娲补天、丛林飞龙、雷峰塔、大闹水晶宫、烈焰飞云、熊出没剧场等，采用全息AR表演、4D巨幕、大型动感魔幻等高科技手段，大气恢宏地展现出五千年华夏文明，把中国故事的精髓表达得淋漓尽致。

图6-2-3c 芜湖方特水上乐园旅游项目布局图

图6-2-3d　芜湖方特东方神画旅游项目布局图

　　方特四个园，欢乐各不同。芜湖方特旅游区如今已成为芜湖市的一项著名旅游品牌。2013年芜湖市委提出打造"欢乐城市"口号，2014年"欢乐芜湖"商标在国家工商总局实现全类核准注册，成为全省唯一的城市商标。2014年芜湖市荣获中国优秀旅游城市称号后，2016年芜湖方特旅游区荣膺国家5A级旅游景区，成为"欢乐芜湖"皇冠上的一颗明珠。该旅游区通过不断优化，全面提升，将会为广大游客实现欢乐梦想，为芜湖人打造欢乐之城起到更大的作用。

（四）"古镇新姿"——芜湖鸠兹古镇特色街区

鸠兹古镇是新华联集团在芜湖投资建设的文化旅游项目，是一个集度假休闲、非遗体验、故居游览、民俗演艺、风味小吃、酒店民宿等于一体的供游客感受徽文化的度假小镇（图6-2-4）。项目建设始于2013年，建设单位为芜湖新华联文化旅游投资管理公司，由美国波士顿国际设计集团完成总体规划方案，由安徽省古建园林规划设计研究院等设计单位完成施工图设计。一期工程完成后于2016年7月30日正式开街。2017年鸠兹古镇获得安徽省旅游商品特色街区称号，同时获得首批省级旅游小镇称号。2018年被评为国家4A级旅游景区。

鸠兹古镇位于芜湖市鸠江区万春中路与徽州路交会处的西南角，西临安澜路，南临陈棱路（原名纬二路）。扁担河由北至南从用地西部穿过，用地东部中间有一较大湖面。总用地面积97.4万平方米，其中建筑用地68.2万平方米，水面25.2万平方米，总投资约80亿元。

鸠兹古镇总体布局分东西两大区。东区北端是主题民宿区，南部是环湖风情区，东侧是大白鲸海洋公园。西区分为10个地块，以扁担河为南北轴线，其东侧5个地块，意向为动感风情区、魅力文化体验区、传统风味小吃街、高端滨水会馆区等；其西侧5个地块，意向为书院、民俗风情体验区、时尚餐饮零售区、迷你商业街等。东西两大区之间是南北向的中心大道，南北端分别布置主要入口。

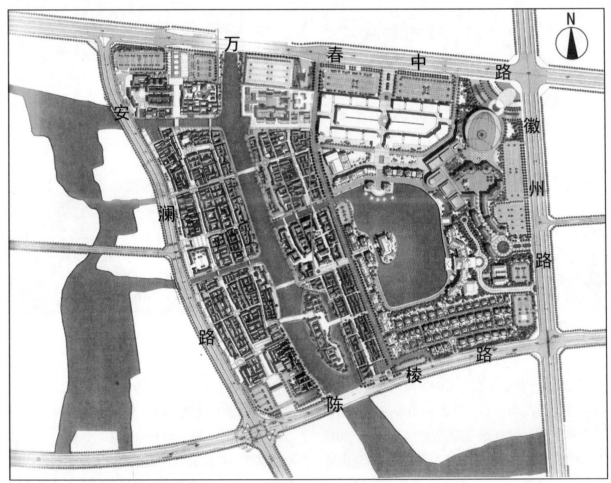

图6-2-4a　芜湖鸠兹古镇规划总平面图

截至2019年，鸠兹古镇开园的部分已完成建筑面积约40万平方米，项目涵盖10个大特色街区，10余种徽文化演艺，16大人文景点，30多个非遗体验项目，50余家徽商老字号，还有两个高级酒店和一个海洋公园。项目实施过程中，具体布局有适当调整。从鸠兹古镇导游总平面图（图6-2-4b）可知，中心大道已命名为徽商大道，两端的南北主入口及游客中心均已建成，东区的主题民宿区与环湖风情区基本建成，西区的河东区茶肆酒吧区、市井小吃区、非遗文创区及滨水会馆区已全部建成，西区的河西区书院文化区已基本建成，徽风雅韵区沿河一带初步建成。据古镇管理经营部门介绍，鸠兹古镇共有徽派建筑658栋，共1288间，其中有移建于此的明清古建筑42栋（318间），被誉为开放式的徽派建筑博物馆，除了众多徽派建筑的商铺、民居外，较重要的建筑还有徽商百杰馆、芜湖民俗馆、铁画博物馆、鸠兹博物馆、古戏楼等，特别是中江书院及孔庙，徽州建筑的"三绝"——木雕、砖雕、石雕，技艺尽显。徽州建筑中的牌坊、宝塔、石桥、亭廊也多有呈现。

需要说明的是，此鸠兹古镇并非真实的原有古镇，大多数建筑为模仿徽州建筑风格而新建，似有"假古董"之嫌，一般并不提倡。不过，作为开发建设的文化旅游项目，芜湖鸠兹古镇并非完全无中生有，其创造态度较为认真，施工水平较为考究，文化品位有所追求，起到了弘扬徽派建筑、传承徽州文化的良好作用，实际上也受到了广大游客的欢迎，仍不失为芜湖现代较好的一处旅游新景观。

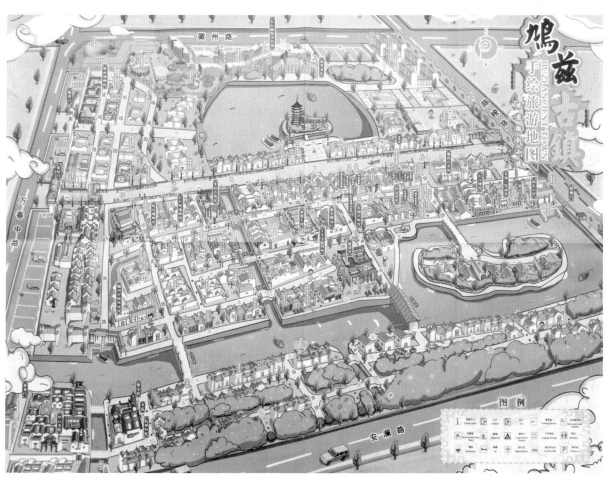

图6-2-4b 芜湖鸠兹古镇导游总平面图

北入口门楼

中江书院门楼

铁画博物馆

徽州百杰馆

芜湖民俗馆

古戏台

聚宝塔
（石塔）

栖凤塔
（木塔）

徽州石牌坊

图6-2-4c　芜湖鸠兹古镇景观集锦（一）

张恒春中药店

花巷

伞巷

李经芳故居

老字号店

国学馆旁说书

好运楼前演艺

小吃街

临水商铺

砖雕牌楼

木雕牌楼

图 6-2-4d 芜湖鸠兹古镇景观集锦（二）

（五）"蓝绿飘带"——芜湖中江公园

中江公园西起神山公园，东至扁担河，全长约3.2千米。投资约1.6亿元，2009年开始建设，2010年年底建成并交付使用（图6-2-5）。芜湖中江公园原名中央公园，因芜湖地处"中江段"（九江至镇江）的中间，历有"中江"之名，至2019年改称"中江公园"，似更为贴切。

建设中江公园的设想始于2006年开始编制的《芜湖市城东新区近期建设规划（2007—2020）》，当时就确定了要在城东新区规划两条

景观主轴线，一条是以市政务中心主轴线延伸形成的南北向景观主轴线，另一条是在市政务中心南侧形成的东西向景观主轴线。两条景观主轴线构成了芜湖城东新区总体城市设计的主要骨架。

该公园的规划设计理念是建设一条"山水间的绿飘带"。笔者认为，建设的不只是绿飘带，还有一条蓝飘带。从公园的地形地貌可以看出，这是一处东西走向的长条谷地，原来就有一条从西流向东的水系，连接着神山公园水系和扁担河。现在经过整理，已成只能通行小船的小河，如同一条蓝色的长飘带。小河南北的湿地与坡

①神山公园 ②林荫山地园 ③生态认知园 ④水生植物园 ⑤雕塑园 ⑥中心园 ⑫人民公园 ⑦人文园 ⑧运动园 ⑨都市浪漫园 ⑩扁担河公园 ⑪扁担河

图6-2-5a 芜湖中江公园总平面布局图

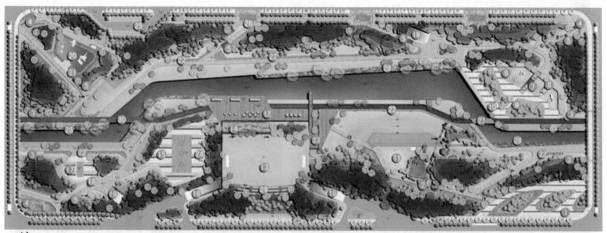

注：1入口草丘广场、2特色构架、3特色座椅、4特色入口、5公园入口台阶、6儿童戏砂池、7特色廊桥、8特色廊桥、9趣味雕塑林、10观景广场、11成人健身器械区、12商业休闲区、13足球场、14观景平台、15篮球场、16地下车库出入口、17羽毛球场、18特色景墙、19地下通道出入口、20极限运动场、21特色构架、22生态草沟、23观景木栈道、24特色廊架、25室外停车场、26特色种植地、27景观桥、28湿地水草、29看台、30景观桥。

图6-2-5b 芜湖中江公园运动园平面图

地，各种植物繁茂，如同两条绿色的长飘带。蓝、绿飘带连接着神山公园的"山"和扁担河的"水"，这是对芜湖城市绿化系统的进一步完善，对城东新区生态环境质量的进一步提高，为市民创造宜居、宜游环境，对国家级园林城市建设起到了积极的作用。

此公园的规划设计手法是：通过公园的河（水系）、道（路及桥）、丘（坡）、林（绿化）以及园林建筑、景观小品等景观元素把整个条状公园串接起来。具体的景观工程由道路系统、水系驳岸、亲水平台、广场、跳台、景观桥、特色景墙、咖啡厅、文化中心、运动场地、雕塑小品、标识、灯柱、坐凳、公厕、亮化照明、给排水、绿化等组成。通过多年的建设与管理，公园已基本完整，成为市民和游人休闲的好去处，成为芜湖市一处秀丽的新景观。

芜湖中江公园是一个大型带状公园，外形规整，东西长约3200米，南北宽约150米。北侧有政通路，南侧有仁和路，西端是南北走向的鸠江北路，东端是南北走向的安澜路。中间有南北走向的城市快速干道——中江大道，从市政务中心西侧穿过，划分中江公园为东西两大区域。西区由穿过的云从路、天池路划分为林荫山地园、生态认知园和水生植物园共三个园。东区由穿过的清风路、时雨路、河清路、海晏路划分为雕塑园、中心园、人文园、运动园和都市浪漫园共五个园。安澜路以东是扁担河公园。

芜湖中江公园总面积约48万平方米，其中绿地面积约30万平方米，水面面积约7万平方米，广场道路面积约11万平方米。

芜湖中江公园以后又有新的发展，从中心区向南在城东新区的南北景观主轴线上完成了人民公园的一期建设。随着人民公园二期建设的完成，另一条绿色飘带将从市政务中心飘向青弋江，最终形成将"T"形的生态廊道格局。

图6-2-5c 芜湖中江公园中心园景观

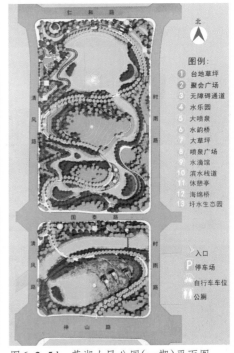

图6-2-5d 芜湖人民公园(一期)平面图

公园水与岸之一

公园水与岸之二

公园路与桥之一

公园路与桥之二

公园运动区之一

公园运动区之二

公园雕塑之一

公园雕塑之二

公园建筑之一

公园建筑之二

图6-2-5e　芜湖中江公园景观集锦

（六）"雕塑世界"——芜湖雕塑公园

雕塑是一种造型艺术，而公园是城市公共绿地的一种类型，两者的有机结合便是雕塑公园。雕塑公园是城市公园的一种类型，属专类公园，例如动物园、植物园、体育公园、儿童公园、陵园等。雕塑具有文化艺术属性，因此可以把雕塑公园定位为文化公园。雕塑公园可谓是以雕塑这一人文景观为最重要元素的城市公园，一个个雕塑就是一个个景点，整个雕塑群形成了丰富多彩的雕塑景观，众多雕塑与植物、山石、水体等园林要素融合在一起，创造了一种美丽的城市景观（图6-2-6）。

芜湖雕塑公园位于地处城市中心区的神山公园东部，赤铸山和神山的东侧、南侧与北侧。隔着神山公园的外环水系，雕塑公园东临鸠江北路，北临赤铸山中路，南临神山路。神山公园的东大门就是雕塑公园的主入口，神山公园的北大门、南大门是雕塑公园的次入口。芜湖雕塑公园的建设缘起于中国·芜湖国际雕塑大展的创办。2011年8月17日开工建设，11月27日由中国雕塑学会、中国美术学院和芜湖市人民政府联合主办的首届"刘开渠奖"国际雕塑大展在此开幕，芜湖雕塑公园同时开园。来自全球40个国家和地区521名艺术家提交了2000多件作品，最终

66件作品入选首届大展。2018年12月28日，第七届国际雕塑大展在芜湖中江公园新落成的芜湖雕塑艺术馆开幕，在收到的全球33个国家和地区487名艺术家的997件作品中有34件参展作品获奖。第七届大展共有200余件雕塑获奖，大多在雕塑公园做永久性陈列展出。这些作品通过主体设定、构成形态、材料表现、人物塑造、情感建构、意境营造，包含了历史、文化、人性的深刻内涵，具有思想的穿透力、审美的表现力、形式的创造力，使芜湖雕塑公园成为芜湖市又一张叫得响、传得开的城市名片。

芜湖雕塑公园经过四期的建设，总占地面积已达36万平方米。园内主要道路利用神山公园的内环干道，分区设置小的环形道路，沿线布置雕塑展品，很好地组织了参展路线。展出的雕塑作品分三区：中区靠近东入口，主要展出第一、二届国际雕塑大展的获奖作品；南区靠近南入口，主要展出第三届大展的获奖作品；北区靠近北入口，主要展出第四、七届大展的获奖作品；第五、六届国际雕塑大展的获奖作品主要在中江公园的几个分区展出。展出的这些雕塑作品形式多样、风格多元，或古典或现代，或具象或抽象，有的表现城市的多彩生活，有的表现江南山水的灵动多姿，有的突显中国文化，有的体现西洋元素。人工雕塑与自然景观的完美融合是雕塑

图6-2-6a　芜湖雕塑公园鸟瞰

公园的一大特色。雕塑有的置于路旁，有的置于水边，有的置于山坡，有的置于草坪。游客们徜徉其间，既欣赏了雕塑艺术，开阔了文化视野，又得到很好的休闲。芜湖雕塑公园得到广泛好评，已成为芜湖市又一个时尚的新景观，2018年被评定为国家3A级旅游景区。

笔者认为应该注意几点：一是雕塑作品不能一成不变，广受好评的经典作品可长期保留，不十分成功的作品可用更优秀的作品替换；二是要不断提高雕塑作品的创作水平，追求雕塑的高品位、高格调，多一些含蓄，少一些俗气，多一些美感，少一些怪异；三是雕塑公园的规划布局要进一步优化，要有科学、完整而有弹性、可持续的总体规划。

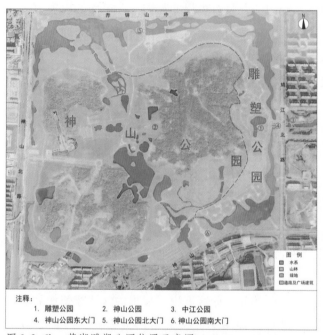

注释：
1. 雕塑公园　　　2. 神山公园　　　3. 中江公园
4. 神山公园东大门　5. 神山公园北大门　6. 神山公园南大门

图6-2-6b　芜湖雕塑公园位置示意图

图6-2-6c　芜湖雕塑公园主入口

图6-2-6d　雕塑与景观环境的对话

图6-2-6e　芜湖雕塑公园雕塑集锦

（七）"荷塘秀色"——芜湖九莲塘公园

九莲塘位于古城北门外，原名九连塘，相传为九眼水井汇掘而成，因塘中莲藕茂盛后改名为九莲塘。九莲塘西北原尚有蒲草塘，这片水域在建园初尚有8万平方米，其中九莲塘为4.5万平方米。现在的九莲塘公园实为原先的蒲草塘位置。公园建设始于20世纪70年代，1977—1979年疏浚九莲塘，修建了五座桥，种植了树木，开辟了花卉生产基地，开始筹建公园。可是到80年代，湖体遭到严重污染，湖边杂草丛生。2002年，政府投资1000万元，重点建设九莲塘公园，水域面积尚有4万平方米，陆域只有1.7万平方米。2005年，正式编制公园详细规划，进行改建。规划公园面积为13.2万平方米，其中水域面积3.37万平方米。2006年建成开放。后来老年大学迁出，公园又扩大了用地。其后经过不断建设，公园品质得到提升。

公园位于九华中路与黄山中路交会处的东南角，虽地处市中心地区，却能闹中取静。公园面积虽不大，环境却颇佳，一直是绿化率最高的市级公园。现在园中树木品种100多种，包括大量名贵树种，如银杏、水杉、香樟、广玉兰、美人茶、桂花、茶梅、红枫等，均有小牌标明植物名称，俨然成了植物园。公园主入口设于西侧中部，东北角尚有次入口。园中环湖形成环路，串联了诸多景点。除各具特色的大小绿地，湖西北侧的观景大平台、休闲长廊，北侧的百多米长杉树林道，南侧的古朴亭、廊，东侧后湖的九曲桥、长廊，湖中设有老年活动中心的小岛，都是游人休闲、健身、娱乐的好去处。

遗憾的是公园四周的一些建筑限制了公园的发展，陆域空间尤感不足。发展规划设想公园主要向南延伸，主入口改设在环城北路，一直难以实现（图6-2-7）。

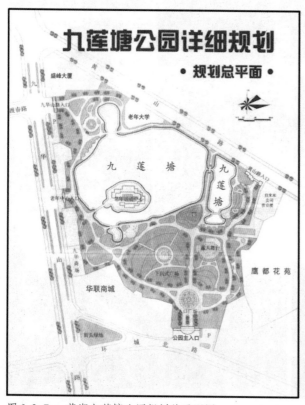

图6-2-7a 芜湖九莲塘公园规划总平面图

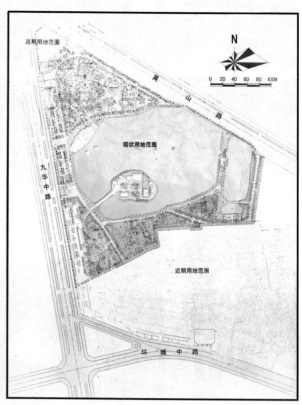

图6-2-7b 芜湖九莲塘公园现状总平面图

公园标志石

公园大门

水杉林道

南面湖景

曲桥通幽

后湖长廊

西岸湖景

折线廊亭

小桥风景

长桥风景

图6-2-7c　芜湖九莲塘公园景观集锦

（八）"三湖揽胜"——芜湖西洋湖公园

赭山公园与青弋江之间有镜湖公园的"两湖争秀"，神山公园与青弋江之间有西洋湖的"三湖揽胜"，真是无独有偶！这里的西洋埠原本是由北向南流入青弋江的一条水系，在新中国成立初的芜湖市区图上仍清晰可见。到20世纪80年代，仅存"西阳湖"。1991年开辟弋江路（时称二环路），穿湖而过，将湖分为东西两半。1998年延伸黄山中路，又穿西边湖而过，再将湖分为南北两半。三湖形态因此成形。为了保护这片优美的自然生态环境，公园建设提上日程。2008年编制的《西洋湖公园景观规划方案》提出"融·合·凝·彩"的规划理念，笔者理解为"人与自然相融，人文与生态结合，凝聚历史文化，园区色彩斑斓"。规划范围较大，直至青弋江边，总用地面积达31.5万平方米，共分A、B、C、D四区。此规划在实施过程中结合实际情况有局部调整（图6-2-8）。

西洋湖公园具体位置在黄山东路与弋江中路的交会处。环北湖的A区占地面积7.26万平方米，其中水域面积4.23万平方米，规划为都市休闲漫步区，可供市民散步、练拳、舞蹈、纳凉等。环南湖的B区占地面积6.2万平方米，其中水域面积3.62万平方米，规划为时尚运动体验区，可供市民尤其是青少年、儿童游憩和健身活动。环东湖的C区占地面积10.8万平方米，其中水域面积5.84万平方米，可提供时尚现代而丰富的观光、娱乐、休闲等活动空间，创造生动优美的游乐环境。此三区共占地24.4万平方米，其中水域面积13.69万平方米。绿化总面积达7.37万平方米，绿化率为70%。

镜湖区区政府共投资1.2亿元，力图打造一个以自然生态为主题的文化公园，一个集都市休闲、时尚运动、观光娱乐为一体的特色主题公园，不仅拥有公园原生态的自然环境，更注重健康生活的教育宣传，让市民感受大自然的魅力。2011年开始建设，2012年元旦A、B两区先行开放。2020年C区建设也已成形，将来D区建成后，西洋湖公园将以更加完整的新景观呈现在市民面前。

图6-2-8a　芜湖西洋湖公园总体规划方案图（2008）

图6-2-8b　芜湖西洋湖公园鸟瞰

图6-2-8c　芜湖西洋湖公园景观集锦

（九）"莲花浩渺"——芜湖莲花湖公园

芜湖莲花湖公园位于三山区三山经济开发区莲花湖综合服务区内，是三山区境内第一座生态公园，也是芜湖市体量较大的景观公园（图6-2-9）。经过多年的建设，从清淤、驳岸、筑岛、植物种植到广场修建等工程，2014年已初步建成，2016年完成三期建设后，被安徽省住建厅评为城镇园林精品示范工程。

公园总平面轮廓为五边形，被5条城市道路围绕，东北侧为莲花湖路，西北侧为黄垅路，西南侧为澄江路，南侧为小江路，东南侧为纬三路。公园总面积约159万平方米，其中水域面积为86.7万平方米。公园的湖面面积约为市内镜湖面积的5.6倍，可见湖面的浩渺。

从莲花湖公园的规划总平面图可见，主入口设在莲花湖路，附近拟建配套的商业街，次入口设在小江路，附近拟建配套的会议中心、餐饮等会所。因西端规划的体育馆尚未建设，现于黄垅路上开有次入口，可直接进入亲水平台。从浩渺的湖面来看，湖中偏南处由4座桥连接着3个岛和2个半岛，将整个湖面分为南、北两个部分。北湖面积很大，南湖面积相对较小，且呈长条形。三个湖心岛规划为种植主题岛，分别为樱花岛、桃花岛和石榴岛。在诸多的景观桥梁中，最大的是长虹卧波桥，跨度有135米。环路道路是公园的主干道路，今已成为省级绿道。位于北端的主景区广场称为世纪广场，以硬质铺地为主，对称式规整布局，可供万人集会与演出，两侧有绿化，前有长长的亲水平台，面积达16.7万平方米，可见世纪广场规模之大。正对主广场南面的湖中建设有一座长达200米，宽为30米，喷水高度可达100米的大型音乐喷泉"如意莲花"，为该园的一大亮点。

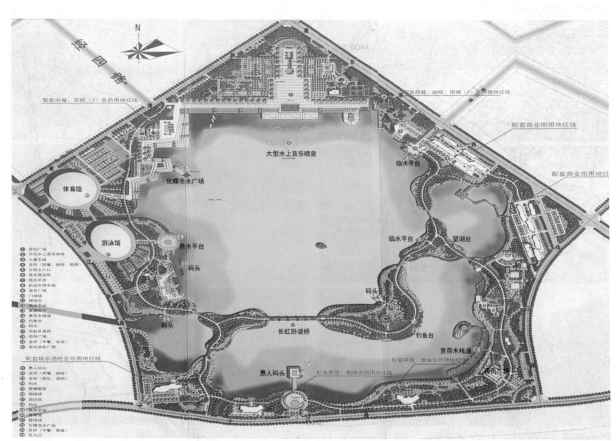

图6-2-9a　芜湖莲花湖公园规划总平面图

　　这座以自然生态大环境为背景，既弘扬历史文化又体现时代精神的莲花湖公园，不仅已成为三山区的标志性城市景观，也为全市市民和广大游客打造出一个休闲游览的好去处，成为以湖光水色为特点的空间浩大的新景观。

湖面浩渺

荷中拱桥

草坪茵茵

湖光潋滟

世纪广场

亲水广场

湖心石

廊架平台

林中亭

飘棚廊亭

图6-2-9b　芜湖莲花湖公园景观集锦

（十）"湿地风光"——芜湖大阳埠湿地公园

湿地是生态环境的重要组成部分，它与森林、海洋一起并称为全球三大生态系统。城市湿地公园是指利用纳入城市绿地系统规划的宜作为公园的天然湿地，通过合理的保护利用，形成保护、科普、休闲等功能于一体的生态公园。"埠"为小堤，多用于地名，是因水系而形成的线状区域。大阳埠是芜湖市城东新区的一条由西向东流入扁担河的重要水系。2007年编制的《芜湖市绿地系统规划（2007—2020）》提出要建设6个湿地公园，大阳埠湿地公园即其中之一。2010年，中铁芜湖规划设计研究院编制了公园的总体规划方案，2011年，由南京林业大学完成了详细规划设计。2011年5月，一期工程开工建设，2013年开放使用。

该湿地公园北临万春西路，中江大道从中部穿过，划分为东、西两区。公园总占地面积为242万平方米，西区占地面积为87.2万平方米，东区占地面积为154.8万平方米。规划充分尊重城市总体规划和现有水系，适当改造地形，调整水体岸线，通过合理的生态恢复措施，疏通水系通道，同时通过植被补植，提高覆盖率和郁闭度，并展示乔木、灌木、草地、水生植物过渡的群落，还通过鸟类栖息地、觅食地的设计，吸引鸟类，最终形成一片与自然和谐共生的湿地公园（图6-2-10）。

大阳埠湿地公园西区87.2万平方米的占地中，水域47.7万平方米，绿化33.6万平方米，园路3.7万平方米，广场2万平方米。因是开放性公园，出入口设置较多，主、次出入口各有三个。设置停车位近400个，包括一个地下停车场。园内设有湿地展览馆、接待中心、北码头、南码头、咖啡馆等建筑，并设有公厕5处及管理用房、小卖部、电瓶车停靠站。规划实施中增设商业建筑2万多平方米，似过多。主要特色景点有：湿地植物园、水花园、彩叶林、河滩广场、环泉草台、樟林环岛、叶子岛、重峦青石、花田锦绣、沙洲群岛等。经过几期建设，至2016年公园西区已基本建成。公园东区尚在建设中。

城市湿地公园如同"城市之肾"，对提供水资源、调节气候、涵养水源、蓄洪排洪、降解污染物、保护生物多样性都起着重要作用。大阳埠湿地公园已成为芜湖的一处生态湿地示范区、生态观光区和生态教育基地，是芜湖市区内一道靓丽的生态景观风景线。

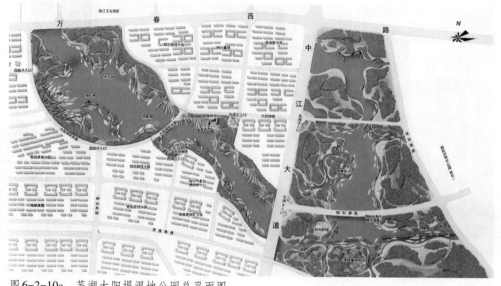

图6-2-10a　芜湖大阳埠湿地公园总平面图

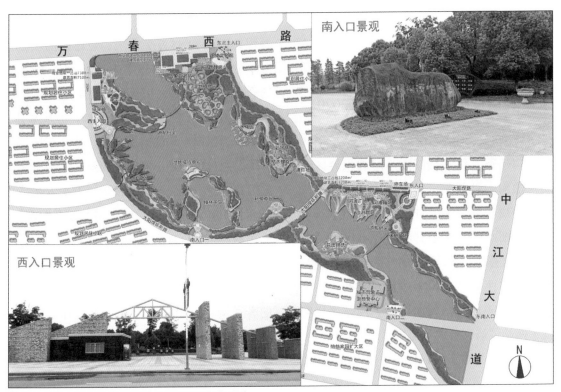

图6-2-10b　芜湖大阳埂湿地公园西区总平面图

图6-2-10c　芜湖大阳埂湿地公园景观集锦

三、现代芜湖"十大新建筑"

（一）芜湖市新火车站（2013—2020）

芜湖最早的火车站建于1932年，是一幢两层砖混结构建筑，位于长江边当时的租界区南端，现在的陶沟路北侧。新中国成立后继续使用，直到1977年位于江北的芜湖北站建成运营，此站改称芜湖西站，并于1980年停办客运，专办货运。经过选址与规划，在神山与赭山之间、皖赣铁路线的西侧，1990年建成了芜湖长途汽车站，1992年建成了芜湖火车站，两站房之间又建设了两站广场，形成了芜湖对外的门户。

现在建成的芜湖新火车站站房是占地约10.2万平方米、建筑面积达到5万平方米的一等站，已一跃成为中国60个铁路枢纽中心站之一，也是安徽省仅次于合肥南站的第二大铁路客运站（图6-3-1）。芜湖新火车站的总体布局是双站房、高架候车厅和双广场，很有特点。东站房是高铁站房，东侧有东广场；西站房是普铁站房，西侧有西广场；候车厅高架于铁路上方。芜湖站分为高架候车进站层、地面站场层、出站大厅层和地下出站层共4层，并以火车站为核心，打造一个连接公交站、出租车和社会车辆，兼顾长途汽车、轨道交通的综合交通枢纽。站场设计为"三场八台"。"三场"指宁安场、商合杭场两个高铁场，及皖赣复线普速场；"八台"指6个岛式站台和2个基本侧式站台，均为"上进下出"。由于芜湖位于宁芜、宁铜、皖赣、淮南各线以及宁安、商合杭两条高铁交会处，这样布局是合理的。

东站房2013年8月20日开工建设，2015年11月27日正式投入运营。东广场一期包括两层地下枢纽空间、进出站平台及匝道、地面道路、东站广场绿化景观，总面积1.28万平方米。二期有南北两侧的旅游集散中心和公交综合体。三期

为11.2万平方米建筑面积的商业综合体。东广场总用地面积12.85万平方米，总建筑面积24.476万平方米（地上9.83万平方米）。东广场站前路结合站区规划路与弋江北路相接。西站房2016年1月28日开工建设，2020年年初基本建成。西广场为站前广场、公交车场、社会车场、大巴车场，通过广场地下空间与西侧的芜湖长途汽车站对接。西广场总用地面积7.33万平方米，总建筑面积4.85万平方米（地上0.48万平方米）。西广场站前路结合现有梅莲路、文化路与赭山中路相接。芜湖新火车站建成后，已达到满足一次性疏散1万人的能力。仅从芜湖火车站建设过程中的客运量看，2017年共计40天的春运期间，累计发送旅客85.2万人次，较2016年增加16.5万人次，同比增长24%；为期62天的暑运，累计发送旅客142万人次，其中宁安高铁客流高达70万人次。到2018年客运量突破840万人次，在清明小长假期间，创下单日旅客发送量5.1万人次的最高纪录。由此可见新火车站创造的社会效益、经济效益都是很好的。

芜湖新火车站的造型设计，以"长江、青弋江两江相交，孕育皖江明珠"为寓意，通过流畅的线条和简洁的形体，显示出现代交通建筑的动感、大气，也体现出芜湖开放、创新的城市品质。唯感东、西站房立面过于相似，识别性较差。神山公园与赭山公园之间的这条城市视廊出现的芜湖新火车站，已成为总体城市设计中的一处亮点，更是体现城市形象的一个新地标。

图6-3-1a　芜湖市新火车站鸟瞰

东站房鸟瞰

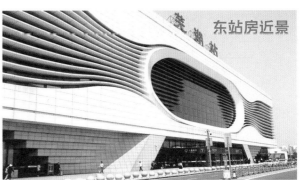

东站房近景

东站房透视外观

西站房外观

东站房正面外观

东站房夜景之一

东站房夜景之二

图6-3-1b 芜湖市新火车站景观集锦

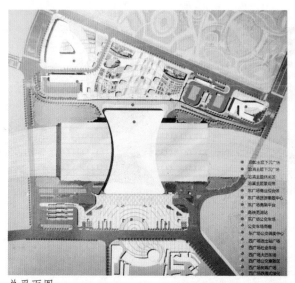

总平面图

功能分区图

东广场功能界面划分图

西广场功能界面划分图

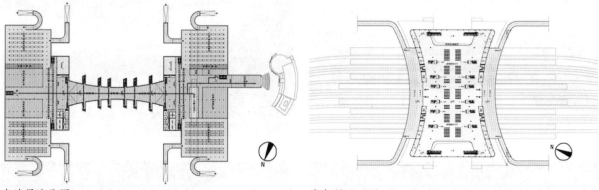

出站层流线图

高架层平面图

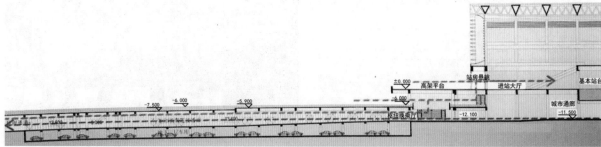

东广场剖面图

图6-3-1c　芜湖市新火车站平面和剖面图

（二）芜湖市政务中心（2007—2009）

芜湖市政务中心位于芜湖市中心城区以东的城东新区。城东新区总用地面积为42万平方千米，其核心区是6.6平方千米的行政文化商务区，兼有娱乐休闲、体育活动、居住等功能（图6-3-2）。其起步区位于三环路（中江大道）与赤铸山中路交会处的东南，即芜湖市政务中心。政务中心大楼由市级党政办公、人大、政协的行政办公用房组成，是这里的中心建筑。

芜湖市政务中心的规划和建筑设计，经过2006年年底的招投标，确定了中标方案。2007年7月评审通过了由浙江大学建筑设计研究院设计的政务中心大楼的建筑设计方案，当年12月29日正式开工。2009年12月，通过了大楼的整体竣工验收。2010年年初，正式投入使用。

芜湖市政务中心总用地面积13.53万平方米，总建筑面积13.83万平方米，其中地上建筑面积10.42万平方米，地下3.42万平方米。大楼周边广场占地面积约9.2万平方米，其中花岗岩铺地面积约3.2万平方米，绿化面积约3.3万平方米，南侧尚有较大面积的景观水面。这一完整的建筑群采用中轴对称式"品"字形布局，在主轴线上从南到北布置有景观大水面、市民广场、办公楼主楼、底层架空连接体、辅楼（会议中心）。主楼中间是市委、市政府的党政办公楼，10层，高43.2米，由两个"口"字形建筑合成；东西两侧各有一稍前移的"口"字形建筑分别是人大、政协的办公楼，5层，高23.7米。主楼下设有地下室，布置有地下汽车库、设备用房等。北端设有会议中心，5层，高23.7米。底层设食堂（1266座）等附属用房，二层有中小会议室及900座会议厅。建筑群东西两侧建筑至中央逐渐升高，北侧辅楼低，南侧主楼高的形体组合关系，烘托了主楼中部的构图中心。尤其是楼前开阔的市民广场，使整个建筑群轴线更为严谨，内

外界面更加完整，与周边生态环境更为融合。

芜湖市政务中心的建筑设计最难能可贵的是融入了徽文化。徽文化是中国传统文化的重要组成部分，它沿袭了中原文化的精髓，成长鼎盛于皖南，延绵古今，影响海内外，具有强烈的地域文化特征。徽文化具有包容性、开放性和思辨性，体现了中国传统文化中人与自然和谐的"和合精神"。作为皖南门户的芜湖，又是今天皖江开发、开放的龙头城市，在有代表性的行政办公建筑中运用徽派建筑的特点是十分重要的。该政务中心大楼的设计思想突出了"四水归堂""五岳朝天""形方而正""质朴而和"的徽派特点，是恰当的。此设计运用方形合院组合的概念，将内外空间相互渗透，充分体现地域建筑特色，以整组建筑优美的韵律感，使地域标志性和文化象征性得以体现。此项目曾获2011年全国优秀工程勘察设计行业奖建筑工程二等奖。

图6-3-2a　芜湖市政务中心总平面图

全景

大广厅

北连廊

外敞廊

西天井

东天井

图6-3-2b　芜湖市政务中心景观集锦

鸟瞰图

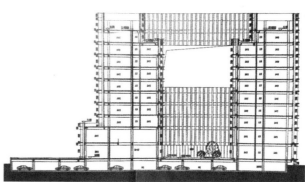

c区剖面图

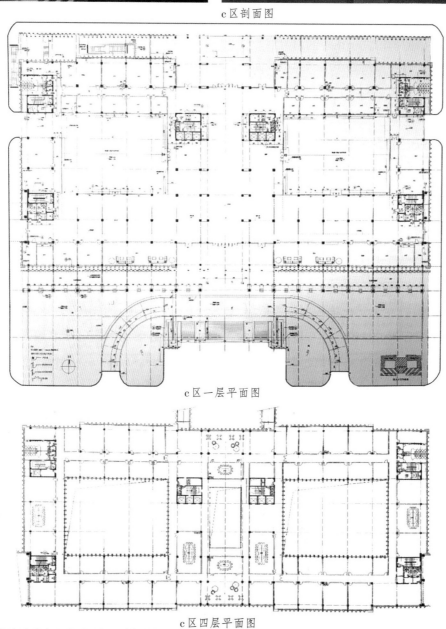

c区一层平面图

c区四层平面图

图6-3-2c 芜湖市政务中心鸟瞰、平面、剖面图

（三）芜湖市规划展示馆（2011—2014）

芜湖规划展示馆与博物馆形成一建筑组合，建造于同一地块。此地块位于城东新区，在政务中心主轴线向南延伸后的西侧，西临中江大道，北沿中江公园南侧的仁和路。总用地面积2.6万平方米，呈一东西长于南北的矩形。两馆总建筑面积约4.3万平方米，建筑占地面积为1.17万平方米。地上建筑面积为3.3万平方米，其中规划展示馆建筑面积为2.1万平方米。规划展示馆位于用地的东北部，博物馆位于用地的西南部。整组建筑群向东北侧打开，与行政中心呼应。两馆主入口分别设于用地的东侧与北侧。两馆地上皆为4层，总高度26.3米，地下皆有一层。采用框架结构，局部预应力钢筋混凝土结构，地基与基础为预应力管桩和钢筋混凝土筏板基础，总投资1.59亿元。该建筑由浙江大学建筑设计研究院设计，江苏南通六建建设集团有限公司施工，2011年8月1日开工，2014年竣工，2015年正式开馆。

博物馆作为典藏城市人文自然遗产的文化教育机构，是集史料研究、文化传承、科普传播、旅游观光、综合服务于一体的一座有较高艺术水平和文化品位的综合博物馆。展馆分通史类陈列和专题类陈列，内容涵盖了芜湖市220万年前至1949年的历史，宏伟大气，形象逼真，展品精美。规划展示馆主要介绍芜湖千百年来的沧桑巨变以及改革开放以来的建设成就，宣传芜湖现今的城市规划并展望灿烂美好的未来，同时宣传城市规划、法律、法规，并为国内外专家和城市投资、建设者进行学术交流、规划咨询提供场所，是芜湖市对外宣传芜湖历史、介绍芜湖发展、招商引资的重要载体，

也是突显政府城市规划和调控职能，并为公众参与交流，以及规划项目公示提供的良好平台。

芜湖规划展示馆、博物馆这组展览建筑，在建筑设计中进行了通盘考虑，两馆的整体建筑造型统一立意，以体现"两江抱玉""灵石藏玉""石开玉出""祥佑江城"的寓意，成为芜湖市一处重大的社会文化设施，曾被评为"2014年度安徽代表工程"。两馆的建筑设计充分运用了统一中有对比的手法，一柔一刚，一圆滑如"璞玉"一平整似"灵石"，一色彩淡雅一色泽深沉，一突出整体感一体现延展感，各自个性鲜明，但又有机结合，相辅相成，相得益彰（图6-3-3）。其中尤以规划展示馆的造型更具特点，形似润玉，托于盘上，完整体量的造型暗示内部宏大的展示空间，大面积的实体墙面开出的少量小方窗显出建筑的精致。规划展示馆的布展面积约8000平方米，一层是历史成就展厅，二层是规划展厅，再上层是总体规划沙盘展区。展馆由印象芜湖、芜湖记忆、幸福芜湖、总体规划、专项规划、重点片区、产业规划、城乡统筹、总体沙盘九部分组成。馆内大量采用高科技手段，将虚拟形象、历史场景复原。动感踩吧、VR体验、4D影院等现代声光电技术融入多项展示环节。该馆是一集规划展示、科普教育、特色旅游等功能于一体的综合性规划馆。

图6-3-3a　芜湖市规划展示馆、博物馆鸟瞰

规划展示馆东北面外观

博物馆西北面外观

规划展示馆北面外观

规划展示馆东面入口外观

博物馆北面入口外观

图6-3-3b　芜湖市规划展示馆、博物馆景观集锦

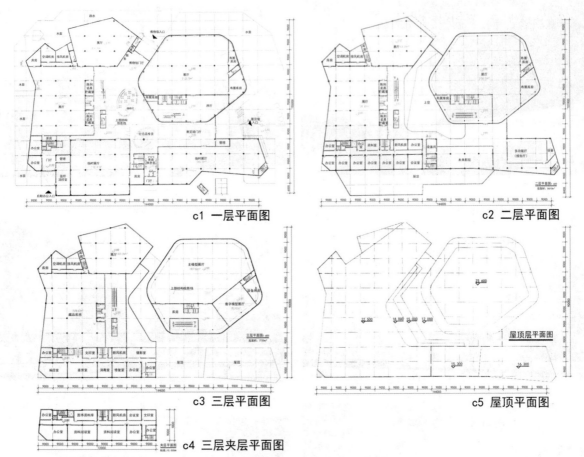

c1 一层平面图

c2 二层平面图

c3 三层平面图

c5 屋顶平面图

c4 三层夹层平面图

图6-3-3c 芜湖市规划展示馆平面图

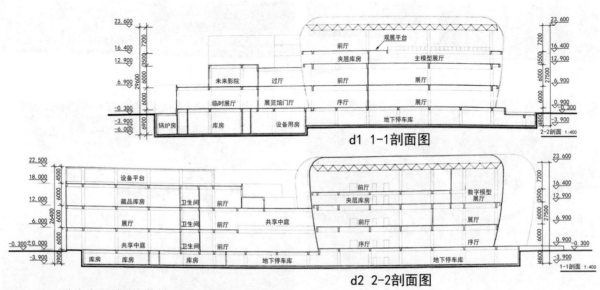

d1 1-1剖面图

d2 2-2剖面图

图6-3-3d 芜湖市规划展示馆剖面图

（四）芜湖市大剧院（2010—2013）

剧院被人们称为城市文化的窗口，是一座城市文化建设中的标志性建筑。芜湖在新中国成立初期就开始使用的和平大戏院，在2001年6月的一次大火后关闭，中山路步行街改造时被拆除，之后芜湖一直没有一座正规的剧院。大剧院建设在芜湖"七五"到"十五"连续四个五年计划中都进行了强调，2005年10月芜湖市人大常委会还讨论过"动工兴建芜湖大剧院"的提议案。直到2010年才在原8号码头的位置动工兴建了今天的芜湖大剧院，这里正处于滨江公园的绿地中，也是北京西路西端的对景。2013年建成，2014年正式启用，终于实现了芜湖人民多年来的一个愿望。芜湖大剧院占地面积为4.67万平方米，剧院建筑面积为3.87万平方米（不包括地下1.18万平方米），剧院前大型音乐喷泉广场占地1.93万平方米，绿地0.6万平方米，剧院内部面积1.21万平方米（图6-3-4）。其主体结构采用大型钢结构框架，双层金属屋面板及异形节能的玻璃幕墙，形成了具有鲜明时代感的独特建筑风格。

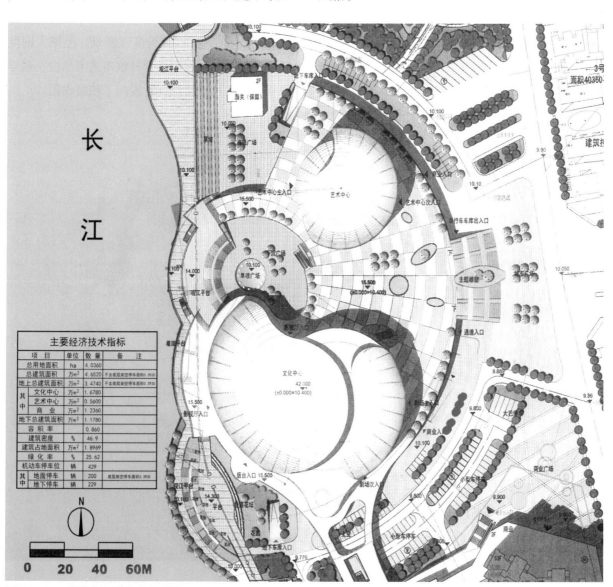

图6-3-4a　芜湖市大剧院总平面图

芜湖大剧院由浙江大学建筑设计研究院设计，外观造型上立意于一组开启的贝壳，饱满而丰盈，以"贝育珍珠"来寓意芜湖市依江发展的勃勃生机和璀璨前景。身处剧院，通过玻璃幕墙，"城中观江"，一派开阔美丽的"长江风光"；登上游轮，"江中观城"，犹见两颗令人满目生辉的"璀璨明珠"。整个建筑主体为4层，地下一层安排有停车场和商业设施。两个"贝壳"位于大平台之上，平台高度高于防洪墙顶，从平台上看江面，一览无余。"大贝壳"建筑内有7个影视厅，还有一个可容纳1200人的大型剧场。进入剧场，内部以金黄色为主色调，充满浓厚的文化气息。舞台宽33.5米，深23米，台口宽16米，高8.5米，装有品字形升降舞台和升降乐池，舞台面积约有1200平方米，舞台上方共有30多条马道，可充分保证足够数量的舞台灯和布景变

幻。剧场内的灯光和音响设施完善，其座位全是红色沙发座椅，每个座位下方都有空调出风口，考虑未来可作为会议中心，座位边还安装了表决器。此外，还有文化展示厅、艺术画廊、舞蹈排练厅、高档贵宾接待室等。"小贝壳"建筑的业态功能有意向建成儿童教育中心。该剧院建成后向社会提供演出、参观、展览、纪念品开发、印象制作等各项服务。

芜湖大剧院的建筑设计总体布局合理、紧凑，建筑造型新颖、别致，功能安排完善、实用，集艺术性、实用性、美观性为一体，较好地展示了芜湖市的滨江文化内涵。如今的芜湖大剧院已"化蚌为珠"，成为滨江新景。芜湖大剧院为建设区域文化中心、提升城市艺术品位、倡导高雅文化、活跃市民文化发挥了积极作用。

图6-3-4b 芜湖市大剧院鸟瞰

沿江全景之一

沿江全景之二

"大贝壳"外观

"大贝壳"南侧景观

"小贝壳"外观

大剧院夜景

大剧院临江大跳棚
景观之一

大剧院临江大跳棚
景观之二

图6-3-4c　芜湖市大剧院景观集锦

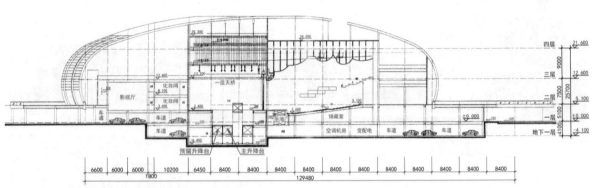

图6-3-4d 芜湖市大剧院剖面图

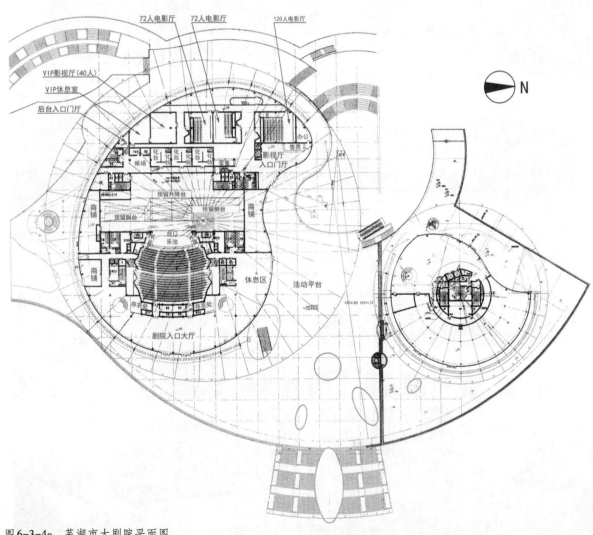

图6-3-4e 芜湖市大剧院平面图

（五）芜湖金鹰国际广场（2011—2015）

芜湖的高层建筑在20世纪建设较少，进入21世纪以后如雨后春笋纷纷拔起。首先是高层住宅遍地开花，2010年建成的世贸滨江花园小区43层板式高层住宅在建筑高度上拔得头筹。2004年12月，南京侨鸿国际集团进入芜湖，致力于商业地产开发。2005年首先投资10亿元，建设"侨鸿国际商城"，仅用了三年半就全部建成，主楼33层，楼高132米，成为芜湖公共建筑中的新商业地标。直到2015年又建成了69层的芜湖侨鸿世纪广场塔楼，以芜湖高层建筑之"最"的雄姿成为芜湖的新地标（图6-3-5）。

南京侨鸿国际集团于2010年3月2日拍得一块地，又开始了对芜湖商业地产的深耕。该地块位于城南弋江区，地处滨江大道以东，中山南路以西，新时代商业街以北，箱子拐路以南，用地面积3.24万平方米。2011年3月18日开工，2015年2月1日竣工。开发单位为芜湖市侨鸿滨江世纪发展有限公司，规划设计单位为加拿大泛太设计集团，建筑设计单位为南京市建筑设计研究院，承建单位为江苏双楼集团、中建八局。总投资超过30亿元。后来此项目被南京金鹰商贸集团收购，改称"芜湖金鹰国际广场"。

芜湖金鹰国际广场是一个集商业、娱乐、餐饮、五星级酒店、5A级办公、高档住宅于一体的综合性建筑项目，总建筑面积40万平方米，建筑占地南北长285.6米，东西宽60.9—120.9米。主楼为超高层塔楼，

69层，高273.57米（含天线达318米），是超五星级酒店和甲级写字楼。标准层层高3.58米，塔楼为边长45.5米的方形平面，顶部有4次退台，整个造型现代时尚，高耸挺拔，直入云霄。塔身角部每三层有一斜向挑出，颇具我国古代密檐塔的神韵，通体的金色幕墙处理，也尽显这一超高建筑的华丽高贵。在主楼北侧有两幢48层，高160米的超高层江景公寓，建筑面积共约10.5万平方米，标准层层高3米，仅布置496户，户型最小180平方米，最大可达450平方米。这些奢华住宅引入国际流行的双大堂理念，居家智能化设备，采用酒店式物业，共享五星级酒店的恒温泳池、网球场、会所等配套设施，裙楼顶部特意打造仅对业主开放的6000平方米的空中花园。建筑面积约为10.5万平方米的裙房为商业广场，6至8层，设有购物中心、国际影城、精品餐饮、精品商城等。这三部分合计构成的庞大体量成为一个高档的城市综合体。地下三层为地下车库与设备用房。

如今，芜湖金鹰国际广场塔楼作为芜湖最高的建筑，成为城市最显眼的地标。

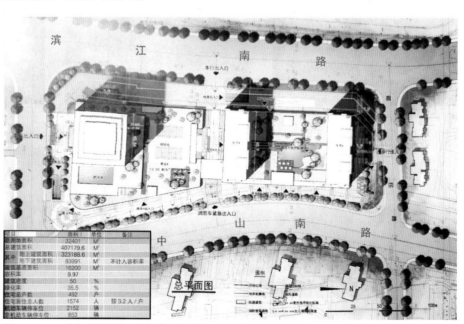

图6-3-5a　芜湖金鹰国际广场总平面图

全景

仰视塔楼

塔楼上部

夕阳下的金鹰国际广场

塔楼远景

塔楼夜景

"鹤立楼群"

图6-3-5b 芜湖金鹰国际广场景观集锦

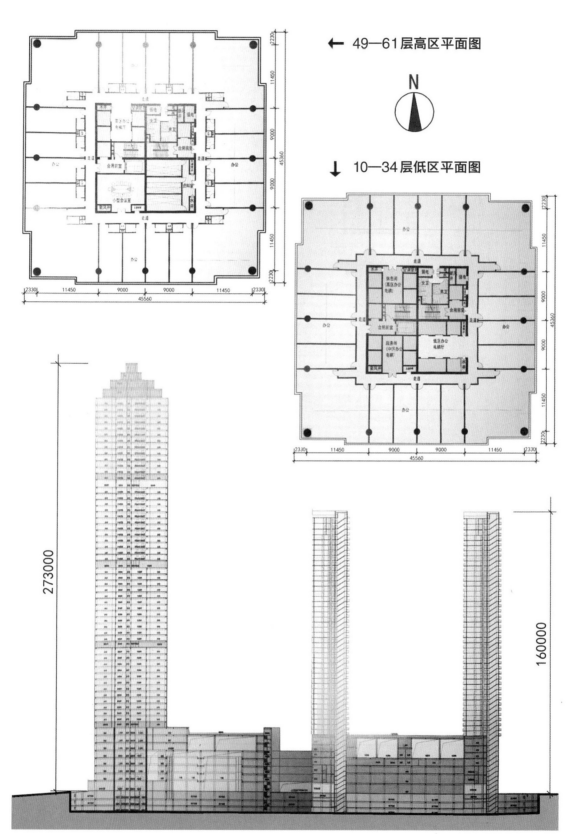

← 49—61层高区平面图

N

↓ 10—34层低区平面图

图6-3-5c 芜湖金鹰国际广场剖面图及塔楼平面图

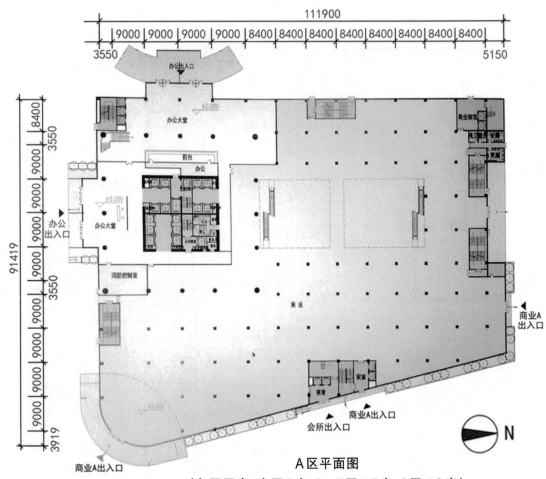

A区平面图

（各层层高：底层6米，2—7层4.5米，8层4.2米）

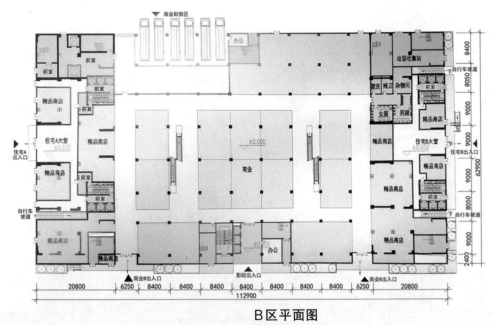

B区平面图

（各层层高：1、5、6层6米，2、3、4层4.5米）

图6-3-5d　芜湖金鹰国际广场A、B区平面图

（六）芜湖市奥体中心（2000—2002）

随着近代体育的传播与发展，1929年芜湖继安庆之后建有一小型体育场，民国时期建成设有东西向300米跑道的运动场。此体育场位于上二街北侧当时荷花塘之北，用地呈矩形，东西长约150米，南北宽约100米，新中国成立以后，屡有扩建与新建。1954年将原跑道扩建为南北向400米跑道，并在内场建有足球场。1975年建成5000座东看台，1978年建成3000座西看台和主席台。20世纪80年代在周边又建成了其他体育场馆，仍难以满足日益增长的体育运动需求。

为承办2002年安徽省第十届运动会，芜湖决定新建大型综合性体育设施，奥体中心建设提上日程。1999年完成选址，放弃了一天门东侧一片不规则用地，确定建在位于城南的奥体中心现址，当年还组织了规划设计和方案评审，当时规划总用地约为30公顷，总建筑面积11.36万平方米（图6-3-6）。2000年10月31日体育馆率先开工，2001年体育场、射击馆等也进入全面施工阶段。经过日夜奋战，2002年10月12日，列入芜湖奥体中心一期工程的体育场、体育馆、射击馆及有关的广场、道路、绿化等项目竣工，确保了安徽省第十届运动会的如期成功举办。

体育场是芜湖奥体中心的主建筑，是能容纳4.2万观众的一座大型现代化体育场。整个体育场平面呈非对称椭圆形，长轴达252米，短轴达128米，主体结构最高达37.18米，悬索膜挂架为69.12米，建筑面积4.5万平方米。体育场可满足举办国际比赛的要求，其中比赛用房1.3万平方米，看台面积2.3万平方米，索膜飘篷面积2.1万平方米。场地设有400米塑胶跑道（弯道8道、直道10道）的标准田径场，以及68米×105米天然草坪的标准足球场。大型电子显示屏和点火台分别设置在南北看台后排场地中轴线处，4处出入口，分为东西南北4个看台。看台西高东低，

呈马鞍形。看台设有主席台及贵宾席408个，残疾人席51个，记者席102个。看台主体结构采用斜向箱形钢梁及钢筋混凝土组合框架结构，看台上部挑棚为钢管形架悬索膜结构。看台下设有大空间的训练场和体育、商业用房。4个出入口外均设有形式不同的广场，既可作为赛事时的集散场地，又可作为平时的市民休闲广场。此大型体育场造型刚劲飘逸，具有鲜明的标志性和时代感，反映了现代体育建筑高科技的特点和绿色生态的意识。其外环道路用S形动感曲轴旋转放射自由伸展，将中心划分成为四个各有主体功能分区。

体育场南侧是可容纳5500人的综合体育馆，造型优美流畅，东北侧是设有144个靶位的射击馆，造型精巧平实；西北侧有占地8600平方米的映月湖，风光秀丽，景色宜人。芜湖奥体中心所完成的一期工程为芜湖市竞技体育、全民健身运动，以及会展、大型演艺等活动提供了一个良好的舞台，成为芜湖城市景观中的一个重要节点。芜湖奥体中心二期工程尚有2000座观众游泳跳水馆、室外田径训练场、2000座观众网球场、乒羽中心以及运动员公寓、宾馆、文化娱乐设施等。待二期工程完成后，不仅能成为满足国际体育竞赛标准的比赛场所，也是市民健身休闲和文化娱乐的场所。通过进一步完善和塑造整体景观形象，芜湖奥体中心还会成为一处高级别的景点。

图6-3-6a　芜湖奥体中心鸟瞰

一期鸟瞰

体育场北面景观

体育场西面外观

体育场西南面外观

体育场西北面外观

体育场东北面外观

由西向东看映月湖

从映月湖看体育场

图6-3-6b　芜湖市奥体中心景观集锦

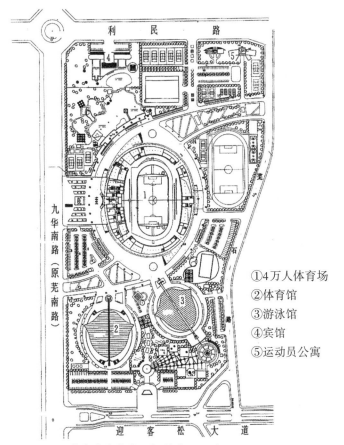

图 6-3-6c　芜湖市奥体中心规划总平面图

①4万人体育场
②体育馆
③游泳馆
④宾馆
⑤运动员公寓

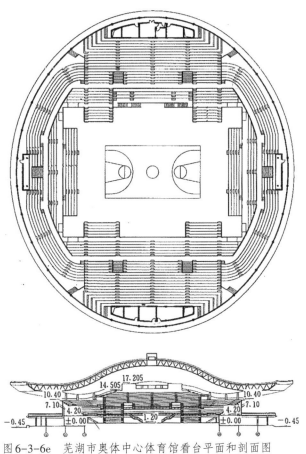

图 6-3-6e　芜湖市奥体中心体育馆看台平面和剖面图

①门厅
②接待室
③颁奖等候区
④贵宾休息区
⑤商店
⑥宾馆大堂
⑦餐厅
⑧厨房
⑨休息厅
⑩运动员休息区
⑪展厅
⑫组委会办公区
⑬裁判员休息区
⑭记者办公区
⑮新闻发布厅
⑯设备用房
⑰器材库
⑱训练用房上空
⑲办公用房
⑳运动员检录处

图 6-3-6d　芜湖市奥体中心体育场底层平面图

（七）安徽师范大学敬文图书馆
（2005—2006）

安徽师范大学图书馆历史悠久，最早的老图书馆始建于1928年。各校区皆有图书馆，馆藏总量达296万余册，其中古籍善本700多种，古籍总量近19万册，是全国古籍重点保护单位。新图书馆是在建设花津校区时新建，2005年4月开工，2007年4月建成。

安徽师范大学花津校区图书馆处于校园东西和南北两条主轴线的交会点，正对大学的东大门，西面呈圆形半岛状凸向贯穿校园的生态水系，位置十分显要（图6-3-7）。该图书馆共有7层，建筑高度36.9米，最高处构架高约46.9米。地下一层。建筑平面呈"井"字形，建筑面积3.87万平方米。使用功能包括图书馆、信息中心、校史陈列室、文物陈列室、档案馆和地下车库。此建筑由厦门大学建筑设计研究院完成方案设计，由芜湖市建筑设计研究院完成施工图设计。

该图书馆的设计理念十分明确：造型上力图表现信息时代新建筑的特征，功能上体现数字图书馆的发展趋势，内涵上融入徽文化的灵魂，布局上突显为校园建筑的主角。

该图书馆的设计手法很有特色：在造型与立面设计方面，建筑体量呈台阶式递进，形成丰富

的天际线，并成为构图中心，也引用了徽州民居的马头墙元素。"井"字形的玻璃盒子形体，黄昏开始亮灯后，成为绚烂的校园"灯塔"，照亮了学子们求学的漫漫长路。东面主入口通过月亮门和门廊引入人流，形成由"闹"入"静"的过渡空间。外墙通过遮阳处理和大面积玻璃窗，既可缓解夏季的炎热，又可增加室内亮度。交通组织方面，通过东面的主入口可以直达二层的门厅和休息大厅，西面的次入口便于从教学区、宿舍区来的人流经过石桥和曲桥直接进入图书馆一层的阅览室。竖向交通除电梯外还设计有通透自由的楼梯间，既改善了采光，周围的座位也很实用。内部采光方面，因设有四个天井，中部尚有天窗，加上内部分隔大都是通透的玻璃材质，十分有利于采光，并加强了通风。功能分区方面，每层东西两端都是阅览室，西北角、西南角皆为办公区，东北角、东南角皆为卫生间，中部是休息大厅或休息区，楼梯、电梯在中部分六处设置，一层为书库，尚设有信息中心、报告厅和展厅，2至5层有藏阅一体的阅览室，6层为档案库及陈列室，7层为档案馆及文史书库，功能分区十分明确。景观设计方面，内部有中庭和四个天井庭院，外部有环道，东侧有广场，西侧有水系，西北侧有石桥和亲水平台，西南侧有较宽的曲桥与休息亭，加上周围配置的绿化，环境十分优美宁静。

图6-3-7a　从校东大门看安徽师范大学敬文图书馆

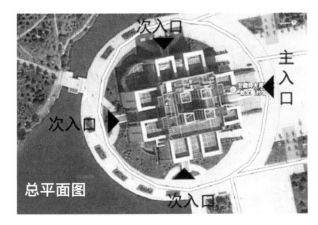

图6-3-7b 安徽师范大学敬文图书馆总平面图及景观集锦

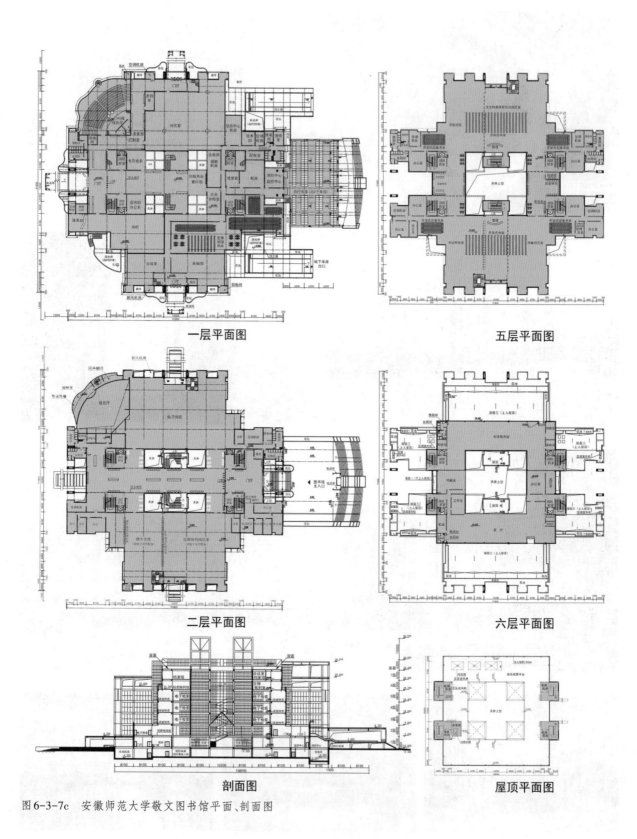

一层平面图

五层平面图

二层平面图

六层平面图

剖面图

屋顶平面图

图6-3-7c 安徽师范大学敬文图书馆平面、剖面图

（八）芜湖市汽车客运南站（2014—2017）

芜湖汽车客运南站，2014年破土动工，2017年5月8日正式启运。2005年设置在马饮大桥附近的临时南站停运。之前，2015年11月4日，位于其东南侧的高铁弋江站建成，12月6日宁安高铁开始运营。待芜湖轨道交通1号线通过此站后，这里会成为芜湖城南的一处交通综合枢纽。届时，将打造立体化的综合换乘中心，乘客可在站内轻松搭乘公交、出租、城市轨道交通等交通工具迅速进入芜湖市区。高铁弋江站不仅是宁安高铁专线站，也是商合杭高铁合用站，芜湖汽车客运南站将是接入全国高铁网的一个节点。

该项目位于弋江区花津南路与珩琅山路交叉口西南侧，距中心城区约12千米，东西距沪渝高速G50约5千米。占地4.32万平方米，按一级站标准设计，设计年度平均日旅客发送量为2万人，旅客最高聚集人数为1600人。站房建筑共有4层，建筑面积1.51万平方米。设有售票、候车、办公、餐饮、零售、行李托运等功能区域。候车区设有20个检票出发口，并设VIP候车室，满足不同乘客的出行需要。车站顶部有12面细条状天然采光的窗户，配合车站站房外立面的玻璃幕墙，整个候车大厅开敞明亮。旅客出站通道设于站房北端。尚有2026平方米的地下空间。车站还将建设出租车停靠站，拥有200个停车位的社会车辆停车场、加油加气站、维修车间等配套设施，同时还与拟建的一级公交换乘枢纽紧密衔接，并为未来的轻轨1号线和快速公交换乘站预留配套接口。

此站房外观造型较为现代，造型立意为"桥"。大部采用玻璃幕墙，不规则的钢结构显露外表，入口处处理成连拱桥状，动感十足（图6-3-8）。

图6-3-8a　芜湖市汽车客运南站全景鸟瞰

站房鸟瞰

站房西侧外观

站房南侧外观

候车厅内景

检票口

图6-3-8b　芜湖市汽车客运南站景观集锦

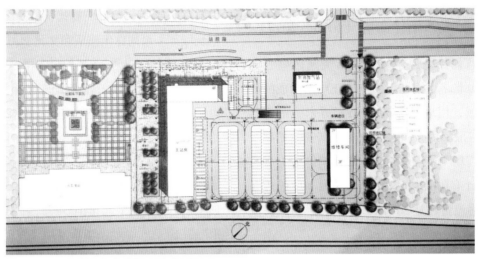

图6-3-8c 芜湖市汽车客运南站总平面图

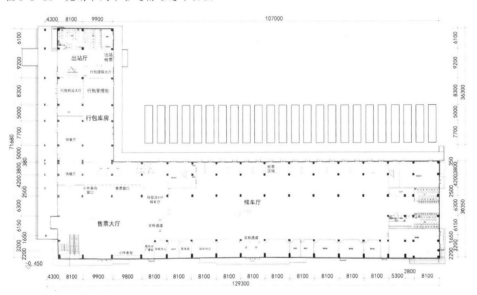

图6-3-8d 芜湖市汽车客运南站一层平面图

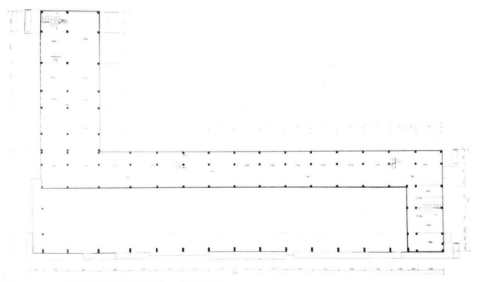

图6-3-8e 芜湖市汽车客运南站二层平面图

（九）芜湖八佰伴商厦（2016—2017）

芜湖八佰伴商厦位于芜湖市镜湖区核心地段——中山北路、银湖南路与长江中路围成的黄金三角区域，用地面积3.818万平方米，由江苏华地国际控股集团投资兴建，称为"安徽芜湖八佰伴生活广场"（图6-3-9）。设计单位为上海联创建筑设计有限公司。2017年12月8日正式开业，首日客流量超过20万人，已有2万多市民成为首期会员。

八佰伴，最早是日本一家享有盛名的大型连锁零售商店，第二次世界大战后逐渐扩展为日本一家连锁超级市场集团。20世纪80年代，八佰伴先后在巴西、新加坡、中国、美国、马来西亚、泰国等开设连锁店。然而在1997年9月18日，日本八佰伴集团破产倒闭，大部分分店被收购或易名。国内的澳门分店改名为"新八佰伴"，上海分店改称"上海第一八佰伴"。1996年7月开业的无锡八佰伴，初为中日合资企业，日方公司倒闭后，被中国江苏华地集团于2005年12月收购，继续经营。华地集团取得"八佰伴"的品牌使用权后，又陆续在其他城市兴建一系列的"八佰伴"商城，如镇江八佰伴、马鞍山八佰伴、南京八佰伴、南通八佰伴等。芜湖八佰伴是华地集团全国第77家门店，也是江苏华地集团进驻安徽的第4站。

芜湖八佰伴商厦总建筑面积为18.3万平方米（地上13.1万平方米），其中商业面积超过11万平方米。建筑长度，两直角边长约为161米和183米。地上八层，地下两层，建筑总高43米。该大型商业建筑集购物、休闲、娱乐、餐饮、文化、教育功能于一体，设有零售品牌、超市、餐饮、影院、儿童乐园、电玩城等一系列休闲娱乐和文化学习场所。地下2层停车库及地上7、8层的停车楼，共拥有1500个机动车位和4500个非机动车位，且有全智能电子停车系统为顾客提供服务。芜湖八佰伴不仅给芜湖市民提供了一种舒适方便的消费方式，也倡导了一种有态度的生活方式。

芜湖八佰伴商厦作为建筑作品，在三角形用地上进行设计是有难度的。设计者未采用"三角形"平面予以应对，而是采用了类似"蝴蝶形"的平面，可以认为是成功的。在形体上又加以曲线化，与周围环境更加容易融合，还以不同色块的建筑材料艺术化地划分墙面，使整个建筑显得活泼、生动、轻快、时尚，具有浓厚的商业气息和一定的艺术品位。尤其难能可贵的是，将用地的三个角部和三角形的长边中部处理为4个小广场，也是恰当的。唯感欠缺的是对于周边高楼较多的大环境，建筑屋顶的"第五立面"考虑有所欠缺，建筑的天际轮廓线也过平，小有遗憾。

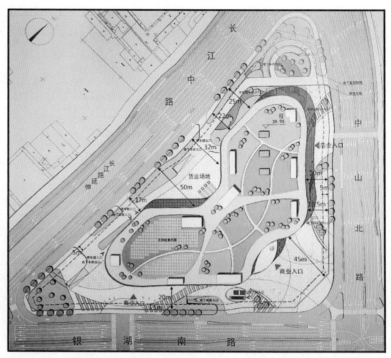

图6-3-9a　芜湖八佰伴商厦总平面图

夜景(一)　　　　　　　　　　　　　　　夜景(二)

西南面景观

北面景观

南面景观

东面景观

负一层超市室外出入口

图6-3-9b　芜湖八佰伴商厦景观集锦

大堂

中庭

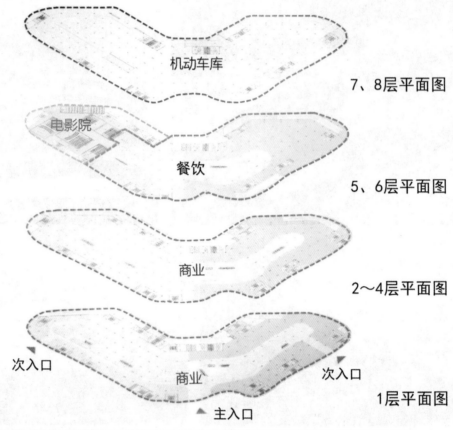

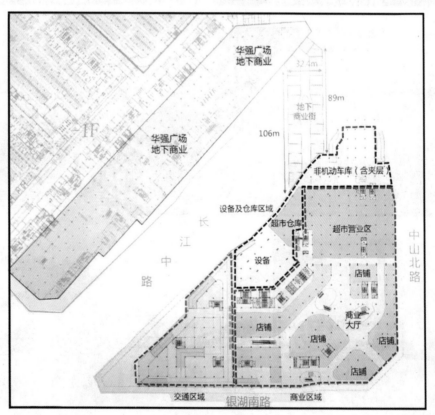

图 6-3-9c　芜湖八佰伴商厦各层平面图

（十）芜宣机场候机楼（2018—2020）

芜湖民用机场的建设颇费周折。2002年10月31日，芜湖联合航空公司利用军用机场开航十年后停航。自此芜湖开始酝酿和策划另建民用机场，直到2012年前期工作开始起步，仅机场场址的选择就有过多轮规划。中国民航局2015年2月26日批复芜湖民用机场场址，标志着芜湖民用机场项目前期工作取得重要进展，为后续工作奠定了重要基础。2016年8月25日，芜湖民用机场立项获得通过，正式获得国家发展和改革委员会批准。同年10月31日中国政府网公布，国务院、中央军委批复同意新建安徽芜湖宣城民用机场。12月，芜宣机场试验段工程正式开工。2017年9月19日，国家发展和改革委员会批复芜宣机场可行性研究报告，项目总投资13.99亿元，并作了具体的资金安排。经过紧张的施工，2020年飞行区工程、航站区工程先后完工，2021年1月完成试飞等工作，2021年4月30日正式通航。芜湖人民盼来首个民用机场（图6-3-10）。

前广场方向鸟瞰

机坪方向鸟瞰

图6-3-10a　芜宣机场候机楼鸟瞰

芜宣机场位于芜湖市芜湖县湾沚镇小庄村，西北距芜湖市中心直线距离约38千米，公路距离约48千米；东南距宣城市中心直线距离约21千米，公路距离约30千米。芜宣机场距离位于湾沚城南火龙岗路的湾沚南站仅10余千米，将组成芜湖的空铁联运枢纽。芜宣机场是4C级国内支线机场，芜湖市与宣城市将按照"共建、共享、共同努力"的工作思路，以芜湖为主，宣城参与，两市共同出资建设机场。芜宣机场主要建设内容：建设一条长2800米、宽45米的跑道，一条长1522米的局部平行滑行道和两条垂直联络道；建设2.5万平方米的航站楼和11个机位的站坪；配套建设空管、供油、供电、消防救援等设施。根据规划，近期，到2030年按年旅客吞吐量175万人次，年货邮吞吐量1万吨，年运输飞机起降12245架次，通航飞行起降1万架次规划；远期，到2045年将升为4E级，跑道延长至3600米，按年旅客吞吐量430万人次，年货邮吞吐量7万吨，年运输飞机起降38050架次，通航飞行起降2万架次规划。

芜宣机场候机楼建筑面积2.5万平方米，建筑造型简洁，在矩形平面上采用了一些处理手法，使形体显得现代、生动、有个性。一是外墙逐层外跳；二是平檐口的超常大挑檐；三是屋顶的弧形拱起，且正、背两个立面有不同效果。这既给人一种腾飞的感觉，与机场候机楼建筑的风格十分贴切，也给人一种受到欢迎的亲切感，是交通建筑应该达到的境界。芜宣机场候机楼是芜湖现代建筑的收官之作，也是芜湖建筑从现代走向当代的一座标志性建筑，在芜湖现代建筑史上应留下浓重的一笔。

图6-3-10b　芜宣机场候机楼表现图

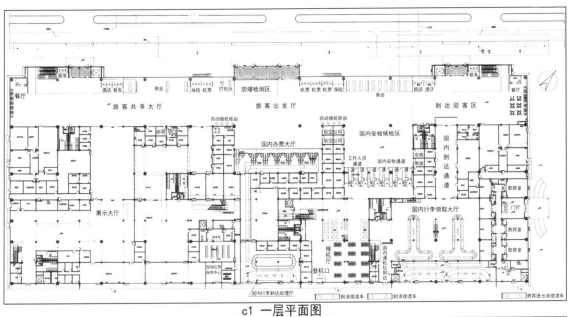

c1 一层平面图

c2 二层平面图

图 6-3-10c 芜宣机场候机楼平面图

d1 西北外观

d2 东南外观

图 6-3-10d 芜宣机场候机楼外观

第七章　研究结语

一、现代芜湖城市从滨江走向拥江

（一）现代芜湖取得了由近代城市向现代城市转型后的巨大发展

1876年芜湖市开启了近代化的进程，经过清末至民国时期的发展，完成了由传统城市向近代城市的转型，1949年中华人民共和国成立以后的芜湖，又开启了现代化的进程。经过70年的发展，尤其是1978年改革开放以后的迅猛发展，芜湖已由长江流域重要的工商业城市变成融入长江三角洲区域一体化发展中的大城市，在安徽省全省经济总量第二的地位全面巩固，在长三角城市群、中部省份副中心城市和沿江城市的战略地位明显提升。

从产业结构的调整来看：1949年芜湖工农业生产总值中工业产值仅占28%，而农业产值占到

72%。三次产业比重1952年为45.0∶28.5∶26.5；到1978年为21.6∶54.6∶23.8，工业产值已占主导地位；到1998年为12.9∶52.3∶34.8，服务业已有明显增长；到2018年调整为4.0∶52.2∶43.8，产业结构进一步优化。现代工业持续壮大，工业化进程不断提速；服务业比重加速提升，现代物流、金融、文化创意、旅游和服务外包迅速增长；传统产业加速转型，汽车、材料、电器、电缆产业增长迅速，战略性新兴产业加快发展，机器人、新能源汽车、现代农机、通用航空等加速培育，产业转型升级步伐加快。

从城镇化水平的提高来看：芜湖非农业人口占全市总人口的比重，1949年为20.99%，到1978年为25.79%，发展缓慢，平均每年仅提高0.17个百分点。到1998年城镇化率为32.13%，这期间平均每年提高0.32个百分点。到2019年芜湖市的城镇化率已上升到66.41%，这期间平均每年增长1.63个百分点。由此可见，芜湖市城

镇化水平不断提速。

从城市规模的扩大来看：芜湖市1949年末全市人口19.09万人，市区范围仅11.8平方千米，建成区面积7平方千米，此时市县分治。1980年芜湖县划归芜湖市，市域范围增大，全市总人口增至180万人。1985年除仍辖原有六区（镜湖区、新芜区、马塘区、四褐山区、裕溪口区、郊区）外，又辖四县（芜湖县、繁昌县、南陵县、青阳县）和九华山管理处，全市总面积增至4498平方千米（其中市区面积203.15平方千米，建成区面积26.66平方千米），总人口增至203.15万人（其中市区人口50.2万人）。之后，又经过青阳县和九华山管理处划出与无为县划入等行政区划的调整，到2015年芜湖市下辖四县（无为县、芜湖县、繁昌县、南陵县），四区（镜湖区、鸠江区、弋江区、三山区），全市总面积达6026平方千米（其中市区面积1491平方千米，建成区面积179平方千米），全市总人口达388.85万人（其中市区人口150.2万人）。到2019年，芜湖市区人口已达151.5万人，可见芜湖的城市规模在这70年中有较大扩展。

（二）现代芜湖城市的四个发展阶段

1.八年初步发展阶段（1949—1957）

新中国成立以后，中国进入社会主义初级阶段。这一阶段芜湖随着全国的步伐完成了社会主义改造，其过程可分为两个时期。

地方经济恢复时期（1949—1952）：在公有制经济带动下，合作经济有所发展，私营工商业也得到扶持和调整，芜湖又成为整个皖南地区的商贸中心。

社会主义过渡时期（1953—1957）：与国内所有城市一样实施了第一个五年计划，顺利实现了农业、手工业和资本主义工商业的改造，初步建立起芜湖市的经济体系和工业体系。分散的多种经济形式并存的小商品经济结构，完全由单一

的以国有经济为主，以合作制经济为辅的社会主义经济结构所取代。

这一阶段芜湖主要的城市建设：1947年被洪水冲毁的中山桥，1953年建成通车，这是新中国成立后芜湖建成的第一座钢筋混凝土大桥，成为连接芜湖城市青弋江南北的主要通道；1949年6—8月和1954年5—8月两次洪灾以后，1955年芜湖开始了防洪工程建设，沿江沿河修筑了防洪堤；1955—1957年安装了城市排水管道，初步形成城区排水管网系统；供水供电工程起步，在原有的基础上初步扩大了城区的供水、供电范围，主要保证了中心城区居民供水和工业用电；1953年10月1日，芜湖市发出安徽省第一班市区公共汽车；位于市中心的镜湖公园、赭山公园分别于1952年和1958年辟建。

2.二十年发展受挫阶段（1958—1977）

1958—1977年，全国的社会主义建设处于探索中曲折发展阶段。芜湖和全国一样，分为发展波动和发展曲折两个时期。

发展波动时期（1958—1965）：前期社会主义经济建设受到严重干扰，直到1962年以后才逐渐有所恢复和发展。

发展曲折时期（1966—1977）："文革"时期，芜湖的社会、经济遭到严重破坏。这一阶段正值"二五"（1958—1962）、"三五"（1966—1970）、"四五"（1971—1975）计划实施，芜湖的工业有所发展，初步奠定了此后芜湖工业发展的基础。

这一阶段芜湖主要的城市建设：工业建设推动了城市发展，工业区的成片出现，拉开了城市的骨架；市政建设促进了城市发展，主城区的道路网基本形成。全长10千米的长江路1959年南北贯通；除了中山桥，1959年4月弋江桥建成通车，又增加了一条跨过青弋江的通道；除青弋江仍有5处渡口外，长江芜湖段尚有八号码头、四褐山两处主要渡口；1958年、1985年先后建成

两处过江的火车轮渡；1975年建成弋矶山至二坝的汽车轮渡。

3.二十一年加速发展阶段（1978—1998）

1978—1998年，全国处于改革开放起步、中国特色社会主义开创阶段，芜湖相应分为两个时期。

改革开放起步时期（1978—1989）：1978年12月中国共产党第十一届三中全会召开以后，芜湖与全国其他城市一样进入以改革开放和社会主义建设为主要任务的新时期，芜湖从此进入一个崭新的发展阶段。同年，国务院批准芜湖市为对外开放城市，拉开了芜湖对外开放的序幕。另一件大事是行政区划的重要调整，1980年原属宣城地区的芜湖县改属芜湖市，1983年6月增辖繁昌、南陵、青阳及九华山管理处（1988年青阳及九华山管理处又被划出），芜湖市域明显扩大。芜湖市由一个仅带有郊区的城市变为辖4县6区的城镇体系开始形成的省辖市。1985年，芜湖升格为全国甲类开放城市。

改革开放推进时期（1990—1998）：1991年10月，全国人民代表大会常务委员会批准芜湖港对外国籍船舶开放。1992年，芜湖被国务院批准为沿江开放城市和外贸自主权城市。1993年，经国务院批准设立芜湖经济技术开发区，到1996年开发区面积已达6平方千米。区内三大支柱产业群（汽车及零部件、新型建材、电子电器）得到发展和壮大，位于城市北部的新城区已见雏形。从1995年开始，以产权制度改革为突破口，企业改革、产权市场改革、配套改革等在芜湖都有进展。房地产业从1993年开始在芜湖兴起，至1995年年底全市房地产开发企业发展到78家，到1999年年底市区已有112家房地产开发企业。

这一阶段实施了"七五""八五""九五"计划，在1983年、1993年先后编制的两轮城市总体规划指导下，芜湖的城市建设进展较大。市区道路全面改造，中心城区道路系统基本完善，主要城市干道开始向外延伸，道路立交桥也多有建设。新建了中江桥（1982—1984）、袁泽桥（1989—1991），改建了中山桥（1997—1998），改善了青弋江两岸的交通。利民路水厂（1991—1993）、杨家门水厂（1993—1996）一期工程先后建成。燃气工程1982—1998年分三期建设，一一建成投产。城市防洪工程，青弋江口南北共约27千米的长江江岸防洪墙，青弋江南北两岸共8千米长的防洪墙，1992—1998年重新改建或兴建。公共交通方面，公交运营线路从1986年的11条增加到1999年的34条，公交优先理念逐步建成。市级公园赭山公园、镜湖公园建设完整，区级公园汀棠公园、四褐山公园已基本建成。

4.二十一年快速发展阶段（1999—2019）

1999—2019年，全国的改革开放和现代化建设有了跨世纪的发展，芜湖相应分为两个时期。

改革开放加快发展时期（1999—2010），芜湖经济技术开发区继续发展，2009年年底已在全国54个国家级经济技术开发区投资环境综合评价中位居第16位，在中部9个国家级开发区中位居第3位。2001年芜湖长江大桥综合经济开发区开始建设，2009年扩大用地又建设了大桥新区。2001年设立的芜湖高新技术产业开发区到2006年被批准为省级高新区，2010年又升格为国家级高新区。位于城南地区的高教园区2002年开始建设，到2004年已初具规模，有2万名学生入驻。城东新区2007年开始建设，2010年芜湖市政务中心建成交付使用，6.6平方千米的启动区带动了此后的城东新区建设。2010年1月12日，国务院正式批复《皖江城市带承接产业转移示范区规划》，芜湖市被确定为规划战略的两个"核心"城市之一。

改革开放稳步发展时期（2011—2019）：2011年8月22日，国务院批准将无为县及和县沈巷镇划归芜湖市管辖，这次重大的区划调整使芜湖市域面积由3317平方千米增至5988平方千米，增加了80.5%，市域人口也相应增加了60.7%。芜湖市的城市发展有了更大的空间。2011、2013、2014年还有过市域内的区划调整，市区面积由2009年的763.7平方千米增至2015年的1491平方千米，市区人口相应由104.9万人增至145.9万人。城东新区在80平方千米控规和概念性详规以及42平方千米总体规划指导下发展很快。2006年新设立的三山区将原有的三山绿色食品经济开发区和临江工业区整合为安徽芜湖三山经济开发区，2012年又设立芜湖承接产业转移集中示范区。2010年鸠江区沈巷镇设立了江北产业集中区，2013年编制了江北地区总体规划，20平方千米起步区发展框架全面拉开，之后产业集中区的基础设施、公共配套设施不断完善，芜湖城市拥江发展的态势逐渐形成。

这一阶段实施了"十五"到"十三五"规划，在《芜湖市城市总体规划（2006—2020）》和《芜湖市城市总体规划（2012—2030）》（2017年有修编）两轮城市总体规划指导下，芜湖的城市发展稳中求好地推进。2012年2月，芜湖市获"国家园林城市"称号，2015年成为全国文明城市，2016年10月荣获"中国雕塑之城"称号，2017年获批首批国家智慧城市试点城市，2018年获批建设国家创新型城市，同年还被授予"国家森林城市"称号。主要的城市建设：一是城市内外交通更加便捷。主城区内"四纵九横两环"的完整路网骨架系统已经形成，对外"九射"高速公路网也已建成。轨道交通1号线和2号线2016年12月开工建设，市内快速交通已有实质性进展。合福高铁（2016）、宁安高铁（2016）、商合杭高铁（2020）相继开通，芜湖进入高铁时代。芜申运河2016年年底开通，为保证通航净空要求，花津桥（2010—2012）、弋江桥（2013—2015）、中山桥（2016—2018）和中

江桥（2016—2019）先后重建，加上临江桥（2008）、袁泽桥（2010），芜湖市已有6座桥梁连通青弋江两岸。芜湖长江公路二桥（2011—2017）、芜湖长江三桥（2014—2020）、城南过江隧道（2017—2019）相继建成，加上芜湖长江大桥（1997—2000），芜湖已经有了4条连通长江两岸市区的过江通道。尤其是芜宣机场的兴建（2017—2020），芜湖有了专用的民用机场，对外战略通道进一步打通。二是生态环境保护和园林绿化建设成效显著。为落实打造美丽长江（芜湖）经济带，推行了河长制、湖长制、林长制，狠抓水源地保护，长江岸线整治，固废危废处治，补充污水处理等短板。创建了国家园林城市和国家森林城市，兴建了中江公园、滨江公园、大阳埂湿地公园、西洋湖公园、莲花湖公园等一批城市公园。三是文物保护单位保护和古城保护很有成效。至2019年年底，芜湖市已有13项列入国家级文物保护单位，25项列入省级文物保护单位，非物质文化遗产保护也有2项入选国家级非物质文化遗产名录，23项入选省级非物质文化遗产名录。芜湖古城保护有实质性进展，2000年启动了《芜湖古城保护恢复工程》，2019年一期工程基本完成，二期工程开始建设。

（三）现代芜湖城市形态的发展演变

芜湖古代的城市形态，是滨河发展的"团块状"城市。芜湖近代的城市形态，是先沿青弋江后沿长江逐步发展为"L形带状"城市，最后又有向"块状"形态演变的趋势。新中国成立后先是向北发展，改革开放后不仅向北同时又向南发展，形成典型南北长的带状形态。随着城东新区的建设，使芜湖"单中心、组团式"城市形态明显形成。2011年以后，随着跨江通道的一一建成，长江以北地区得以发展，开始出现"主副核、多中心、组团式、拥江发展"的城市形态走向，芜湖最终会形成像武汉那样"三足鼎立"的

"多中心、多组团"的城市形态。

（四）现代芜湖城市发展的特点

1.现代芜湖是有着深厚历史文化积淀的创新城市

芜湖是一个古老而年轻的城市："古老"，从鸠兹古城算起有近2600年的城建史，从牯牛山古城算起有近3000年的城建史；"年轻"，至今仍具有蓬勃发展的青春活力。芜湖有着众多的历史文化遗产和非物质文化遗产，芜湖古城恢复工程正在进行，文物保护工作倍受重视。同时，芜湖城市也在不断创新，已成功获批国家创新型试点城市、国家自主创新示范区，并六次蝉联全国科技进步先进市。

2.现代芜湖是我国长江经济带中重要的节点城市

芜湖以占安徽省5%左右的面积和人口，创造了占全省11%的GDP和财政收入，芜湖已成为省内仅次于省会合肥的副核心城市。芜湖古代就是农业、手工业、商业比较发达的城市，近代因繁盛的工商业和全国四大米市之首而成为"长江巨埠、皖之中坚"，现代又成为皖江的"龙头"城市，融入长江三角洲地区一体化发展以后，更成为长三角城市西翼的重要中心城市。

3.现代芜湖由滨江城市开始演变成拥江发展城市

古代芜湖一直是临河发展的城市，近代芜湖不仅临河（青弋江）而且滨江（长江），现代芜湖先是西沿长江南北延伸，局部（城东新区）向东发展，少量向西发展（裕溪口地区为江北飞地）。2011年以后，无为县划归芜湖市管辖，市域面积扩大到长江以北，和县沈巷镇划归鸠江区管理，市区范围跨越长江。2013年与2014年的两次区域调整，使长江以北的市区面积明显增大，芜湖开始演变成为拥江发展的城市，从此进入城市大发展的新时期。

4.山水城市芜湖在现代发展成为宜居宜业宜游的美丽城市

芜湖自古享有"江东明邑""吴楚名区"的盛誉，不仅山清水秀而且文脉昌盛。700年前定名的"芜湖古八景"闻名遐迩，20年前评定的"芜湖新十景"又有新意。近20年来形成的芜湖沿江美景，尽显江城特色，方特旅游区成为国家5A级旅游景区，鸠兹古镇获得首批省级旅游小镇称号，中江公园、西洋湖公园、大阳埂湿地公园等城市公园体现了自然与人文的融合，新时代的新景观大量涌现。近20年来，芜湖狠抓城市设计，通过精心的详细规划，产生了一批较为优秀的新住区、新校区、新街区、新广场、新建筑群，这些都成为反映城市形象的亮点。

二、现代芜湖建筑从传统走向多元

（一）现代芜湖建筑的四个发展阶段

1.八年建筑活动起步阶段（1949—1957）

新中国成立初期的芜湖百废待兴，着重发展经济和社会建设，少有的建筑活动主要是对原有建筑的修建、改建或扩建，这些任务主要由47家私人营造厂承担。建筑活动管理机构是先后设立的建设科和建设局，设计单位只有一家附设于某公司的设计室，施工单位只有先后成立的三家施工公司。

新建的建筑中主要建筑类型是文教建筑、商业建筑和工业建筑，有影响的主要有：老图书馆（1950，烟雨墩）、芜湖百货公司一店（1952）、芜湖一中科学馆（1955）、工人俱乐部（1955年修建，不存）、鸠江饭店（1957）、芜湖造船厂厂房及宿舍（20世纪50年代）。

2.二十年建筑活动滞缓阶段（1958—1977）

这一阶段政治活动不断，不仅建筑活动较少，甚至原有建筑还遭到一定程度的破坏。如学校、医院的下迁使这些单位的建筑受到损伤，"文革"中的"反四旧"使宗教建筑遭到破坏。城市建设管理总体上逐渐加强，先后设立了芜湖市城市建设局、芜湖市基本建设委员会。芜湖市建筑设计室单独成立，大企业的基建科已有设计人员自行设计本单位的中小型建筑。原有的三家施工单位不断充实力量，扩大规模。

新建的建筑中主要的建筑类型是工业建筑、商业建筑、影剧建筑，有影响的主要有：芜湖造船厂船体装配车间（1976），芜湖重型机床厂金工装配、铸造、锻工、热处理等大型厂房（1971—1975，不存），芜湖钢铁厂高炉、轧钢车间、炼钢车间等（1970—1972，不存），芜湖百货公司二店（1959，不存），芜湖饭店（1973），迎宾阁（1973，小镜湖），劳动剧场（1958，不存），百花剧场（1958，不存），皖南大戏院（1966，不存）。

3. 二十一年建筑活动活跃阶段（1978—1998）

1978年改革开放以后，现代芜湖的城市建设加快了速度，建筑活动也从此进入活跃阶段。城市规划建设管理得到加强，1983年成立芜湖市城市规划领导小组及城乡建设环境保护局，1984年设立芜湖市城乡建设环境保护委员会，1992年成立芜湖市规划局。设计单位有较大发展，1984年新成立芜湖市规划设计研究院，同年芜湖市建筑设计院升格为芜湖市建筑设计研究院，1993年原芜湖市测量队发展为芜湖市勘察测绘设计研究院。至1999年年底，全市大小设计单位已达38家。随着房地产开发的兴起，开发企业从1993年的72家发展到1999年年底的128家。

这一阶段芜湖的建筑活动开始活跃，尤其表现在居住建筑的发展上，至1998年年底芜湖共建成57个住宅小区（组团），住宅竣工面积达245万平方米。由于开发区的蓬勃发展，工业建

筑活动大量兴起。1978—1998年，全市完成固定资产投资286亿元，其中工业投资99亿元，约占35%。商业的快速发展使商业网点快速增加，至1997年近4.7万个。商业建筑规模加大，商厦大量涌现。公共建筑更是快速发展，高层建筑不断耸立，其中交通建筑、金融建筑、办公建筑、影视建筑等多有建造。

较有影响的建筑主要有：中江商场（1986，不存）、物资金融大厦（1985）、芜湖长途汽车站（1990）、芜湖港客运站（1992，不存）、芜湖建行大楼（1989）、芜湖工行大楼（1998）、芜湖大众影都（1996—1999）、芜湖保险中心大楼（1996）、芜湖广电中心（1995—1999）、镜湖区政府办公楼（1998—2000）。

4. 二十一年建筑活动兴盛时期（1999—2019）

1999年，新中国成立五十周年，芜湖与全国一样进入"市场开放、多元发展"阶段。现代芜湖的建筑活动也进入创作繁荣、发展兴盛阶段。规划与建筑管理加强，自2000年以后招投标覆盖率达到100%，到2001年按规定应实施监理的项目受监率也达到了100%。规划与建筑设计方案审查严格，专家评审、规划局审批、市规划委批准、向广大市民公示，层层把关。2000年开始实行施工图审查，进一步确保了设计质量。同时，芜湖市的建筑设计市场对外开放，境内外的大量建筑设计单位的进入，大大提高了芜湖市建筑设计总体水平，出现一批较为优秀的建筑项目。

这一阶段的芜湖建筑在数量、规模、质量各方面较前均有较大提高，在建筑类型上也更加丰富。数量最多的仍然是居住建筑和工业建筑，校园建筑、医院建筑、商业建筑、交通建筑等也多有建造。

较有影响的建筑主要有：芜湖海螺国际大酒店（2000—2012）、芜湖市奥体中心（一期，

2002）、安徽师范大学图书馆（2005—2006）、芜湖科技馆（2005—2008）、芜湖侨鸿国际商城（2005—2008）、安徽徽商博物馆（2006—2010）、芜湖国际会展中心（一期，2006—2012）、芜湖市政务中心（2007—2009）、芜湖铁山宾馆桂苑竹苑（2008）、芜湖市第二人民医院门诊住院大楼（2008—）、芜湖大剧院（2010—2013）、芜湖镜湖世纪城社区服务中心（2011）、芜湖规划展示馆（2011—2014）、芜湖金鹰国际广场（2011—2015）、芜湖文化创意产业园（2012—2015）、芜湖新火车站（2013—2020）、芜湖汽车客运站（2014—2017）、芜湖八佰伴商厦（2016—2017）、芜湖高铁北站（2019—2020）、芜宣机场候机楼（2018—2020）。

（二）现代芜湖建筑的特点

1.现代建筑体系占主导地位并不断向前发展

芜湖古代建筑采用传统建筑体系，以木结构为主，少量为砖石结构。芜湖近代新旧两大建筑体系并存，已显示出新建筑体系的生命力。工业时代的建筑体系经过大变革，已有丰富的内容。具有现代性的建筑即现代建筑，其建筑体系包括四大内容：建筑技术体系、建筑功能体系、建筑思想体系、建筑制度体系。其中，现代建筑技术体系，是在深受建筑功能、思想、制度的影响下，建筑材料、结构及设备等产生大变革，由自然材料变为人工材料，由木、砖、石结构转变为钢结构、钢筋混凝土结构、薄膜结构等新型结构，同时还出现一些前所未有的新型设备（如电梯、空调和通信设备等）。现代芜湖建筑也是如此，新的建筑体系已占主导地位并不断向前发展，现代芜湖建筑的思想体系、功能体系走向多元，技术体系、制度体系更趋现代且成为主旋律。

2.建筑形态趋向多样化且由以多层、低层为主演变为以高层、多层为主

现代芜湖建筑除了单一的建筑个体，更多的是以建筑群体的形态出现，小到成组，大到成街、成片甚至成区。单一功能的建筑逐渐减少，综合功能的建筑日益增多，建筑综合体也已产生。建筑层数、高度变化很大，由以多层、低层为主演变为以高层、多层为主，城市面貌有极大改观。高层建筑的更多出现极易造成建筑形象趋同，失去建筑特色。较之于现存的芜湖古建筑和近代建筑，现代芜湖建筑的特点自然是鲜明的。创作优异的建筑虽不多，但大多平和、得体，怪、丑和夸张的建筑少见。

3.现代芜湖建筑的建筑风格

两大发展时期：前30年由于经济发展不够，设计水平有限，建筑以经济、适用为主，只能在"可能的情况下注意美观"，自然建筑难言风格。后40年随着改革开放的不断推进，芜湖的建筑思想才逐渐活跃，尤其是近20年来的建筑活动，对建筑风格的探寻才获得一定成果。

两条发展线：一条是受外来建筑思潮影响的建筑风格发展线，此为主线，发展态势较强；另一条是在中式建筑、徽派建筑影响下发展起来的建筑风格发展线，受到重视，但发展尚不充分。

现代芜湖建筑有三大类："欧式"建筑风格，包括西方古典式、折衷式、简欧式；"现代式"建筑风格，包括后现代、解构主义、新现代；"地域式"建筑风格，包括中式、新中式、徽式、新徽式。这些建筑风格在芜湖的各类建筑中各有偏重。70年来，芜湖的建筑风格，"现代式"占主导，"欧式"尚有影响，"地域式"略有发展。

（三）文物建筑保护与"历史建筑"评定

现代芜湖面临两大类优秀建筑的保护：文物建筑的保护和"历史建筑"的保护（本书仅涉及芜湖市区）。

截至 2019 年 12 月，芜湖有 5 处全国重点文物保护单位，包括英驻芜领事署旧址、芜湖天主堂、圣雅各中学旧址、芜湖海关关廨大楼、内思高级工业职业学校教学楼；9 处安徽省重点文物保护单位，包括广济寺塔、中江塔、大成殿、衙署前门、"小天朝"、模范监狱旧址、老芜湖医院旧址、芜湖中国银行旧址、圣雅各教堂；15 处市级重点文物保护单位，包括滴翠轩、萃文中学旧址、清真寺、皖江中学堂暨省立五中、安徽文化名人藏馆、日本商船仓库、王稼祥纪念园、益新公司旧址、广济寺、蛟矶庙、侵华日军驻芜警备司令部营房、英商亚细亚煤油公司办公楼、太平大路俞宅、崔国英公馆、太古洋行办公楼。

2020 年全国开展了"历史建筑普查与认定"工作，"历史建筑"潜在对象是指主体建成 30 年以上，未公布为文物保护单位，在历史文化、建筑艺术、科学技术等方面具有一定保护价值，能够反映历史风貌和地方特色的建筑物、构筑物；或主体建成不满 30 年，但具有特殊历史、科学、艺术价值或者具有重要纪念意义、教育意义的建筑物、构筑物。芜湖市正在开展这一工作，将会评定、认定一批历史建筑，其中包括现代芜湖建筑，芜湖将会增加一批建筑文化遗产。芜湖不仅在现代有众多的建筑活动，也开启了建筑遗产的保护，且任重道远。

三、芜湖城市与建筑将由现代进入当代

如果只用一句话来高度概括芜湖城市与建筑的发展趋势，那就是："进入当代"！

（一）"当代芜湖"概念的提出

"当代"与"现代"是两个相对、相承的时代概念，难以绝对划分。随着年代的推进，会适时调整。谈到芜湖城市与建筑的发展断代，笔者认为芜湖的当代、现代与中国的当代、现代是同步的，那就是将 1949—2019 年的芜湖界定为"现代芜湖"，将 2020 年以后的芜湖视为"当代芜湖"，这正是本书从 1949 年写到 2019 年的出发点。笔者如此划分基于以下几个方面的思考：

其一，与现今我国规划界、建筑界的提法一致。如《中国大百科全书——建筑·园林·城市规划》（2009 年第 2 版），只提"中国古代建筑、近代建筑、现代建筑"，"中国近代城市规划、现代城市规划"。潘谷西主编的《中国建筑史》（2004 年第 5 版），分为"古代建筑、近代建筑、现代建筑"三篇。两书都回避了"当代"的概念，说明当时提出"当代"的概念时机还不成熟。

其二，我国 1949—2019 年这 70 年社会经济发展已能自成篇章。这期间在中国共产党领导下，社会、经济发生巨变，中华民族已有从站起来、富起来到强起来的伟大飞跃，已迎来了实现伟大复兴的光明前景。2019 年我国国内生产总值接近 100 万亿元，人均 GDP 迈上 1 万美元的台阶。在这样的"现代中国"背景下，"现代芜湖"同样有了飞速发展，2019 年芜湖全市地区生产总值达 3618 亿元，人均 GDP 为 9.3 万元。

其三，2020 年是具有里程碑意义的一年。这一年是我国建成小康社会、脱贫攻坚决胜之年，也是实现第一个百年奋斗目标，开启第二个百年奋斗目标之年。2020 年，国际形势复杂化，新型冠状病毒肆虐……我国在新形势下为经济的持续发展作出了"新基建、新产业、新动能"的新调整，中国城市与建筑在抗疫后需要作出新思考、新对策。这些都说明中国的城市发展和建筑活动将进入一个新的时代。芜湖正面临新的行政区划调整，如 2020 年 7 月由辖四区三县一市调整为辖五区一市一县，市区范围由 1491 平方千米增至 2746 平方千米（约增 84%），市区人口也相应增加 42%，这对芜湖的当今发展影响很大。

其四，"当代"的概念是相对的，是会有变化的，会随着历史发展的长河滚滚向前而适当调整，现在的"当代"百年以后又会变成"现代后期"，自是后话。

（二）当代芜湖城市的发展趋势

当代芜湖城市会如何发展，笔者无力预测，只能提出以下几个发展趋势。

（1）城市规模会有所扩大，芜湖会有更大的发展空间，将发展成为宁（南京）汉（武汉）间最大的区域中心城市。

（2）城市形态会继续演进，芜湖将变成像武汉那样"三足鼎立"的拥江发展的大城市，会形成"多中心、多组团、开放式"的城市形态，会成为融入长三角城市群中的Ⅱ级大城市。

（3）城市品质会不断提升，芜湖将变成宜居、宜业、宜学、宜养、宜游的生态城市、美丽城市、创新城市、智慧城市。

（4）古城保护会取得成绩，将来会获得"历史文化名城"称号。

（三）当代芜湖建筑的发展趋势

芜湖当代建筑会如何发展，笔者同样难以预测，也只能提出几个发展趋势。

（1）芜湖当代的建筑活动会进一步频繁，尤其是长江以北地区以及芜湖南部扩大的城区，建筑活动会更加活跃。

（2）芜湖当代的建筑创作水平会进一步提高，平庸的建筑会逐渐减少，有创意的建筑会逐渐增加，还会有一批更优秀的建筑成果出现。

（3）芜湖当代的建筑风格会更加多元化，会有进一步的探索，"新现代""新中式""新徽派"会有实质性进展，"欧陆风"建筑会逐渐减少。芜湖当代的建筑理念与建筑技术会紧跟时代步伐，会有更高的追求，在绿色建筑、智能建筑、装配式建筑、数字化建筑、3D建筑等方面有新的进步。

（4）在芜湖当代建筑实践不断加强的同时，文物建筑和历史建筑的保护和利用也会取得新的成果。

主要参考文献

1.芜湖市地方志编纂委员会:《芜湖市志(上册)》,社会科学文献出版社1993年版。

2.芜湖市地方志编纂委员会:《芜湖市志(下册)》,社会科学文献出版社1995年版。

3.芜湖市地方志编纂委员会:《芜湖市志(1986~2002)》,方志出版社2009年版。

4.芜湖市政协学习和文史资料委员会,芜湖市地方志编纂委员会:《芜湖通史》,黄山书社2011年版。

5.芜湖市城市建设委员会:《芜湖市城市建设志》,永泰出版社1993年版。

6.董鉴泓:《中国城市建设史》,中国建筑工业出版社2004年版。

7.潘谷西:《中国建筑史》,中国建筑工业出版社2004年版。

8.沈玉麟:《外国城市建设史》,中国建筑工业出版社2007年版。

9.罗小未:《外国近现代建筑史》,中国建筑工业出版社2004年版。

10.邹德龙:《中国现代建筑史》,中国建筑工业出版社2010年版。

11.汪德华:《中国城市规划史纲》,东南大学出版社2005年版。

12.中共芜湖市委党史和地方志研究室:《芜湖年鉴》(1996—1999,2001—2020),黄山书社。

13.芜湖市地方志办公室:《芜湖年鉴》(2000),中国致公出版社2000年版。

14.芜湖市人民政府:《芜湖五十年》,1999年。

15.章征科:《从旧埠到新城——20世纪芜湖城市发展研究》,安徽人民出版社2005年版。

16.中共芜湖市委党史和地方志研究室:《影像芜湖》,黄山书社2019年版。

附　表

图片资料来源一览表

序号	图号	资料来源	图片	照片
第二章　图号22个。图片17张,照片21张,合计38张			17	21
1	图片:图2-1-1、图2-5-3	芜湖市规划设计研究院	1	
2	图片:图2-1-2	原芜湖市房管局档案室	1	
3	图片:图2-3-1/2	《芜湖市志(上册)》,社会科学文献出版社1993年版	2	
4	图片:图2-3-3	《中国城市地图集》,中国地图出版社1994年版	1	
5	照片:图2-4-3	2000年芜湖邮资明信片		10
6	图片:图2-4-1/2/4～11、图2-5-1	《芜湖年鉴》(1998,2000—2018,2020)	11	
7	图片:图2-5-2	《芜湖市城市总体规划(2012—2030)》	1	
8	照片:图2-5-4/6	网上下载		5
9	照片:图2-5-5	葛立三拍摄		6

序号	图号	资料来源	图片	照片
第二章　图号5个。图片37张,照片0张,合计37张			37	0
1	图片:图3-2-1a~d	《芜湖市城市总体规划(1983—2000)》	4	
3	图片:图3-2-2a~f	《芜湖市城市总体规划(1993—2010)》	6	
3	图片:图3-2-3a~h	《芜湖市城市总体规划(2006—2020)》	8	
4	图片:图3-2-4a~k/m/n/p/q	《芜湖市城市总体规划(2012—2030)》	15	
5	图片:图3-2-4r~t	《芜湖市城市总体规划(2012—2030)》(2018年修改)	3	
6	图片:图3-4-1	《芜湖市国土空间总体规划(2020—2035)》	1	
第四章　图号91个。图片27张,照片188张,合计215张			27	188
1	照片:图4-2-1a	《芜湖旧影 甲子流光(1876—1936)》,安徽美术出版社2019年版		1
2	图片:图4-2-1b、图4-2-1f	芜湖荟萃中学	2	
3	照片:图4-2-1c	芜湖一中老照片书签		6
4	图片:图4-3-28 照片:图4-2-4、图4-2-9	中铁城市规划设计研究院芜湖分院	1	17
5	照片:图4-2-20/22	芜湖市规划设计研究院		2
6	照片:图4-2-50a、图4-2-61a	中铁时代建筑设计研究院有限公司		2
7	图片:图4-2-38b 照片:图4-2-38a	安徽星辰规划建筑设计有限公司	2	3
8	图片:图4-2-52a、图4-2-52b1/2	浙江华洲国际设计有限公司芜湖分公司	3	
9	照片:图4-2-10	《影像芜湖》,黄山书社2019年版		1
10	图片:图4-2-12c、图4-2-12d	《最新客运站设计图集》,陕西科学技术出版社1992年版	3	
11	照片:图4-2-15a、图4-2-16	《芜湖五十年》,芜湖市人民政府2001年版		2

续　表

序号	图号	资料来源	图片	照片
12	照片：图4-2-12a/b、图4-2-13/14/19、图4-2-24～28、图4-2-30b、图4-2-31d、图4-2-46、图4-3-1～3、图4-3-11/14/22/27	《芜湖年鉴》		20
13	图片：图4-2-47b 照片：图4-2-3b、图4-2-6a/b、图4-2-8、图4-2-31、图4-2-32、图4-2-40b、图4-2-42b、图4-2-43、图4-2-45b、图4-2-47a、图4-2-50c3～9、图4-2-54～58、图4-2-59a/b、图4-2-59c3～6、图4-2-60a/b、图4-2-62、图4-3-13	网上下载	1	48
14	图片：图4-2-1e/g、图4-2-2、图4-2-3a、图4-2-6c、图4-2-34c、图4-2-49b/c、图4-2-51b1	葛立三自绘、改绘	12	
15	图片：图4-2-29a/b/d 照片：图4-2-29c	《建筑学报》2002年第6期	3	1
16	照片：图4-2-1d/h、图4-2-3c、图4-2-5a、图4-2-5b、图4-2-5c、图4-2-7、图4-2-11、图4-2-15b、图4-2-17、图4-2-18、图4-2-21、图4-2-23、图4-2-29e、图4-2-30a、图4-2-31a～c、图4-2-33、图4-2-34a/b、图4-2-35～37、图4-2-39、图4-2-40a、图4-2-41、图4-2-42a、图4-2-44、图4-2-45a、图4-2-47c～e、图4-2-48、图4-2-49a、图4-2-50b、图4-2-50c1/2、图4-2-51b2～8 图4-2-52b3～5、图4-2-53、图4-2-59c1/2、图4-2-61b、图4-3-4～10、图4-3-12、图4-3-15～21、图4-3-23～26	葛立三拍摄		85
第五章　图号67个。图片15张，照片60张，合计75张			15	60
1	图片：图5-1-1～6	《芜湖历史文化名城保护规划》，葛立诚制作	6	
2	图片：图5-1-7	《芜湖古城（一期）规划设计方案》，葛立诚制作	1	
3	照片：图5-1-8～33、图5-2-1d、图5-2-6～11、图5-2-12、图5-2-13～16、图5-3-2/3、图5-3-7～18	葛立三拍摄		53
4	照片：图5-2-1a1/b/c、图5-3-1	《芜湖旧影　甲子流光（1876—1936）》，安徽美术出版社2019年版		4
5	照片：图5-2-1a2	张凤藻提供		1
6	图片：图5-2-2	《芜湖市镜湖区雨耕山地区及周边地段综合利用规划方案》	1	
7	图片：图5-2-3/5	葛立三拍摄，葛立诚制作	2	
8	照片：图5-2-4	桑国磊拍摄		1

序号	图号	资料来源	图片	照片
9	图片：图5-3-6b 照片：图5-3-4	网上下载	1	1
10	图片：图5-3-5a、图5-3-6a	《益新面粉厂地区及周边地段综合利用规划》	2	
11	图片：图5-2-1e、图5-3-5b	葛立三绘制，葛立诚制作	2	
第六章　图号32个。图片133张，照片316张，合计449张			133	316
1	图片：图6-0-1、图6-2-1a1	根据《芜湖年鉴》地图，葛立诚改绘	2	
2	图片：图6-1-1b、图6-1-2a/c、图6-1-2b、图6-2-7a 照片：图6-1-2d	芜湖市规划设计研究院	9	1
3	图片：图6-1-3a	《安徽师范大学校园变迁》，安徽师范大学出版社2015年版	3	
4	照片：图6-1-3b	王维民拍摄		1
5	图片：图6-2-10a/b、图6-3-8a/c/d/e	中铁城市规划设计研究院	6	
6	照片：图6-3-2b1	浙江大学建筑设计院		1
7	图片：图6-3-6a	中铁时代建筑设计院	1	
8	图片：图6-3-6c～e	《建筑学报》2001年第9期	4	
9	照片：图6-3-5b4/7	《芜湖年鉴》		2
10	照片：图6-1-9b4/5	俞少华拍摄		2
11	照片：图6-3-9b9	葛立华拍摄		1
12	图片：图6-1-1a、图6-2-2a、图6-2-4b、图6-2-5d、图6-2-6b、图6-2-7b、图6-2-8b、图6-2-9a	景区规划图、导游图、地图，葛立三绘制，葛立诚制作	8	
13	图片：图6-1-3c/e/f/g/h、图6-1-4a/b/e/f、图6-1-5a、图6-1-5c、图6-1-6a、图6-1-6b、图6-1-6c、图6-1-7a、图6-1-8a/b、图6-1-8d/e、图6-1-9a/c、图6-1-10a、图6-1-10d、图6-2-2b1、图6-2-4a、图6-3-2a/c、图6-3-3a/c/d、图6-3-4a/b/d/e、图6-3-5a/c/d、图6-3-7c、图6-3-9c、图6-3-10c 照片：图6-3-10d	芜湖市自然资源和规划局（葛立诚改绘）	72	2
14	图片：图6-2-3a1/3b1/3c1/3d1、图6-2-5a/b、图6-2-8a、图6-3-1c、图6-3-7b1、图6-3-9a、图6-3-10a/b 照片：图6-2-1a2～4、图6-2-1b～d、图6-2-2b2～6、图6-2-2c2/4/6/8/9、图6-2-3a3/4、图6-2-3b2/3/5、图6-2-3c2～7、图6-2-3d2～4、图6-2-3d6/7、图6-2-6a、图6-3-1a、图6-3-1b1/3/6/7、图6-3-3b7/8、图6-3-4c1/2/6 图6-3-5b1、图6-3-6b1、图6-3-7b2、图6-3-7b7～9、图6-3-8b、图6-3-9b1/8、图6-3-10a/b	网上下载，葛立诚多有改绘	26	56

序号	图号	资料来源	图片	照片
15	照片：图6-1-1c1～5、图6-1-1c7、图6-1-3d2～6、图6-1-3d7、图6-1-3d8.1/3/4、图6-1-4d1/3/4/8、图6-1-10b、图6-1-10c4/5、图6-2-2c1/3/5/7/10/11、图6-2-4c3～9、图6-2-5c1/5e7、图6-2-6e1～4、图6-2-6e9、图6-2-7c1、图6-2-7c5～8、图6-2-10c1/2、图6-3-1b2/5/8、图6-3-3b1/2、图6-3-4c3～5、图6-3-4c7/8、图6-3-5b2/3/6、图6-3-6b2～6、图6-3-7a、图6-3-7b3～5、图6-3-9b2/6	彭家靖拍摄		77
16	照片：图6-1-1b2～7、图6-1-1c6/8、图6-1-2e1/2、图6-1-2e3～7、图6-1-3d1、图6-1-3c8.2、图6-1-3g、图6-1-4、图6-1-4d2、图6-1-4d5～7、图6-1-4d9/10、图6-1-5b、图6-1-6d、图6-1-7b、图6-1-7d、图6-1-8c、图6-1-9b1～3、图6-1-9b6～8、图6-1-10c1～3、图6-1-10c6～11、图6-2-3a2/5/6、图6-2-3b4、图6-2-3c8、图6-2-3d5、图6-2-4c1/2、图6-2-4d、图6-2-5c2、图6-2-5e1～6、图6-2-5e8～10、图6-2-6c、图6-2-6d、图6-2-6e5～8、图6-2-6e10～13、图6-2-7c2～4、图6-2-7c9～11、图6-2-8c、图6-2-9b、图6-2-10b2/3、图6-2-10c3～6、图6-3-1b4、图6-3-2b2～6、图6-3-3b3～6、图6-3-5b5、图6-3-6b7/8、图6-3-7b6、图6-3-9b3～5、图6-3-9b7	葛立三拍摄		171
17	图片：图6-1-7c1/2	葛立三绘制	2	
	全书总计：图号217个。图片229张，照片585张，合计814张		229	585

后 记

　　《芜湖现代城市与建筑》这本书也终于写成了，这样与先期完成的两本书《芜湖近代城市与建筑》《芜湖古代城市与建筑》合成了一套书，完整地概括了芜湖从古至今的城市发展史和建筑史。

　　其实，《芜湖现代城市与建筑》这本书，笔者一直想写而不敢写，因为难度太大。第一，内容涉及面太广，要对芜湖现代的社会、经济、政治、文化等诸方面都进行研究，下笔时很难掌控；第二，研究工作量太大，资料查找收集、现场调查、拍照等需要一个工作班子才能完成，个人身单力薄难以胜任；第三，年近八十之时才动此写作之念，时间太迟，担心精力不够，体力不济。所以，写作决心一直难下。

　　后来，在安徽师范大学出版社的策划下，在芜湖市党史和地方志办公室的支持下，终于动了心。虽然困难很大，但是笔者写此书有几个有利条件：一是有专业背景，笔者早年受过建筑学专业的高等教育，参加工作后作为规划师、建筑师更有长期的城市规划和建筑设计的实践阅历；二是笔者对芜湖的城市与建筑比较熟悉，1972年从外地回到芜湖工作后就没有离开过这座城市，对芜湖有着50多年的不断观察与思考；三是有写近代和古代分册的经验积累，写起来心中有数，且易有通盘的考虑。这样，经过努力，终于成书。

　　写作此书时，笔者做了四条界定。其一，合理确定研究范围，重点研究芜湖市市区。因芜湖市域较大，写现代芜湖建筑史时只能略去芜湖辖县，只写市区，这样可以突出重点。另外，不这样篇幅会过大，也力所不及。其二，明确芜湖现代的断限，上限定为1949年，下限定为2019年，这是打破常规的。考虑到2020年以后芜湖的城市与建筑发展史应进入"当代"，所以勉为其难将此书的"现代"下限延至2019年，这也是自我加压，增加了写作的难度。其三，研究框架仍将现代芜湖城市发展研

究与现代芜湖建筑活动研究同时进行，分别编写现代芜湖城市发展史和现代芜湖建筑史。其四，在实例研究时，将现代芜湖笔者认为最优秀的规划设计、园林景观、建筑创作作专章阐述，归纳出"十大优秀详规设计""十大新景观""十大新建筑"。这样做既突出了重点，又不影响书写城市与建筑发展史的结构与节奏。

本书仍延续《芜湖近代城市与建筑》与《芜湖古代城市与建筑》图文并茂的方式，编入了大量的插图，共814张，其中照片585张、图片229张。照片中有315张是笔者自行拍摄的，有约百张是从网上下载的。此外特邀了作家兼摄影家彭家靖同志参与拍摄并采用了他的77张照片。图片除自行绘制外，多选自有关单位提供的技术资料和设计文件，也有少量选自参考图书杂志，详见书末所附《图片资料来源一览表》。这些插图形象而真实地反映了现代芜湖城市发展所取得的成就和现代芜湖建筑活动的成果，给读者提供了大量的资料和信息，也为今后进一步的深入研究提供了重要参考。

在本书的写作过程中，中共芜湖市委党史和地方志研究室、芜湖市自然资源和规划局、中铁城市规划设计院有限公司、中铁时代建筑设计院有限公司、安徽星辰规划建筑设计有限公司、南京市规划设计研究院芜湖分院、浙江华洲国际设计有限公司芜湖分公司等单位，尤其是谢迎春、赵朝兵、王彤、鲍进、戴安江、周洁、郝俊峰、陈龙信、韩昌银、徐建、张鹤、周晓、孙世胜、鲍自力、阎岩、何伟、朱齐、赵晶、吴双龙、俞少华、彭家靖、胡诚、郑均均、王彬、陈汉杰等同志，给予了大力支持与帮助，在此表示诚挚的感谢！

胞弟葛立诚作为本书的合著者，承担了全部电子文件的整理与编制工作。由于插图数量太多，编选加工、集中组图等工作量极大，他为此付出了艰辛的、高效的、有创造性的劳动，确保了本书尤其是插图的质量。感谢之情，不胜言表。

尤其要感谢安徽师范大学出版社张奇才社长的策划与指导，感谢祝凤霞、李玲等编辑在整个写作与编校过程中的倾心支持与帮助，也感谢丁奕奕、汤彬彬两位同志的鼎力协助。

特别要提到我的两位老同学柯焕章（教授级高级城市规划师，曾任北京市城市规划管理局副局长、北京市城市规划设计研究院院长，兼任中国城市规划协会副会长，现为首都规划建设委员会及北京历史文化名城保护委员会专家顾问，住建部城乡规划专家委员会委员）和刘德川（教授级高级建筑师，曾任华中理工大学建筑学院副院长、硕士研究生导师，华中理工大学建筑设计研究院院长，现为湖北省高校校园规划专家委员会主任），我们1957—1962年曾是南京工学院建筑系同班同学，共同有幸受教于杨廷宝、刘敦桢、童寯三大建筑宗师，两位同窗能为此书作序，并对拙作给予肯定，在此深表谢意！

葛立三
二〇二〇年八月三十日初稿
二〇二一年八月三十日定稿